动态电场激励法超前探测

张伟杰　著

中国矿业大学出版社

· 徐州 ·

内容提要

本书对当前煤矿井下巷道掘进工作面现有的超前探测方法进行了研究和对比，结合巷道掘进工艺和工作特点提出了理想超前探测方法应具备的特征；针对煤巷围岩地质工况，研究接地电阻计算方法及其影响因素，确定电极尺寸参数，提出适合煤矿超前探测的减小接地电阻方法；研究介质参量对Cole-Cole模型频谱特性的影响，仿真分析视幅频率随工作频率及Cole-Cole模型参量变化规律，确定发射电极工作频率；设计不同的电极组合装置，利用有限元法分析均质和含水地质构造模型激电参量变化规律，确定煤巷超前探测最佳电极组合装置；研制了超前探测仪发送机样机，实现了双低频恒流方波的合成。全书内容丰富、层次清晰、图文并茂，具前瞻性和实用性。

本书可供从事煤岩体超前探测研究的技术人员、研究生参考。

图书在版编目(CIP)数据

动态电场激励法超前探测技术研究 / 张伟杰著. —徐州：中国矿业大学出版社，2023.2

ISBN 978-7-5646-5719-2

Ⅰ. ①动… Ⅱ. ①张… Ⅲ. ①巷道掘进—探测技术 Ⅳ. ①TD263.2

中国国家版本馆CIP数据核字(2023)第028190号

书　　名　动态电场激励法超前探测技术研究
著　　者　张伟杰
责任编辑　满建康　于世连
出版发行　中国矿业大学出版社有限责任公司
（江苏省徐州市解放南路　邮编221008）
营销热线　(0516)83885370　83884103
出版服务　(0516)83995789　83884920
网　　址　http://www.cumtp.com　**E-mail**:cumtpvip@cumtp.com
印　　刷　江苏淮阴新华印务有限公司
开　　本　787 mm×1092 mm　1/16　**印张** 9.5　**字数** 243千字
版次印次　2023年2月第1版　2023年2月第1次印刷
定　　价　50.00元

前 言

探索、探测是人们了解未知的手段，煤炭是人类探索能源的结果。然而，由于地质条件的复杂，在煤炭开采过程中隐藏很多安全隐患，特别是在巷道掘进过程中，前方存在很复杂且未知的地质构造，包括含水、陷落柱以及断层等。这些隐藏的地质构造都给掘进和煤炭开采带来很大的安全隐患，处理不好将会造成财产损失和人员伤亡。因此，掘进工作面的超前探测成为多年来大家研究的热点课题。笔者在认真分析研究了现有的超前探测技术的基础上，结合双频激电仪的使用条件，提出了煤矿巷道的动态激励法超前探测技术。对这种探测方法的研究包括激发极化理论与在巷(隧)道超前探测方面的应用、动态场激励法超前探测技术的地电模型建立、动态电场聚焦规律受约束平面和电流强度比值的影响、动态电场偏转程度与电流强度及约束电极位置之间的关系、超前探测仪工作频率的选择、超前探测数值模拟与电极组合装备设计、含水地质构造物理模型试验、发送机和接收机的关键技术以及井下工业性试验等内容。

本书集笔者多年来研究煤矿巷道电场激励法超前探测技术的成果为一体，以研究巷道掘进超前探测技术和开发超前探测仪为目标，对当前煤矿井下巷道掘进面现有的超前探测方法进行了研究和对比，结合巷道掘进工艺和工作特点提出了理想超前探测方法应具备的特征；针对煤巷围岩地质工况，研究接地电阻计算方法及其影响因素，确定电极尺寸参数，提出适合煤矿超前探测的减小接地电阻方法；研究介质参量对 Cole-Cole 模型频谱特性的影响，仿真分析视幅频率随工作频率及 Cole-Cole 模型参量变化规律，确定发射电极工作频率；设计不同的电极组合装置，利用有限单元法分析均质和含水地质构造模型激电参量变化规律，确定煤巷超前探测最佳电极组合装置；研制了超前探测仪发送机样机，实现了双低频恒流方波的合成。

在撰写本著作过程中得到了刘志民、刘希高、张金涛、吕一鸣、周游、郝明锐、张维振等的大力帮助，在此表示真诚的感谢！

著 者

2022 年 12 月

目　　录

第 1 章　绪论 …… 1

1.1　研究背景 …… 1

1.2　煤矿井下掘进面超前探测技术发展现状 …… 1

1.3　研究目标与研究内容 …… 12

第 2 章　激发极化理论及应用现状 …… 14

2.1　激发极化理论 …… 14

2.2　双频激电法在巷(隧)道超前探测方面的研究与应用现状 …… 19

第 3 章　动态电场激励法超前探测技术地电模型的建立 …… 22

3.1　电场理论基础 …… 22

3.2　动态电场激励法用于巷道掘进面超前探测的工作原理研究 …… 27

3.3　动态电场激励法巷道掘进面物理模型的建立 …… 31

3.4　动态电场激励法煤巷掘进面数学模型的建立 …… 32

第 4 章　动态电场聚焦规律研究 …… 33

4.1　约束平面与主平面相对位置的选择 …… 33

4.2　约束平面与主平面重合的电场聚焦效率和偏转效果分析 …… 35

4.3　约束平面在主平面前方时电场聚焦效率分析 …… 44

第 5 章　动态电场偏转规律研究 …… 52

5.1　电场偏转角的概念 …… 52

5.2　仅改变约束电极电流强度时电场偏转效果分析 …… 53

5.3　同时改变约束电极纵坐标位置时电场偏转效果分析 …… 54

第 6 章　超前探测仪工作频率选择研究 …… 57

6.1　工作频率对动态电场激励法测量影响研究 …… 57

6.2　不同参量条件视幅频率变化特性仿真分析 …… 59

6.3　超前探测发射电极最佳工作频率选择研究 …… 65

第 7 章　超前探测数值模拟与电极组合装置设计 …… 68

7.1　煤巷超前探测数值模拟 …… 68

7.2　探测电极组合装置设计 …… 77

第 8 章　煤巷含水地质构造探测物理模型试验研究 …… 84
8.1　煤巷含水地质构造探测阻容模型试验模拟 …… 84
8.2　超前探测土槽物理模型试验模拟 …… 89

第 9 章　超前探测仪发送机研制 …… 103
9.1　超前探测系统结构组成 …… 103
9.2　探测仪发送机样机设计 …… 104
9.3　整流隔离开关电源恒流模块 …… 106
9.4　电流电压采样及电流控制隔离电路设计 …… 111
9.5　逆变采样模块设计 …… 115
9.6　发送机软件系统功能设计 …… 117
9.7　探测仪发送机性能测试 …… 118

第 10 章　超前探测仪接收机关键技术研制 …… 122
10.1　接收机系统设计 …… 122
10.2　接收机关键技术研究 …… 127
10.3　接收机系统测试 …… 134

第 11 章　井下工业性试验 …… 137
11.1　试验环境 …… 137
11.2　试验内容 …… 138
11.3　数据分析及结论 …… 139

参考文献 …… 143

第1章　绪　　论

如何有效预报煤矿掘进面前方隐伏的有害地质构造是煤炭生产中急需解决的问题，提高综掘面超前预报的准确率和效率是超前探测领域的重大技术难题。本章将从分析当前几种现有物探方法的不足入手，提出理想煤巷超前探测技术应具备的特点，从而引出本研究项目所提出的基于激化效应的动态电场激励法巷道掘进超前探测技术。

1.1　研究背景

煤炭在我国国民经济发展中占有重要的地位。我国煤炭资源丰富、油气资源相对稀缺的特点，决定了煤炭工业的重要地位。在未来相当长的时期内，煤炭仍将是我国主要的基础能源。煤炭工业的持续健康发展直接关系到我国能源安全。然而，近年来相继发生的煤矿重大事故，一次次为我国煤炭工业的生产安全敲响了警钟，用于安全生产的投入和因灾害事故造成的经济损失已成为煤矿生产成本中不可忽略的重要部分[1]。

随着现代采煤技术的迅速发展，煤矿生产的自动化程度不断提高，煤矿的生产效率和生产安全之间的矛盾日益凸显。具体到煤矿巷道综合掘进的生产过程方面，“探测、掘进、支护、锚固”四大生产工序间速度不匹配、互相制约的问题已经十分严重。其中“探测、掘进”矛盾主要体现为：尚未有一种成熟有效的巷道掘进超前探测方法能和掘进机械配合使用，及时有效地预报在掘进过程中遇到的隐伏地质构造，发现危险的地质异常状况，从而保证掘进过程的安全高效；“掘进、支护”矛盾表现为：掘进工序与支护工序分离，致使掘进速度和锚杆支护的速度比高达4∶1，比例严重失调，人工支护的低效率大大降低了掘进工作的整体速度；“支护、锚固”间矛盾为：锚杆加固的工序繁杂，使得作业过程中锚杆加固占用时间过长，造成了支护与掘进速度无法达到最优配置，严重影响巷道掘进速度。

本研究项目旨在寻找一种可靠并高效的煤巷综掘实时超前探测技术，来解决当前严重制约掘进效率的“探、掘”矛盾。在保证生产安全的条件下，使得该技术和掘进机械结合，实现掘进和探测一体化，从而有效地提高掘进效率和生产安全。

1.2　煤矿井下掘进面超前探测技术发展现状

为了采出埋藏在地下的煤炭，需要在煤（岩）层中开凿一系列的空间，这些空间称为巷道。在煤（岩）体中，采用一定的方法把部分煤（岩）体破碎下来，形成地下空间，并对这个空间进行支护的工作叫作巷道掘进，即把巷道挖出来。巷道掘进的主要任务是破碎地下煤（岩）体和防止周围煤（岩）体破碎[2]。在掘进前进行超前探测是保证人员和设备安全的必要工序。

1.2.1 煤矿井下巷道掘进的掘进工艺和工作环境特点

煤矿巷道掘进工作面特殊的环境和存在的客观条件决定了掘进工艺的选择。只有对掘进工作面的掘进工艺和环境特点有较为深入的了解，才能研究开发适于掘进工作面的超前探测技术和设备。

(1) 巷道掘进工艺

巷道掘进的工作方式按照性质不同有不同的分类，但是，它们都包含的基本工序(即基本工作内容)有：超前探测、巷道成形、装载和运输、巷道支护、通风降尘。

① 超前探测：巷道掘进中经常会遇到特殊的地质变化，如断层、陷落柱(无炭柱)、涌水等。因此，掘进面是事故高发区，常见的事故有底板塌陷、岩爆、透水等。其中水害的影响和危害程度最大，所以《煤矿安全规程》规定，应坚持“预测预报、有疑必探、先探后掘、先治后采”的探放水原则，以保证工作面人员和设备的安全。

矿井水的来源包括地表水和地下水。造成矿井涌水的主要水源是地下水，主要包括以下几种。

a. 含水层水：在井田范围内的石灰岩层、砂岩层等往往含有大量的地下水。

b. 断层水：断层附近的岩层，由于地壳运动的作用，一般很破碎，易于积水。

c. 老窖积水：采过煤的小煤窑、近期开采的老空区以及废弃的巷道内形成的积水。

② 巷道成形：即开挖出一定断面的巷道。巷道成形方法包括钻眼爆破法掘进、综合机械化掘进、掘锚一体机掘进、连采机掘进等。具体采用哪种方法要考虑煤(岩)的硬度、瓦斯含量等多种因素的影响。其中综合机械化掘进是应用最广的一种巷道成形方法，所用设备是一种能够同时完成煤岩破落、装载与转载运输、喷雾降尘和行走功能的联合机组，具有掘进速度快、掘进巷道稳定、减少岩石冒落及瓦斯突出、减少巷道的超挖量和支护作业的充填量、改善劳动条件、减轻劳动强度等优点。同时，我国悬臂式掘进机的技术水平较高，机器的智能化程度也位居世界前列。

③ 装载和运输：在巷道成形过程中会产生大量破碎的煤(岩)，需要把这些破碎煤(岩)装(转)到运输设备上，运出工作面。

装载方式根据巷道成形方法不同而不同，钻眼爆破法掘进方法需要专门的装煤(岩)机械(如耙斗装岩机、铲斗装岩机、装煤机等)和转载机械，而其他机械化的成形方法因机器自身具备装载和转载功能，故可大大提高工作效率。

掘进工作面的运输方式有往返式和连续式两种。矿车、梭车运输属于往返式，运输能力与运输距离有关，使用有轨矿车时还要铺设专用轨道；带式输送机、刮板输送机属于连续式，其运输能力仅与本身结构和运行速度有关，与运输距离无关。输送机的运输长度应能适应巷道掘进的延伸。

④ 巷道支护：巷道开掘后会形成一个地下空洞。裸露巷道的顶部煤(岩)会在矿山压力下下沉、垮落，巷道两帮也可能向空间内变形、塌落，有时巷道的底板也会鼓起来。为了保持巷道的断面，防止周围的煤(岩)发生变形、垮落，必须采用支架或其他支护形式来维护巷道。

支护方式包括棚式支架、石材整体式支架、锚喷网联合支护等。棚式支护主要用于服务期不长的巷道。当地压较大或地压不均匀，巷道用普通支架效果差时，可采用石材支架。锚喷网联合支护是以锚杆为主要构件并辅以其他支护构件而组合成的锚杆支护系统，其类型有锚网支护、锚喷支护、锚梁(带)网支护和锚索支护等。

锚杆支护是巷道掘进后向围岩中钻锚杆眼，然后将锚杆安设在眼内，对巷道围岩予以人工加固，从而维护巷道的稳定。完成此过程需要专门的钻孔机械在巷道顶部和侧帮部打孔，然后再按一定程序装入和紧固锚杆。

喷射混凝土支护是将一定比例的水泥、砂、石子、速凝剂混合搅拌后，装入喷射机，以压气为动力，使拌和料沿管路压送到喷嘴处与水混合，并以较高速度喷射在岩面上凝固、硬化，如图 1-1 所示。

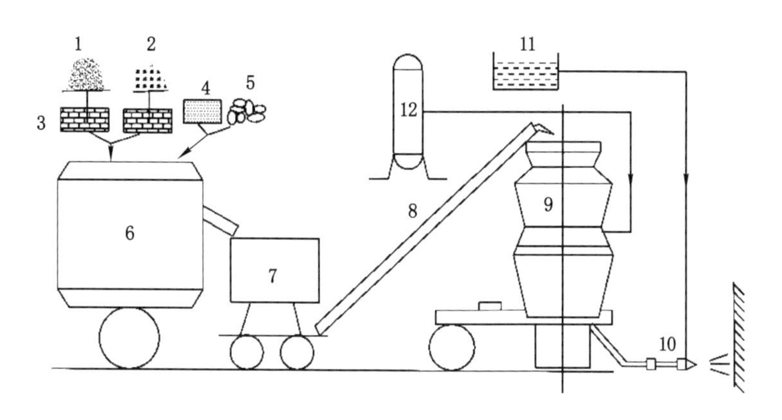

1—砂；2—石子；3—过滤筛；4—速凝剂；5—水泥；6—搅拌机；
7—送料小车；8—上料机；9—喷射机；10—喷头；11—水箱；12—储气罐。

图 1-1　喷射混凝土支护

锚网支护是将金属网用托板固定或绑扎在锚杆上所组成的支护形式。金属网用于维护锚杆间的围岩，防止小块松散岩石掉落，也可用作喷射混凝土的配筋。被锚杆拉紧的金属网还能起到连接各锚杆组成支护整体的作用。锚带网支护是在锚网支护中加入了钢带，以增强支护效果。锚索支护是在锚杆支护中加入锚索，将锚杆支护形成的锚固承载结构整体悬吊于深部围岩下方，起强化支护的作用。

⑤ 通风降尘：在巷道掘进时，通风的目的主要是把破煤(岩)以后产生的有毒有害气体在较短时间内排出工作面，供给工作面新鲜空气，排出掘进时产生的粉尘和瓦斯，降低工作面温度，改善劳动条件。一般采用局部风机进行工作面通风，通风方式有压入式通风、抽出式通风和混合式通风三种。通风设施主要有局部通风机和风筒。

(2) 掘进面工作环境特点

由煤矿井下巷道掘进工艺可以看出，目前掘进面的工作环境具有如下特点：

① 机械设备种类繁多。在掘进工作面不仅需要用掘进机械进行破落、装载煤(岩)，还需要有运输机械、支护设备、钻孔设备、通风设备等。

② 作业空间狭小。掘进机切割后的巷道最大断面宽一般为 4～6 m，高一般为 3～5 m，在此空间内不仅要容纳多种机械及工作人员，还要完成掘进、装载、运输、钻孔、支护、降尘、超前探测等工作，所以工作空间狭小且拥挤。

③ 半连续循环作业方式。掘进、装载、运输、支护、探测等工序并非全部连续、同时进

行。掘进机工作的同时要将落下的煤(岩)装到运输设备上,运出工作面。这时掘进工序与运输工序同时进行,而超前探测、钻孔、支护等工序则是在掘进机停止工作时进行的,所以,掘进机的掘进工作也是断断续续的。整个掘进工序呈现出半连续工作特征。

④ 各工序之间速度失调。探测、掘进、支护不能联合工作,造成必须停止掘进机的掘进工作去花费大量时间进行支护或探测。因各种工序的操作流程及施工特点不同,掘进工序和支护工序所用的时间比高达 1∶4,大大降低了掘进工作效率。

⑤ 意外事故率高。在掘进方向前,主要存在的地质危害有含水区、断层、陷落柱、瓦斯等,特别容易引发突水、塌方、瓦斯突出等事故。掘进面是事故高发区,必须严肃认真对待。

⑥ 粉(煤)尘含量高。掘进机在截割以及钻孔机械在打孔时都会产生大量粉尘,即使有降尘装置,效果也不会太理想。

1.2.2 煤矿巷道掘进面现有超前探测方法介绍

煤矿井下掘进工作面的超前探测是在掘进巷道(独头巷道)迎头利用直接或间接的方法向巷道掘进方向进行探测,探测前方是否存在有害地质构造或富水体及导水通道,为巷道的安全掘进提供详细的地质资料。

现有煤矿巷道掘进面超前探测的方法及分类如图 1-2 所示。破坏法,也称直接法。钻探法是常用的直接探测方法,这种方法探测结果比较直观可靠,但施工周期长、费用较高,对巷道的正常掘进生产影响较大。

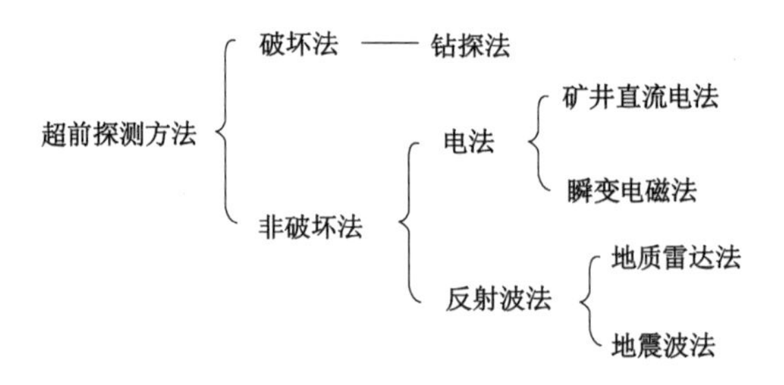

图 1-2　煤矿巷道掘进面现有探测方法

非破坏法也就是地球物理勘探(简称物探)方法,是利用煤(岩)的物理性质来判别地质构造的超前探测方法。近年来随着地球物理勘探技术的不断发展,非破坏探测方法在地质、水文探查中的地位和作用越来越明显。和钻探技术相比,物探技术方便、快捷的优势,在煤矿防治水的领域越来越凸显,得到了极大的推广和现场应用。可用于煤矿井下掘进工作面超前探测的物探方法主要有:矿井直流电法(三点三极超前探测方法)、矿井瞬变电磁法、矿井地质雷达法及地震波法。

(1) 钻探法

“物探先行,钻探验证”,钻探法与物探方法配合使用,主要用于验证物探的准确性,进一步核实物探结果。钻探法中,超前水平岩芯钻探是一种传统而可靠的方法,属于破坏性探测。

钻探法是用钻探设备向掘进面前方钻孔,取出岩芯,从而直接揭示巷道掘进面前方地层岩性、构造、地下水、岩溶洞穴充填物及其性质、岩石(体)的可钻性、岩体完整程度等资料,还可通过岩芯试验获得岩石强度等定量指标，是最直接有效的地质超前预报方法。

此方法的优点主要有以下几点：

① 可以根据需要探测和了解巷(隧)道开挖前方几米、几十米乃至上百米范围内围岩的工程地质情况；

② 可以通过岩芯观察和分析对巷(隧)道开挖前方的不稳定岩层和断层破碎带进行准确定位；

③ 可以直接采集岩芯样进行各种抗压强度试验以获取岩石的物理力学性质参数；

④ 可以通过钻孔及时释放影响巷道掘进施工的瓦斯和地下水等有害气体和液体。

此方法的不足之处主要有以下几点：

① 所用探水钻机设备结构复杂，施工费用高，占用施工时间长；

② 钻探过程中，钻头偏移会导致探测结果产生误差；

③ 探测速度慢，一次有效探测距离短，频繁操作费时费力，有时与巷道施工冲突；

④ 遇到水体和瓦斯突出等灾害地质层时甚至会造成意想不到的灾难，且其探测结果只是“一孔之见”，难以成“面”的概念[3]。

(2) 矿井直流电法

在煤矿防治水方面，由于煤矿水文地质的要求较高及煤矿的强干扰环境，直流电法曾经是主要的勘探手段。

矿井直流电法又称为矿井电阻率法，其测点位于地下巷道或采场内，与探测目标体的相对位置关系较为复杂，为了针对性地解决各类地质问题，电极的排列形式、移动方式等多有变化，从而衍生出不同的矿井电阻率法。一般来说，电极的移动方式决定着矿井电阻率法的工作原理，电极的布置方式决定着矿井电阻率法的分辨能力和电性响应特征，而勘探目标体相对测点的空间位置决定了矿井电阻率法的电极位置[1]。

按照工作原理，矿井电阻率法可分为矿井电剖面法、矿井电测深法、巷道直流电透视法、集测深法和剖面法于一体的矿井高密度电阻率法、直流层测深法和直流电超前探等。常用矿井电阻率法及应用范围见表1-1。

表1-1　常用矿井电阻率法及应用范围

常用方法	主要应用范围
巷道底板电测深法	探测煤层底板隐伏的断层破碎带、导水通道、含水层厚度、隔水层厚度等
矿井电剖面法	探测煤层底板隐伏的断层破碎带、导水通道
直流电透视法	探测采煤工作面顶板、底板内富水区、含水裂隙带、陷落柱范围等
三点三极探法	探测掘进巷道迎头前方的含水构造

矿井直流电法的探测距离可达60 m以上，目前已有大量应用实例。

三点三极探测法工作原理如图1-3所示。在巷道掘进面后方底板上以一定间距布置3个发射电极(A_1、A_2、A_3)，接地电极(B)布置在相对无穷远处。测量电极M、N以一定间距同时向巷道后方移动。令MN的中点为测点，对于每个测点，分别测量3个发射电极所对应的视电阻率值。

A_1、A_2、A_3供电点间距一般在2～10 m之间，最大电极距AO应根据地质任务和巷道

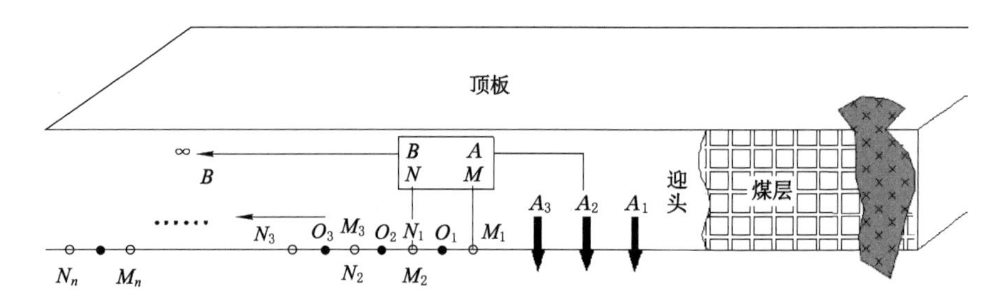

图 1-3　直流电三点三极超前探测方法

长度确定，一般小于 100 m。M、N 间距的大小要考虑信噪比及探测精度的影响，其移动间隔应尽可能小，通常为 2～6 m。相对无穷远接地电极 B 的最小距离 BO 应大于 5 倍 AO 距离。

测量方法是每移动一次测量电极 M、N，分别测量由 A_1MN、A_2MN、A_3MN 所对应的视电阻率 ρ_1、ρ_2、ρ_3 值。然后向后移动 M、N(扩大电极距)，重复测量三个供电点的视电阻率值，由此可以测得三条视电阻率值曲线。通过三组视电阻率曲线对比，可以校正、消除表层电性不均匀体的干扰，判断异常体的空间位置。

此方法对含水构造敏感，探距较大，但理论基础尚未成熟。同时，受电场全空间效应的影响大，相对而言干扰因素较多；探测过程中移动电极工作量大，施工时对巷道长度有一定的要求。

(3) 瞬变电磁法

近年来，由于煤矿开采深度的加深和对防治水要求的提高，直流电法因其体积效应大、工作效率低等原因应用逐步减少。同时，随着交流电法理论技术和测量仪器设备的发展，已逐步成为煤矿采区水文勘探的主力，具体方法有瞬变电磁测探法、可控源音频大地电磁测深法等。瞬变电磁法具有勘探深度大、抗干扰能力强、分辨率高、施工效率高等优点，已经成为煤矿采区水文勘探的一种主要手段[1]。

瞬变电磁法(time domain electromagnetic method，TEM)是利用不接地回线或接地线源向地下发射一次脉冲电磁场，在一次脉冲电磁场发射间歇期间，利用线圈和接地电极观测地下介质中引起的二次感应涡流场，从而探测介质电阻率的一种方法[4-6]。如图 1-4 所示，基本的工作方法是：在地面或空中设置通以一定波形电流的发射线圈，从而在发射线圈周围空间产生一次电磁场，并在地下导电岩(煤、矿)体中产生感应电流；断电后，感应电流由于热损耗而随时间衰减。简单地说，瞬变电磁法的基本原理就是电磁感应定律。衰减过程一般分为早期、中期和晚期。早期的电磁场相当于频率域中的高频成分，衰减快，趋肤深度小；而晚期成分则相当于频率域中的低频成分，衰减慢，趋肤深度大。通过测量断电后早期、中期和晚期三个时间段的二次场随时间变化规律，可得到不同深度的地电特征。

此方法对于低阻体反应敏感，用于野外探测时效果较好。而在井下巷道中进行勘测时，考虑到井下巷道空间的限制，其工作装置的尺寸不可能很大，一般采用多匝数小回线装置。所以限制了发射回线的大小(地表测量时线圈边长大于 50 m，井下测量线圈长为 2～3 m)，也限制了发射装置的发射功率，使得探测深度达不到实际工作需求。

同时，因发射线框与接收线框距离较近(或几乎在一起)，相互之间的一次场干扰、线圈自感、互感增大致使视电阻率计算值偏低(在 $10^{-2}\sim10^{-4}$ 数量级)；这种装置的横向分辨率

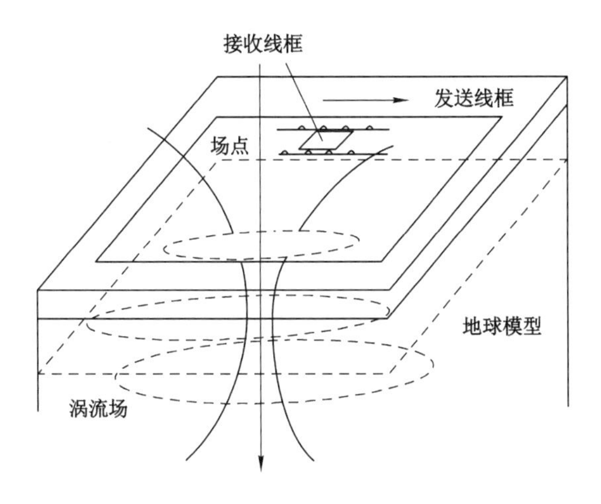

图 1-4 瞬变电磁法工作原理

的提高，也使不均匀地质体对探测结果产生的影响较大；由于关断时间的影响，无法探测到更浅部的异常体，会在浅部形成 20 m 左右的盲区；巷道金属支护材料、铁轨、电缆和采掘机电设备对观测结果也会产生较大影响。

(4) 矿井地质雷达法

地质雷达法也叫探地雷达法(ground penetrating radar,GPR)，利用超宽带电磁波脉冲或无载波脉冲探测地下介质分布，是一种地下浅层目标无损探测的方法。煤矿井下应用探地雷达时加上防爆技术进行三维全空间探测，称为矿井地质雷达法。

地质雷达勘探原理是，由发射天线发射脉冲形式的高频(10^6～10^9 Hz)宽带电磁波(通常，中心频率为 12.5～1 200 MHz、脉冲宽度为 0.1 ns)，如图 1-5 所示，电磁波在介质中传播时，其路径、电磁场强度与波形将随所通过介质的电性质及几何形态的变化而改变。当电磁波遇到地质异常体(如空洞、分界面等)时发生反射，由接收天线接收反射的电磁波。然后对接收到的电磁波进行信号处理和分析，根据信号波形、强度、双程走时等参数来推断目标体的空间位置、结构、电性及几何形态，从而实现到对隐蔽目标物的探测[7]。这种探测方法可分辨率 10^{-1} m 尺度的介质分布。其穿透能力决定于介质的传播损耗，而传播损耗受控于介质的吸收系数。工作中遇到的石灰岩、花岗岩和石煤等吸收系数较小的致密岩石时，探测距离可达 30 m 以上。但在黏土、页岩、砂岩及石膏等多孔隙岩石中，其探测距离大大减少，有时只有几米或更少。在煤层中雷达波的探测深度也只有几十米或更少[8-9]。

地质雷达的应用涵盖了采矿工程、水利水电工程、地质工程和岩土工程、机场跑道及公路工程、隧道工程、环境工程及考古等。隧道工程中，地质雷达主要用于隧道质量检测、隧道病害诊断、隧道掘进超前预报。煤矿井下，地质雷达用于矿区井下探测顶底板及采煤工作面前方小断层、老窑、岩溶分布及探测煤厚、充水小构造、陷落柱和巷道围岩松动等地质问题[10]。在煤矿掘进巷道内应用还要解决防爆、强干扰下提取弱信号等问题。

这种方法对地质构造体、断层、异常变化带、陷落柱、含水带较为敏感。但由于高频天线遇到良导体(电导率通常在 10^7 数量级)时，因集肤效应而将失去穿透能力，严重时(如遇含水黏土)会丧失勘探能力[10]。目前，地质雷达在煤矿巷道内还未有工程实例，其探测距离比较短(30～40 m)，且要求掘进面平整便于设备的布置，受工作面的大型机械或金属体的干

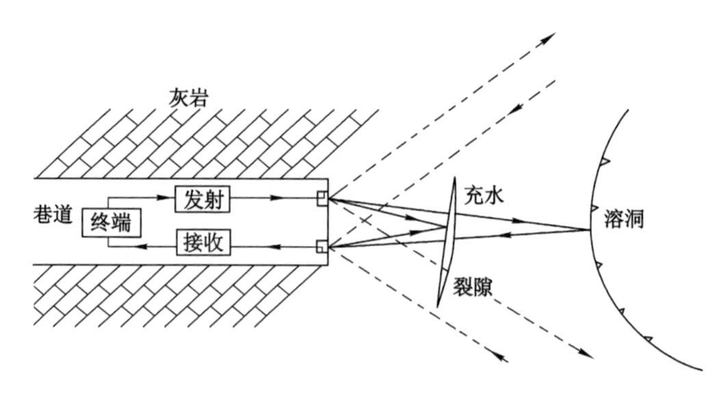

图 1-5　地质雷达勘探原理

扰影响大，而且技术难度大、造价高，难以大范围普及。

（5）地震波法

地震波勘探是利用岩石的弹性差异来探测地质构造的一种地球物理勘测方法。采用人工的办法（用炸药或其他能源）激发弹性波，沿测线不同位置用地震仪器检测大地的震动，将这种携带了地层信息的震动波（信号）进行加工处理和解释，可以推断地质结构、岩性、构造形态等，从而达到勘查目的。在隧道开展超前探测的应用原理如图 1-6 所示，在一个侧帮布置多个爆破点进行激震，然后接收异常体界面反射回来的波信号，通过分析计算得出反射界面与隧道轴线的交角以及与隧道掘进面的距离[11-12]。

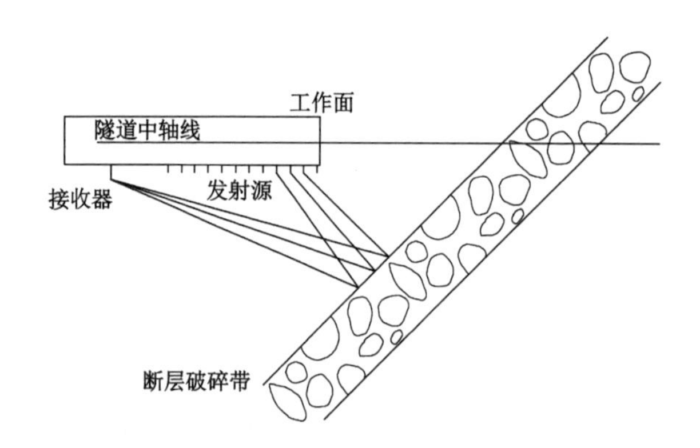

图 1-6　地震波超前探测在巷（遂）道中的应用原理

尽管地震波法探测距离较远（能达到 200 m），但是，探测方向不能灵活控制，每布置一次测线，只能在巷道某一侧探测其附近是否存在地质异常；对小型异常地质构造难以发现，因激震波难以覆盖巷（隧）道正前方存在的小规模的地质异常体，故很难被探测到；激震点数量多，工序烦琐；爆破激震不适合在煤矿井下应用，煤矿井下往往因含有瓦斯等易燃气体而不允许使用带有明火的作业方式。因而，这种方法不适用于煤矿巷道的超前探测。

常用探测方法的比较如表 1-2 所列。任何一种物探技术，均有其优点和不足。目前，煤矿井下使用的超前探测技术大多是地面物探技术与煤矿安全标识认证要求相结合，以满足井下多煤尘和瓦斯的特殊环境使用，针对煤矿井下的应用条件研究还不够深入。所以探测方法、试验多，理论研究少，不同的方法还没有形成相应的技术规范，导致现有的地质勘探资料解释方法研究远远落后于相关仪器的开发研究。在利用现有仪器进行煤矿井下巷道掘进前方的超前探测时，只能确定前方异常区的大致位置，无法确定异常类型，探测准确率也不能达到令人满意程度。

表 1-2 煤矿巷道掘进超前探测方法比较

探测方法	矿井直流电法	矿井地质雷达法	瞬变电磁法	地震波法
勘探实例	多	较多	较多	有
常用仪器型号	DZ-2 型直流电法仪	FTL 型地质雷达	PROTEM47 瞬变电磁仪	EMS-2 地震勘探仪
理论成熟度	理论依据有待完善	成熟	成熟	近年来研究成果
勘探敏感目标体	水文地质问题	构造体、断层、异常变化带、陷落柱、含水带	岩溶、裂隙/空洞	大型构造体、断层、异常变化带、陷落柱
勘探距离	60～80 m	20～30 m	60～80 m	150～200 m
操作方便程度	施工布极复杂	要求掘进面平整	受掘进面空间限制因素较多，操作不便	需要爆破激震和固定检测器
主要干扰因素	铁轨、电气设备	大型机械、金属体	电场、互感	噪声

1.2.3 煤矿井下巷道掘进超前探测技术的不足

钻探法属于破坏性探测方法，施工工艺复杂，探测范围有很大的局限性。

电法探测的矿井直流电法缺乏成熟的理论基础，使得其配套的解释软件预报精确度较低，导致预测虚报率太高，同时探测时所特有的移动电极工作流程导致工作量较大，难以和掘进机械配合实现探掘一体化目标；瞬变电磁法用在煤矿井下巷道时因发射线圈与接收线圈距离很近，互感和干扰严重，影响了探测的准确性。

反射波法的矿井地质雷达虽然工作量相对较小，理论研究较为成熟，但此法易受金属体或大型机械的干扰，屏蔽天线体积也较大，通信光缆容易遭到破坏，仪器价格昂贵，探测距离较短。地震波法适用于寻找规模较大的地质构造，对于小构造的发现能力有限。另外因需要爆破激震，不能用于有瓦斯的煤矿井下。

总之，任何一种物探技术，均有其优点和不足。目前，煤矿井下超前探测大多仅是把地面物探技术和防爆技术相结合，针对井下特殊工况的探测方法研究还不够深入，也没有形成相应的技术规范。综合来讲有以下几点不足之处：

(1) 探掘分离

为了保证安全生产，《煤矿安全规程》规定，煤矿防治水工作应当坚持“预测预报、有疑必探、先探后掘、先治后采”的基本原则，采取“防、堵、疏、排、截”的综合防治措施。

按《煤矿安全规程》规定，必须先进行超前探测，在确保前方不存在有害地质异常后才能进行掘进工作。但由于目前现有的探测方法难以与掘进机配合使用，不能实现探掘协调作业，故探测和掘进只能分时、交替进行。再加上现有探测方法施工工作量大、探测周期较长，影响了掘进速度。因此，有的矿井为了抢工期、赶进度，忽视了探测的重要性，在未进行有效超前探测的前提下盲目掘进，直接导致一些煤矿为了提高掘进效率，简化甚至是省略了探测工序，造成了重大的煤矿安全事故。

(2) 预报准确率低

在对工作面前方地质状况进行探测的同时,探测工作会受到工作面现有设备、后方顶底板及侧面地质条件的干扰,且当前数据解释方法不完善,从而易造成虚报、误报或漏报,使得预报准确率不能达到令人满意程度。以直流电三点三极探测法为例,由本课题组取得的2006—2008年河北省东庞煤矿的超前探测数据知,预报地质异常准确率仅为56.2%,虚报率为42.6%,漏报率为1.2%。瞬变电磁法的准确率虽然有所提高,但也仅为60%~70%。

(3) 探测方向性差

除地质雷达法外,各物探方法的探测方向难以确切控制,常受到掘进后方顶底板地质结构的影响。而地质雷达法因价格昂贵、结果偏差较大,故不适于在煤矿井下巷道掘进面使用。

(4) 可操作性差

目前现有的超前探测方法布极、准备工作较为烦琐、费时。难以与掘进机械配合使用实现探掘一体化。

(5) 探测效率低

目前的物探方法在掘进面得到的是一系列数据,需要把这些数据带到地面进行处理和分析。所以,从开始实施超前探测到探测结论的形成用时较长,不可能在一两个小时内完成;而且一般掘进工作人员不负责探测,探测工作需要专门的人员来完成,因此,所需掘进和超前探测两种工种的人员,也影响了工作效率。

(6) 成本高

《煤矿安全规程》规定:"采掘工作面超前探放水应当采用钻探方法,同时配合物探、化探等其他方法查清采掘工作面及周边老空水、含水层富水性以及地质构造等情况。"所以,在掘进工作面,为了提高数据的准确率,必须在使用某种物探之后再用钻探法进一步验证和证实数据的正确性,必要时使用两种不同的电法探测仪,再用钻探法验证,这样造成了探测程序的烦琐并增加了探测成本。

综上所述,当前煤矿掘进面物探技术的现状是技术种类繁多,工序大多烦琐,难以与掘进机械协同作业,预测效率不高或是成本过高。

1.2.4 问题的提出

我国是世界上煤矿水文地质条件最为复杂的国家之一,煤矿水害严重。据不完全统计,1956—2004年,中国北方煤矿开采山西组与太原组煤层,来自煤系夹层灰岩和基底中奥陶统灰岩岩溶水的底板突水1 350余次,其中淹井230余次,造成经济损失数百亿元,因水害造成的人员伤亡达数千人[13]。特大透水事故及造成的死亡人数分别占到全国煤矿特大事故的22.4%和20.7%[14]。2006年水灾事故加剧,在1—5月份,全国煤矿发生透水事故30起,死亡178人,仅山西省就发生了2起重特大透水事故。2006年,全国发生死亡3人以上透水事故3起[15]。2010年,山西王家岭煤矿掘进工作面"3·28"特别重大透水事故,一次造成153人被困,其中38名矿工遇难[16]。这些数据表明,煤矿水灾已经对矿山安全生产产生了重大的威胁。煤矿水害事故频繁发生已经严重制约了我国煤矿的高效安全开采[17]。

我国煤矿水害有多种类型,按照水的来源大体上可分为五类:地表水水害、孔隙水水害、老空水水害、岩溶水水害和裂隙水水害[18]。废弃的井口(井筒)、采后的垮落带、岩溶地面的塌陷坑(洞)、陷落柱、断层带以及煤层顶底板或封孔不良的旧钻孔都可能会成为导水通道,当采煤工作面或掘进巷道接近或沟通老空区时,极易发生老空水水害。

《煤矿安全规程》规定,煤矿防治水工作应当坚持“预测预报、有疑必探、先探后掘、先治后采”的基本原则[19]。据统计,突水事故大约有65%发生在掘进工作过程中,煤与瓦斯突出发生在掘进工作阶段的占80%以上。目前频发的煤矿透水事故,更凸显出寻求一种高效、安全探测方法的急迫性。因此,研究煤矿巷道掘进面超前探测方法与技术,有效预报煤矿掘进面前方隐伏地质构造具有重要意义。

基于我国煤矿水害现状和超前探测技术的不足,我们课题组提出了针对煤矿井下巷道掘进的超前探测技术研究方向并开展了大量的研究工作。

本项研究结合煤矿巷道掘进工艺特征及巷道掘进作业环境提出了动态电场激励法巷道掘进超前探测技术,这是一种以激发极化理论为研究基础的超前探测技术,旨在找到一种工作方法简单、探测精度高、能及时预报掘进前方隐伏的地质结构特别是含水地质构造情况,且能与掘进设备配合使用、协调作业的物探方法,通过研究、改进,使其适用于矿井巷道环境,真正实现煤矿井下巷道掘进工作的“探测与掘进协同作业”目标。

1.2.5 煤巷掘进面超前探测方法理想特性

超前探测方法应能够充分适应煤巷掘进面的半连续作业方式和高事故的环境特点。综合各种存在因素,经调研、分析、研究,总结出理想的煤矿巷道掘进工作面超前探测方法应该具有如下特性[20-21]。

(1) 超前性,即探测距离较长,应能达到或超过每天掘进的最长距离与水平方向最小安全距离之和。

煤矿井下巷道掘进面的主要工序包括探、掘、支、锚。掘进机的掘进速度与煤岩性质、掘进设备、人员配备等多种因素有关,每班掘进长度为几米至十几米,平均长度不超过10 m。地质条件非常好、设备精良且工人技术非常熟练的情况下,掘进月进尺可达1 000 m,即每天掘进约30 m,但此种情况算是“破纪录”,极为罕见。按照“三班”工作制,每天有两班掘进一班检修,每天平均掘进长度不超过20 m。根据掘进面顶板状况不同,平均每向前掘进0.5～0.8 m就需进行一次支护,且掘、支用时比例为1∶4,掘、支速度比例严重失调。掘进水平方向的最小安全距离不仅与前方煤岩性质有关,而且主要取决于构造中含水量及水压,结合煤矿物探技术相关理论及资料数据并经过现场调研之后,得出的经验值约为20～30 m。综合以上分析数据,超前探测工序一般可在检修班进行,或根据需要在支护过程中随时进行,单次探测距离达到50～60 m足以满足需求(图1-7)。当前,大多数煤矿每周进行一次超前探测,探测手段采用钻探与物探相结合的方法,探测距离平均为30～50 m,单次探测距离不能覆盖掘进进尺。为了不影响掘进速度,超前探测只能选择在检修班时段进行,时间选择上不灵活。再加上探测工序较为烦琐,难以实现“边掘边探”和探测距离的有效覆盖。

(2) 实时性。实时性的含义包括:一方面,可根据需要利用设备检修或巷道支护时间进行探测,也可在掘进过程中随时停机进行探测,以便实时发现地质异常;另一方面,探测用时要短,探测结果能在十几分钟内得出或实时显示,最终实现机载和不间断探测,此时可以减小单次探测距离(30 m左右即可),从而减小设备的发射功率。

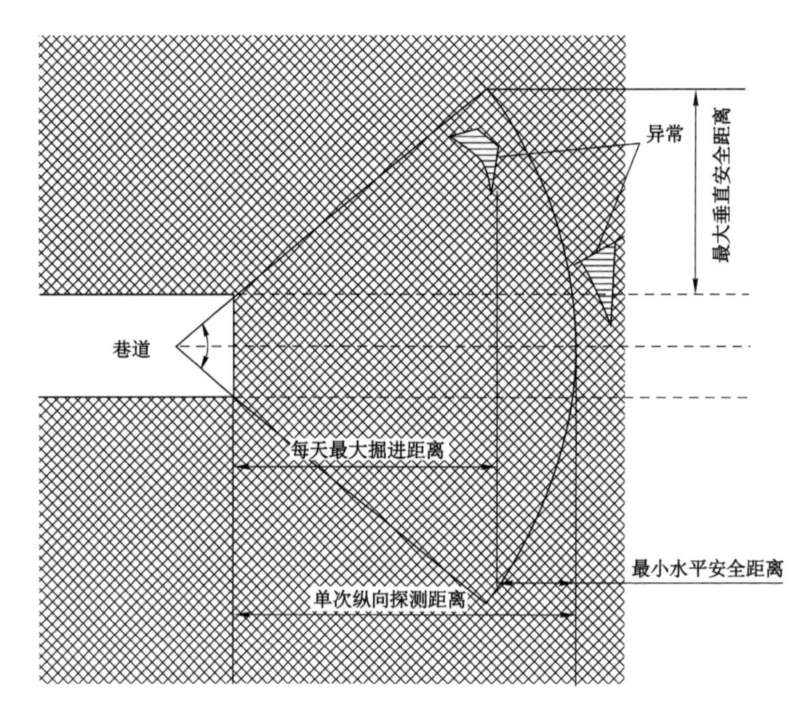

图 1-7 超前探测范围

(3) 方位性:包含方向和距离两方面含义。一方面,能有效控制探测方向,实现在掘进方向的正前、前上、前下锥体区域范围内的扫描探测,从而准确测定地质异常在掘进面正前方或顶底板中隐含的方向,且不易受后方顶底板地质条件的影响。另一方面,在包含的水平和垂直方向安全距离的锥体探测区域内(图 1-7),能判定异常与掘进面之间的距离,结合所在方向准确判定异常的确切位置。

(4) 准确性:不仅能定性判断探测区域内地质异常体的性质(如积水、断层、塌陷、破碎带等),还要能定量确定地质异常体与探测点之间的距离远近及规模大小;降低误报、漏报率,提高超前探测的效率。

(5) 智能性:对掘进前方地质构造结果"傻瓜化"显示,直观易懂,图像清晰;能自动判断危险级别。

(6) 简便性:探测仪器和相关设备的体积尽量小、质量轻,搬运方便,且便于实现机载模式;操作简便,经济性能好。

(7) 掘探合一性:探测仪应成为掘进机标准配置的一部分,探测仪主体安装在掘进机机身上,减少掘进面设备的数量,探测工作不影响掘进工作的进行,最终实现随机探测。

1.3 研究目标与研究内容

1.3.1 研究目标

矿井水害实时监控与预警技术及装备落后,无法实现在巷道掘进过程中对于孕育和发展的隐蔽性导水构造进行超前预报，是发生特大型突水灾害的一个重要原因。含导水地质构造对围岩的激电效应存在较大的影响，为利用以煤(岩)激化效应为依据探测掘进面前方的含导水构造提供了物理基础。但煤矿巷道内工作场地和工作环境的限制和探测目的的特殊性，导致常规的激电法的布极方式和数据采集方式不能照搬到煤矿巷道含导水地质构造超前探测工作中，因此需要选择一种适合煤矿井下巷道内超前探测工作的数据测量方法。本课题紧密联系实际，旨在研制一种操作方便、预报准确率高、机载轻便、能实时检测的超前探测方法，对于保障掘进工作面安全、高效、快速工作具有重要现实意义。

具体研究目标如下：

(1) 提出动态电场激励法巷道掘进超前探测技术在巷道有限空间内的电极布置方式。

(2) 对煤矿井下掘进面常见的有害地质构造进行探测仿真，从理论上验证动态电场激励法巷道掘进超前探测技术用于煤矿井下巷道掘进面超前探测的可行性。

(3) 研制动态电场激励法超前探测样机，并开展试验验证研究。

1.3.2 研究内容

研究内容包括两部分：研究一种效率高、准确率高的超前探测技术和系统；开发相应探测仪器，实现与掘进机的一体化设计，减少掘进工作面人员数量。

具体研究内容包括：

(1) 电场激励法用于煤巷掘进面超前探测的可行性分析与研究

电场激励法煤巷掘进超前探测技术是利用主电极(探测电极)向巷道掘进前方的围岩发射包含高、低两种频率的电流，激发围岩发生激电效应，产生激化电场。激化电场的性质与发生激电效应的介质有关，检测并分析激化电场信息便可以间接推断掘进前方的地质构造，达到超前探测的目的。利用约束电极使主电极的电场传播方向得以控制和约束在一定范围内，减少电场的全空间效应，避免掘进后方地质状况对测量结果的影响。通过对各电极电流强度的控制，改变探测方向，实现角度扫描和深度扫描探测，达到异常体精确定位的要求。

(2) 基于电场激励原理的参数选择与优化

从电场激励法基本原理入手，研究其在煤矿巷道掘进面的应用机理，建立地电模型和数学模型；确定并优化电流波形、周期、强度、频率等参数。

(3) 超前探测仪发射装置和接收装置样机的研制

研制能够发射和控制预定波形及参数值的双频交流发射装置样机以及包含信号接收采集模块、信号调理计算模块、数据转换与图形显示模块、数据记录存储模块等的接收装置样机。

(4) 超前探测仪与掘进机的一体化实现

开发制作超前探测仪，与现有的掘进机共用电源，成为掘进机的一个附件，能够在掘进间隙进行超前探测工作，实现“边探边掘”，减少工人数量。

第2章 激发极化理论及应用现状

动态电场激励法巷道掘进超前探测技术的理论依据是双频激发极化理论，它是利用约束电场与探测电场之间的相互作用实现有效控制探测方向与探测距离的一种电法探测技术。介质在外界电流的激发作用下会产生激发极化现象，当介质成分发生变化时，所产生的激化电场存在差异，所以检测激化电场信息可以间接推断介质中所含成分的变化，这就是利用电场激励法进行超前探测的思想来源。本章主要从双频激电法基本原理及研究参数着手，探索其在国内外的研究与应用现状，并研究激电法在巷(遂)道中应用的基本原理，为研究动态电场激励法在煤巷超前探测中的应用寻找相似的理论依据。

2.1 激发极化理论

2.1.1 激发极化现象与时间域激发极化法

激发极化(induced polarization，IP)是发生在地质介质中因外界电流激发而引起介质内部出现电荷分离，从而产生一个附加的“过电位”的一种物理化学现象[22]。

如图2-1所示，用发射装置通过A、B两处电极，向地下岩石介质中供入直流稳压电压U，通过测量电极M、N两点间的电位差ΔU_{MN}，可观测到ΔU_{MN}从一个起始值ΔU_1开始随时间增加而增大的现象。在一定时间后，ΔU_{MN}逐渐趋于一个稳定的饱和电压值ΔU。当供电线路断开后，发现M、N两电极间的电位差并未立即消失，而是在断电后最初的一瞬间快速衰减到某一电压数ΔU_2，然后随着时间的推迟，ΔU_{MN}缓慢衰减，经过几秒甚至几分钟后才衰减至零。显然，ΔU_{MN}的变化规律与电容器充、放电过程具有相似的特性，岩(矿)石的这一特性称为激发极化效应，简称激电效应。ΔU_1的大小与U大小及M、N两点之间的距离有关。在地球物理学中，常把ΔU_1称为一次场电位差，把断电后的衰减电场称为二次场，并用ΔU_2表示断电瞬间观测到的二次场电位差的最大值[23]。

激发极化法就是以不同岩(矿)石激电效应的差异为基础，通过观测和研究地质体的激电效应来反映勘探区域内地质情况，或解决某些水文地质问题的一类电法勘探技术。岩石的激发极化效应与岩石电子导电矿物含量、黏土含量、含水性、孔隙水的矿化度等因素有关。通过观测、研究极化电场的分布规律以及极化参数的变化，就可以判断待测区域的地质和水文状况。

在时域，视极化率η_s是常用的测量参数，定义为：

$$\eta_s = \frac{\Delta U_2}{\Delta U} \times 100\% \tag{2-1}$$

它表示二次场电位差在总场电位差中所占比例大小。

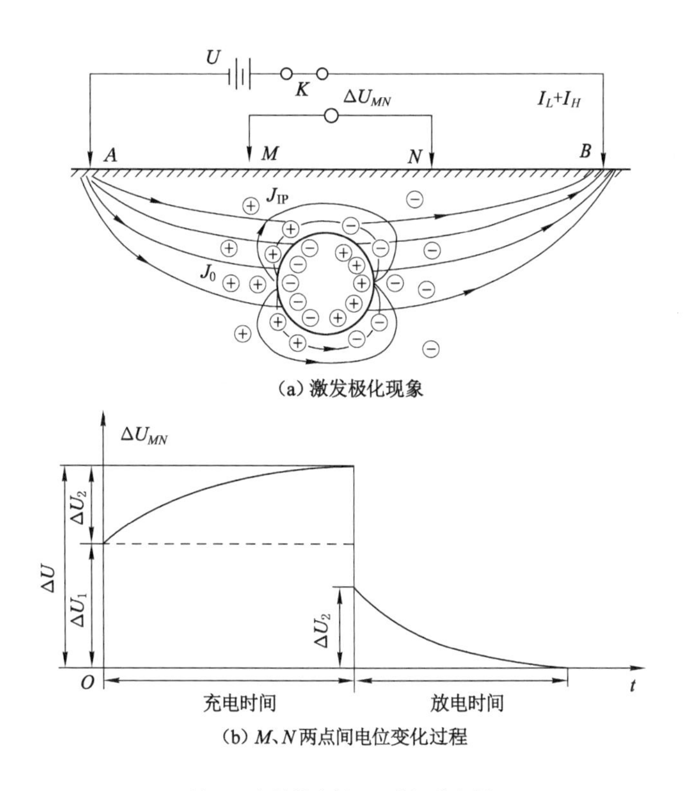

注：J_0 为原始电场，J_{IP} 为极化电场。

图 2-1　激发极化原理示意图

为了提高视极化率 η_s 的测量精度，用测量一段时间内二次电位差的积分 $\int_{t_1}^{t_2}\Delta U_2(t)\mathrm{d}t$ 代替 ΔU_2，并定义视充电率：

$$m_s=\frac{\int_{t_1}^{t_2}\Delta U_2(t)\mathrm{d}t}{\Delta U} \tag{2-2}$$

视充电率 m_s 与视极化率 η_s 实质上是相同的，但 m_s 有量纲，因 t_1、t_2 均是 ms 级，故 m_s 实用单位为“ms”。这种通过测量若干个时间点的 ΔU_2 或 $\int_{t_1}^{t_2}\Delta U_2(t)\mathrm{d}t$ 来研究激发极化效应的方法，也就是研究二次场电位差随时间变化的方法，称为时间域激发极化法[22]。

总之，激发极化法就是以不同地质介质之间的激电效应差异为基础，通过观测和研究被测对象的激电效应实现探查地质情况目的的一种电法分支。

2.1.2　频率域与时间域激发极化法的等效性

通过比较图 2-1(b)中充电时间与放电时间内两段曲线可以看出，激发极化现象一方面表现为充电时的逐渐增大，并趋于饱和的二次场电位差 ΔU_2，另一方面还表现为放电时逐渐衰减，并趋于消失的二次场电位差。充电时曲线的饱和值(最大值)与放电时曲线的初始值(最大值)相等；在任一时刻，充电二次场电位差增长的速率与放电二次场电位差衰减的速率大小相等而符号相反，充电曲线与放电曲线互为倒像。这说明研究激发极化现象时，不但可以测量放电时的二次场电位差，也可以测量充电时的二次场电位差，二者含有同样多的关于被测介质激发极化性质的信息。也就是说，只观测其中一条曲线不会损失任何信息，而同时观测两条曲线也不会增加新的信息[22]。所以，在其他条件完全相同的前提下，研究完整的充电曲线和研究完整的放电曲线是等价的。

在时间域，充电时二次场电位差 ΔU_2 总是与一次场电位差 ΔU_1 叠加在一起，仅测量总场电位差是不能把二者分别提取出来的。所以至少需要采用两种宽度的脉冲电流来激发。其中一种电流的单个脉冲宽度 $T/2$ 足够宽，使得在每一脉冲结束时二次场电位差都接近饱和，这时测得的电位差为总场电位差 ΔU；另一种电流的单个脉冲充分窄，使得在每个脉冲供电时还来不及产生明显的激发极化，这时测得的电位差为一次场电位差 ΔU_1。把两次测量的结果相减便可得到二次场电位差 ΔU_2。

用脉冲电流激发得到的二次场电位差与所用脉冲的宽度有着密切的关系。宽度很大的脉冲能够使介质充分极化，观测到接近饱和的二次场电位差；介质在很窄的脉冲下来不及极化。如果以脉冲宽度为横坐标、以测得的电位差为纵坐标，所得曲线如图 2-2 所示。

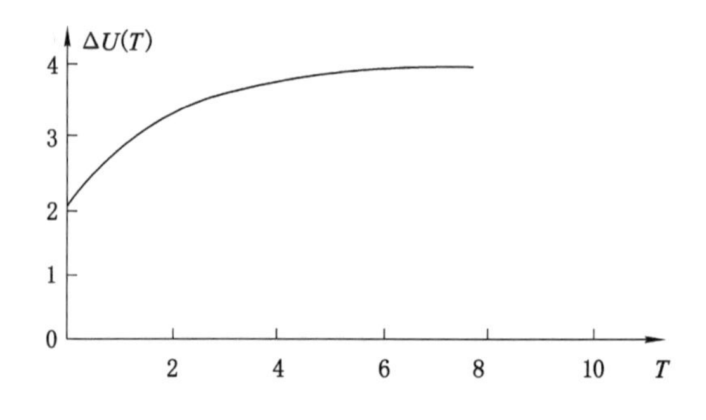

图 2-2　脉冲宽度与电位差的关系

因脉冲电流是周期性的，脉冲的宽度为 $T/2$，周期为 T，其频率为 $f=1/T$，因此，图 2-2 也可以改画为以频率为横坐标，同时将测量值 $\Delta U(T)$ 改为 $\Delta U(f)$，如图 2-3 所示。

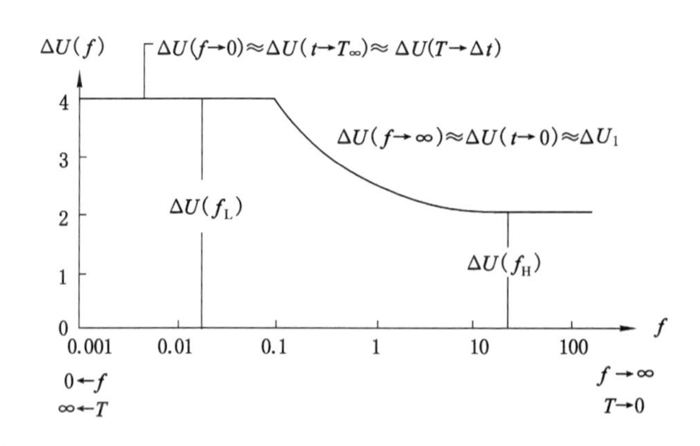

图 2-3　将激发极化现象由周期 T 的函数改绘为频率 f 的函数

由此可以看出，激发极化的强弱随频率的改变而变化，是频率的函数。频率越低，极化程度越高，二次场电位差在总场电位差中所占的比例越高；频率越高，介质越来不及极化，二次场电位差所占比例越小，所测总场电位差接近一次场电位差。故把激发极化作为频率的函数来研究的方法，称为频率域激发极化法[20]。

因此，在频率域为了获得明显的激发极化效应，至少要用两个不同频率的电流来激发，同时必须使一个电流的频率充分低（记为 f_L），因低频周期长，这时可使介质得以充分极化，总场电位中含有较多的二次电位，即测得的 $\Delta U(f_L)$ 中含有足够的 ΔU_2；另一个电流的频率充分高（记为 f_H），因高频周期短，介质不能受到充分的极化，总场电位中几乎不含二次场电位，即测得的 $\Delta U(f_H)$ 接近一次场电位 ΔU_1。二者相减便可得到二次场电位[24]。

在频域，通常用视幅频率 F_s，或西方地球物理学家所称的百分频率效应（percent frequency effect，PFE）来表征上述激发极化现象，定义为：

$$\mathrm{PFE} = F_s = \frac{\Delta U(f_L) - \Delta U(f_H)}{\Delta U(f_L)} \times 100\% \tag{2-3}$$

比较式（2-1）与式（2-3）可以看出，视幅频率 F_s 与视极化率 η_s 的物理意义是等效的。

我们还可以从另一个角度考察激发极化效应的频率特性和时间特性之间的关系。在时间域研究激电效应时，是用一定装置向被测区域供入一个阶跃电流：

$$I(T) = \begin{cases} 0 & T \leqslant 0 \\ I_0 & T > 0 \end{cases} \tag{2-4}$$

同时观测 M 和 N 极间的总场电位差 $\Delta U(T)$。为了更好地研究时间特性，将时间域总场电位差的充电过程 $\Delta U(T)$ 对供电电流 I_0 和装置做归一化，计算电阻率：

$$\rho(T) = K\frac{\Delta U(T)}{I_0} \tag{2-5}$$

式中，K 为装置的归一化系数。

大地的导电和激电效应通常可足够近似地看成线性和“时不变”的。在此条件下，借助拉普拉斯变换（Laplace transform）和反变换将时间域-阶跃电流激发下的时间特性 $\rho(T)$ 和频率域-谐变电流激发下的频率特性 $\rho(\mathrm{i}\omega)$ 联系起来：

$$\begin{cases} \rho(s) = s\int_0^{\infty}\rho(T)\mathrm{e}^{-sT}\mathrm{d}T \\ \rho(T) = \dfrac{1}{2\pi i}\int_{\Omega}\dfrac{\rho(s)}{s}\mathrm{e}^{sT}\mathrm{d}s \end{cases} \tag{2-6}$$

式中，复数 s 取为 $\mathrm{i}\omega$，$\rho(s)=\rho(\mathrm{i}\omega)$ 就是复电阻率频谱；Ω 为拉普拉斯反变换的积分域。

利用式（2-6）便可实现时间特性 $\rho(T)$ 和频率特性 $\rho(\mathrm{i}\omega)$ 的相互换算。所以，频率域激电测量和时间域激电测量本质上是一致的，数学意义上是等效的[25-26]。

岩（矿）体性质（如有断层、塌陷、积水、破碎带等）影响其视电阻率和极化率的高低，而 PFE 值可以反映极化信息，因此，实时检测掘进面前方岩（矿）体的视电阻率 ρ_s 及 PFE 值等电性参数并进行综合分析，便可以了解探测区域内的隐含地质构造。

煤系地层的沉积序列比较清晰，在原生地层状态下，导电性特征在纵向上有其固定的变化规律，而在横向上相对比较均匀（如完整的煤层）。当存在构造破碎带时，如果构造内不含水，则其导电性较差，导致局部电阻率增高；如果构造内含水，其导电性变好，相当于存在局部低电阻异常体。这种变化特征的存在，为以导电性差异为应用基础的电法探测技术提供了良好的地球物理学前提[27]。

时间域激电法(直流激电法)装备笨重,野外工作成本高,限制了它的大量应用。频率域激电法(交流激电法)的优点在于:供电电流可以很小,因而供电系统的装备十分轻便;接收机包含选频和滤波系统,能够只接收由发送机发出的固定频率信号,故在克服电极极化不稳定和不良接地条件方面,以及在避免工业游散电流和天然大地电流的影响等方面比直流电法有较强的抗干扰能力;频率域激电法可供观测研究的参数较多,如振幅和相位、虚分量和实分量、幅频特性、相频特性等,可以从不同角度,侧重不同方面去研究电化学场的特征,为评价激电异常源性质提供较多的途径[28]。双频激电法就是一种频率域的激发极化法。

2.1.3 双频激电法原理

频率域的激发极化法至少要用两种不同频率的激发电流作用于探测区域。双频激电法就是用高、低两种频率的激发电流来进行探测的。

最初的频率域激电法,为了向地下供入两种频率的电流,采用了分两次供电的方法。第一次供低频电流,第二次供高频电流,再分别测量 $\Delta U(f_L)$和 $\Delta U(f_H)$,利用式(2-3)计算视幅频率 F_s。国外的研究人员把这种方法称为变频法。国内学者何继善在这种方法的基础上做出了改进,把高低两种频率的激发电流叠加起来,形成双频调制波电流[图 2-4(a)],在探测时由 A、B 两点同时供入地下,测量电极 M、N 同时接收来自地下的含有两个主频率(也含其他频率成分)的激电总场的电位差信息[图 2-4(b)],经过仪器内部的放大、选频、检波等一系列步骤,一次同时得到低频电位差 $\Delta U(f_L)$和高频电位差 $\Delta U(f_H)$,再根据式(2-3)同样也能求得 PFE 值[22]。

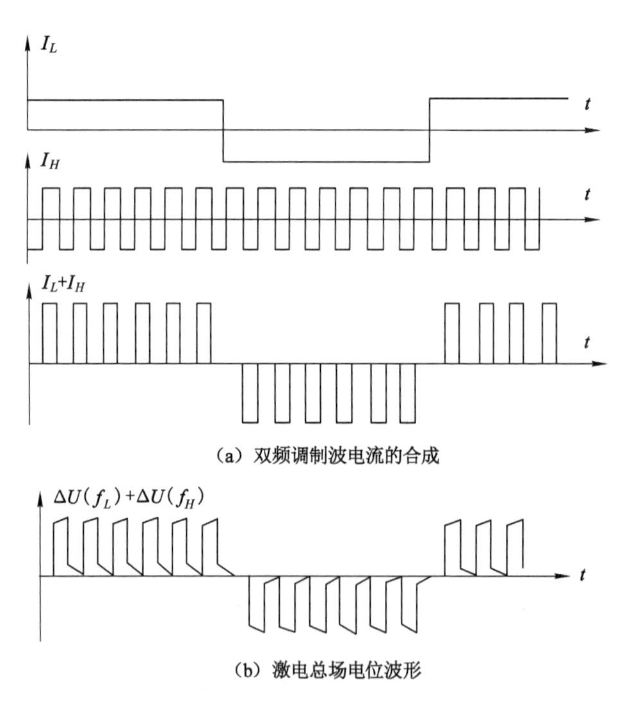

图 2-4 双频激电法原理

周期为 T、圆频率 $\omega=\frac{2\pi}{T}$ 的矩形电流波通过傅里叶分析可以表示为一系列谐波电流之和。故双频调制电流的数学表达式是：

$$I(t)=\frac{4}{\pi}I_0\sum_{n=1}^{\infty}\frac{1}{2n-1}\{\sin(2n-1)\omega_L t+\sin[(2n-1)(\omega_H t-\varphi)]\} \tag{2-7}$$

式中，I_0 是电流的幅值；n 是谐波的次数；ω_H 和 ω_L 分别是高频主成分与低频主成分的圆频率，两者之比 $s=\omega_H/\omega_L$ 就是频比；φ 表示高频电流的基波相对低频电流的 S 次谐波的相位移。可见矩形电流只含有奇次谐波，不含偶次谐波。

2.2　双频激电法在巷(隧)道超前探测方面的研究与应用现状

当巷(隧)道围岩内存在含水构造时，视电阻率和激电效应等参数响应敏感。断层裂隙、溶洞、暗河等含导水地质构造的位置、规模、展布形态、含水情况等特性对围岩的导电性影响较大。因此从物理性质上来说，利用电法在巷(遂)道中进行含水地质构造的超前三维定位具有独特的优势。激发极化法在地面找水和进行水量预测与估算的实践，为解决巷(隧)道探测含水构造并进行水量预测这一工程难题提供了可借鉴的经验和思路。

2.2.1　国外的研究与应用现状

BEAM(bore-tunneling ahead monitoring，钻孔掘进超前监测)技术，由德国 GET(Geo Exploration Technologies)公司开发研制。该方法针对隧道施工特点，利用隧道掘进及支护设备实现了对隧道前方地质情况的实时超前预报。

BEAM 系统通过发射高、低两种频率的激发电流，使得探测区域发生激发极化现象，从而获得能反映岩体构造的参数(如 PFE 值和视电阻率)的变化规律，预报前方地质体是否存在异常情况。其基本原理是通过外围的环状电极发射一个屏蔽电流，同时在环状电极的中心位置安放另一发射电极发射测量电流。屏蔽电流的作用是使测量电流被约束而进入要探测的岩体中，利用接收装置得到一个与岩体中孔隙有关的电能储存能力参数 PFE 值的变化，来预报前方岩体的完整性和含水性；它特点是测量电极安装在盾构挖掘机的刀头，屏蔽电极安装在刀头外侧钢环上，在工作的同时进行探测。随着隧洞掘进，连续不断获得成果，并适时处理得出的 PFE 曲线，由此进行超前探测与预报。

图 2-5 所示为 BEAM 法工作原理图，图中测量电极 A_0 和屏蔽电极 A_1 分别向掘进面前方发射测量电流(measuring current)和屏蔽电流(guard current)，测量电流和屏蔽电流同极性。根据同性电流相排斥原理，测量电极 A_0 产生的测量电流和屏蔽电流相互作用，测量电流最终呈放射状向隧道纵深处传播，从而很好地解决了电流在介质中传播的方向性问题。测量电极除发射测量电流外，还负责对介质中由于激发极化效应而产生的电场的电性参数测量。B 极作为接地电极(负极)接在隧道后方一定距离处，一般位于掘进面后方 300～400 m 处。

BEAM 系统已应用于多种地质条件，其主要探测目标为断层、断裂带、喀斯特结构地形、溶洞、含水带等多种地质异常体，该系统已应用于盾构机(TBM)、凿岩台车等多种类型的掘进机械。

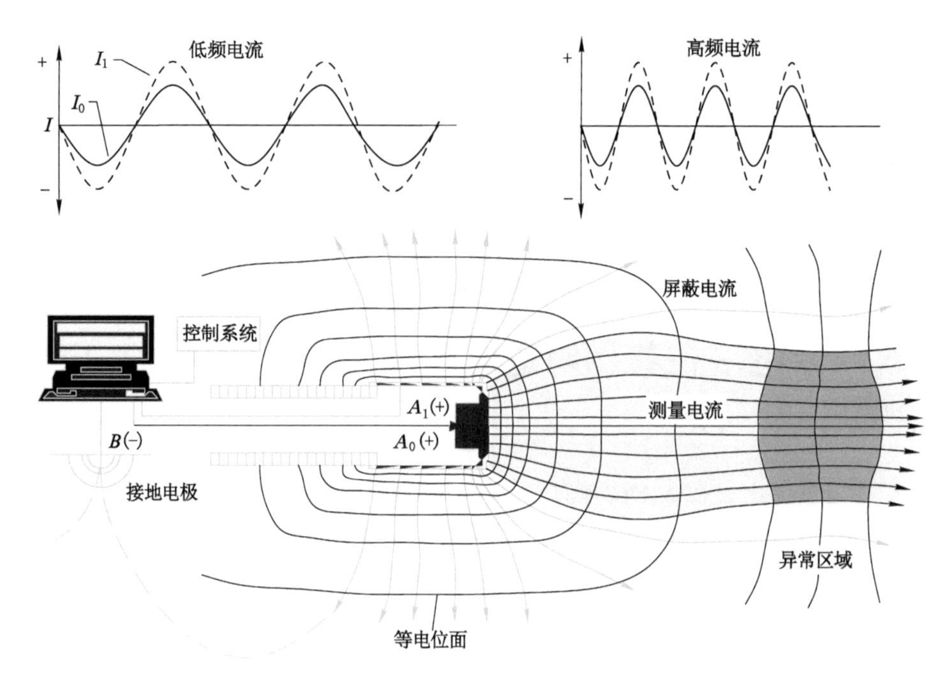

图 2-5 BEAM 技术的工作原理图

2.2.2 国内的研究与应用现状

国内的武汉长盛工程检测技术开发有限公司研制了隧道约束电法实时超前探测仪，并于 2006 年申请了相关的发明专利：网络化的隧道实时连续超前预报方法及装置。

隧道约束电法基本原理与 BEAM 法相似，通过测取隧道工作面前方一定范围内不同围岩和地质体在电场激励下的电性特性参数，预报隧道前方有无地质灾害。计算得到的电性参数共三个：视电阻率、视激发极化率和视介电常数。

隧道约束电法仪有两种工作模式：时间域激电工作模式和频率域激电工作模式。工作时选择其一进行探测。探测原理基于的是隧道周边和工作面一定深度范围内不同地质体在电场激励下的电性参数不同。探测对象包括隧道周边和工作面一定深度范围内的地球物理学参数。

隧道约束电法实时探测仪利用隧道内壁的钢拱或锚杆作为屏蔽电极，利用掘进机头、钻孔台车或钻杆、锚杆作为主发射电极，利用隧道外或隧道内的锚杆或金属杆件作为无穷远测量电极。工作时屏蔽电极和主发射电极发射不同电压同频率同极性的脉冲电流，接仪器同步测量主发射电极的电信号，系统自动计算电阻率、激发极化率、介电常数及电容值等，以此判定前方一定深度范围内地质体的变化。

资料显示，该系统可以实时显示电阻率和激发极化率曲线及含水参数值曲线，实现对围岩中的破碎带、空洞、软地层和含水层等地质构造自动报警。探测系统可以选用时间域或频率域激电工作模式，远程工作站可通过网络实时获取现场工作站实测数据，实现数据显示、分析与存储。

图 2-6 所示为隧道约束电法实时超前探测仪系统结构图，图中 1 为屏蔽电极，2 为主发射电极（测量电极），3 为无穷远测量电极（负极）。

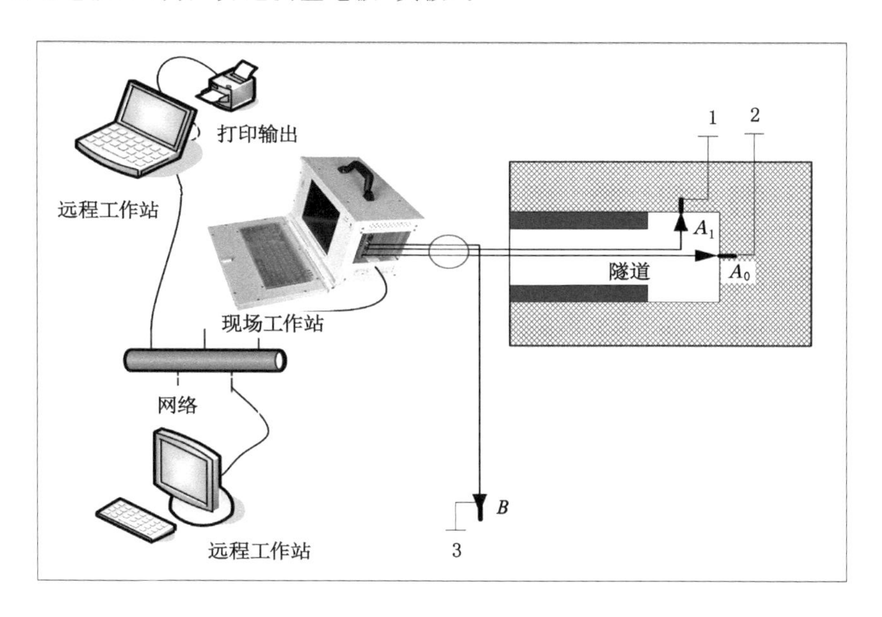

图 2-6　隧道约束电法实时超前探测仪系统结构图

第3章　动态电场激励法超前探测技术地电模型的建立

利用主电极和约束电极同时向煤(岩)内发射同极性的双频调制波电流时,将建立各自的电场,其电场的特性不仅与发射电流参数有关,还与电极的位置有关,总的地中电场是各电极产生电场的矢量叠加。地中电场中某一点的电位参数与介质性质和电流密度有关。本章分别研究了不同发射点产生电场的基本性质,并在此基础上提出了一种全空间加半空间电场的模式,确立了动态电场激励法巷道掘进超前探测技术在煤巷掘进面的工作原理,进而建立相应的物理模型和数学模型。

3.1　电场理论基础

3.1.1　地中稳定电流场的基本性质

如果将直流电源的两端通过一定距离的两个电极与大地相接,便会在地下建立起稳定的电流场,电流场的分布状态决定于地下具有不同电阻率的岩石和矿体的赋存状态,而且遵守一些基本定律。

(1) 电流密度与电场强度的正比关系

在地下电流场的任意一点上,电流密度矢量 $\boldsymbol{j}$ 与电场强度矢量 $\boldsymbol{E}$ 在数量上成正比,比例系数为该点岩石的电导率,即

$$j = \sigma E = \frac{E}{\rho} \tag{3-1}$$

式中,σ、ρ 分别为岩石的电导率和电阻率。

式(3-1)是欧姆定律的微分形式。由于它对地下电流场中任意一点均成立,故适用于任何形状的不均匀导电介质和电流密度的不均匀分布。

(2) 电流的连续性质

对于地下稳定的电流场,包含电流强度为 I 的电流源的任意闭合面的能量表达式为:

$$\oint_S j \cdot \boldsymbol{n} \mathrm{d}S = I \tag{3-2}$$

式中,S 为包围电流源的任意闭合曲面,$\boldsymbol{n}$ 为面元 $\mathrm{d}S$ 的单位法线矢量。此式即为电荷守恒定律,它表明电荷既不能无中生有,也不能消灭。如果 S 中不包含电流源,式(3-2)变为:

$$\oint_S j \cdot \boldsymbol{n} \mathrm{d}S = 0 \tag{3-3}$$

此式说明在地下稳定的电流场中,电流是连续的,即在任何一个闭合曲面内,无正电荷或负电荷的不断积累。其微分形式为:

$$\operatorname{div} \boldsymbol{j} = 0 \quad \text{或} \quad \nabla\cdot \boldsymbol{j} = 0 \tag{3-4}$$

即在稳定的电流场中，任何一点电流密度的散度恒为零。

(3) 地下稳定电流场的势场性

由地下稳定电流场的上述两条性质可知，电流在电场空间的分布是稳定的，即不随时间而改变。因此，它和静电场一样是一种势场。令在稳定电流场中任一点 M 处的电位为 φ，理论上 φ 等于将单位正电荷从 M 点移到无限远处时电场做的功，即

$$\varphi = \int_M^{\infty} E \cdot \mathrm{d}l \tag{3-5}$$

因此说电场强度与电位之间存在负梯度的关系，即

$$E = -\operatorname{grad}\varphi \quad \text{或} \quad E = -\nabla\varphi \tag{3-6}$$

势场是一种无旋场，在地下由导电岩(矿)石组成的任一闭合回路中，电流场所做的功恒满足式(3-6)的微分形式，即

$$\operatorname{rot} E = 0 \quad \text{或} \quad \nabla\times \boldsymbol{E} = 0 \tag{3-7}$$

3.1.2　均匀介质中点源电流场的拉普拉斯方程及不同表达式

电源以外均匀导电介质中的稳定电场是无旋场，所以有：

$$\nabla\cdot J = \nabla\cdot(\sigma E) = \sigma\nabla\cdot E + E\cdot\nabla\sigma = 0 \tag{3-8}$$

将 $E=-\nabla\varphi$ 代入得：

$$\nabla^2\varphi = E\cdot\frac{\nabla\sigma}{\sigma} \tag{3-9}$$

对于均匀、线性介质，电导率 σ 为一常数，则上式为零，即

$$\nabla^2\varphi = 0 \tag{3-10}$$

这就是电场的拉普拉斯方程。

拉普拉斯方程在最常用的三种坐标系中的表达式如下。

在直角坐标系(x,y,z)中有：

$$\frac{\partial^2\varphi}{\partial x^2} + \frac{\partial^2\varphi}{\partial y^2} + \frac{\partial^2\varphi}{\partial z^2} = 0 \tag{3-11}$$

在圆柱坐标系(r,φ,z)中有：

$$\frac{\partial^2\varphi}{\partial r^2} + \frac{1}{r}\frac{\partial\varphi}{\partial r} + \frac{1}{r^2}\frac{\partial^2\varphi}{\partial\varphi^2} + \frac{\partial^2\varphi}{\partial z^2} = 0 \tag{3-12}$$

在球坐标系(r,θ,φ)中有：

$$\frac{\partial}{\partial r}\left(r^2\frac{\partial\varphi}{\partial r}\right) + \frac{1}{\sin\theta}\frac{\partial}{\partial\theta}\left(\sin\theta\frac{\partial\varphi}{\partial\theta}\right) + \frac{1}{\sin^2\theta}\frac{\partial^2\varphi}{\partial\varphi^2} = 0 \tag{3-13}$$

3.1.3　点电流源的地中电流场的电压分布

点电流源在地中产生的电流场的性质与该点电流源的位置有关，位置关系一般包含两种情况：点电流源在无限介质中和点电流源在地表。

(1) 点电流源在无限介质中的电压分布

设在电阻率为 ρ 的均匀各向同性的无限介质中，有一个点电流源 A，其电流强度为 I，下面介绍距离 A 点长度为 R 处的 M 点的电位公式。

可选用球坐标系，把原点置于 A 点。由于任一点的电位及方位角 φ 与极角 θ 无关，故在球坐标系中的拉普拉斯方程可简化为：

$$\frac{\partial}{\partial R}\left(R^2 \frac{\partial \varphi}{\partial R}\right)=0 \tag{3-14}$$

对式(3-14)积分两次得到：

$$\varphi=-\frac{C}{R}+C_1 \tag{3-15}$$

式中，C、C_1 均为常数。当 $R \to \infty$ 时，$\varphi=0$，故 $C_1=0$。

由于电流强度为 I，故：

$$j=\frac{I}{4\pi R^2} \tag{3-16}$$

另一方面：

$$j=\frac{1}{\rho}E=\frac{1}{\rho}\left(-\frac{\partial \varphi}{\partial R}\right)=\frac{1}{\rho}\left(-\frac{C}{R^2}\right) \tag{3-17}$$

令式(3-16)、式(3-17)相等，得：

$$C=-\frac{\rho I}{4\pi} \tag{3-18}$$

将 C、C_1 代入式(3-16)，有：

$$\varphi=\frac{\rho I}{4\pi}\frac{1}{R} \tag{3-19}$$

这就是均匀、各向同性无限介质中，点源电流电场的电位分布公式。

(2) 点电流源在地表的电压分布

设地面为无限大平面，地下充满均匀、各向同性的导电介质，当点电流源 A 在地表向地下供入电流 I 时，地中电流线便以 A 为中心向周围呈辐射状分布，如图 3-1 所示。

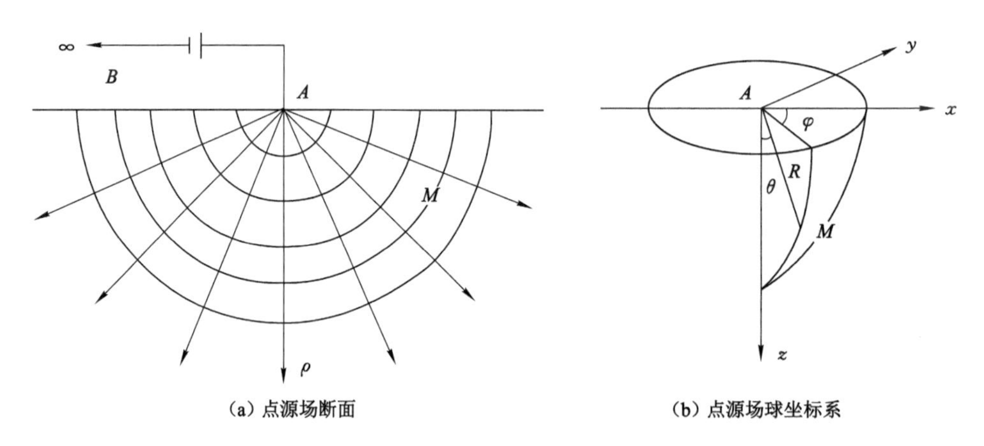

(a) 点源场断面

(b) 点源场球坐标系

图 3-1 点电流源在地表的地中电流线

为了求距 A 点为 R 的 M 点电位，可用均匀无限介质中点源电场的拉普拉斯方程来求解。另外，因为在半无限介质中，电流密度较无限介质中大一倍，由式(3-16)知：

$$j=\frac{1}{2\pi R^2} \tag{3-20}$$

从而可得：

$$C = -\frac{\rho I}{2\pi} \tag{3-21}$$

因此 M 点电位及电场强度分别为：

$$\varphi = \frac{\rho I}{2\pi}\frac{1}{R} \tag{3-22}$$

$$E = \frac{\rho I}{2\pi}\frac{1}{R^2} \tag{3-23}$$

可见，地中点源电流场中某一点的电位 φ、电流密度 j 和电场强度 E 均与供电电流强度 I 成正比，而 φ 与距离 R 成反比，E 及 j 与 R 的平方成反比[29]。

3.1.4　半空间异常电位的边值问题

通常，对于点电源场的求解有两种基本方法：总电位法和异常电位法。由于总电位在电源点上是奇异的，所以利用总电位法求解时，在电源点附近的总电位值存在较大的误差，影响了计算精度。而异常电位的泛函数中不存在电源项，利用异常电位法求解，能有效地提高电源点附近的计算精度。

假设在地表存在一个点电源 A，其电流强度为 I，地下电场的电流密度矢量为 $\boldsymbol{j}$，S 是地下电流场空间中任意一闭合面，M 是闭合面 S 所围的空间区域。由通量定理可知，当电源点位于 S 之外时[图 3-2(b)]，通过空间区域 M 的电流总量为零；而当电源点 A 位于闭合面 S 上时[图 3-2(a)]，流过闭合面的电流总量为 I。用面积分的形式表达上述意义，如式(3-24)所示。

$$\oint_S j \cdot \mathrm{d}S = \begin{cases} 0 & A \notin S \\ I & A \in S \end{cases} \tag{3-24}$$

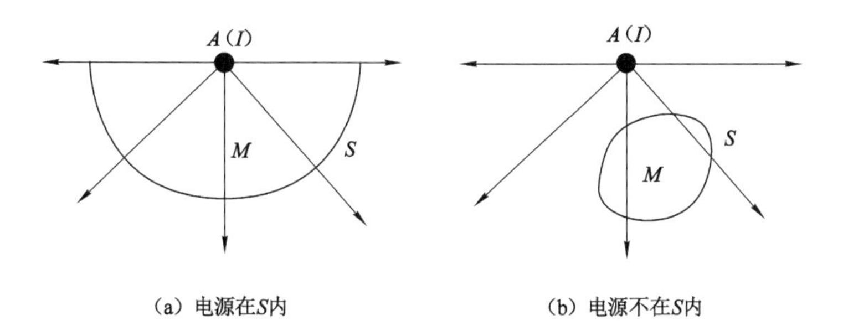

(a) 电源在S内　　(b) 电源不在S内

图 3-2　点源场求解域示意图

将矢量的面积分转换为其散度的体积分，如式(3-25)所示。

$$\oint_S j \cdot \mathrm{d}S = \int_M \nabla \cdot j \mathrm{d}M = \begin{cases} 0 & A \notin M \\ I & A \in M \end{cases} \tag{3-25}$$

用 $\delta(A)$表示以 A 为中心的 δ 函数，根据 δ 函数的积分形式可得：

$$\int_M M \mathrm{d}M = \begin{cases} 0 & A \notin M \\ \dfrac{1}{2} & A \in M \end{cases} \tag{3-26}$$

由式(3-25)和式(3-26)得：

$$\nabla\cdot j = 2I\delta(A) \tag{3-27}$$

另外，由欧姆定律的微分形式可得到电流密度 j 矢量与电位的关系：

$$j = \sigma E = -\sigma\nabla v \tag{3-28}$$

式中，σ 为介质的电导率，v 为总电位。

将式(3-28)代入式(3-27)中可得到当电源在地表时，地下三维点源电场的总电位所满足的微分方程：

$$\nabla\cdot(\sigma\nabla v) = -2I\delta(A) \tag{3-29}$$

在三维空间中，总电位包含正常电位和异常电位两部分，如式(3-30)所示。

$$v = u_0 + u \tag{3-30}$$

式中，u_0 为正常电位，是在均匀介质的情况下产生的；u 为异常电位，是由地下体不均匀产生的。

当介质为均匀介质时，设电导率 $\sigma=\sigma_0$，故这种情况下的电位就是正常电位，由式(3-29)可得：

$$\nabla\cdot(\sigma_0\nabla u_0) = -2I\delta(A) \tag{3-31}$$

求解式(3-31)便可得到均匀无限半空间情况下的电位表达式：

$$u_0 = \frac{I}{2\pi\sigma_0}\frac{1}{r} \tag{3-32}$$

式中，r 是测点与点电源之间的距离。

如图 3-3 所示，假设在电导率为 σ_1 的介质中存在一个不均匀体(电导率为 σ_2)，电源点 A 处的介质电导率为 σ_0，则 $\sigma_0=\sigma_1$。用 M_1 来表示电导率为 σ_1 的区域，用 M_2 来表示电导率为 σ_2 的区域，S_d 表示地面边界，S_∞ 表示无穷远边界，S 则表示两种介质的分界面。

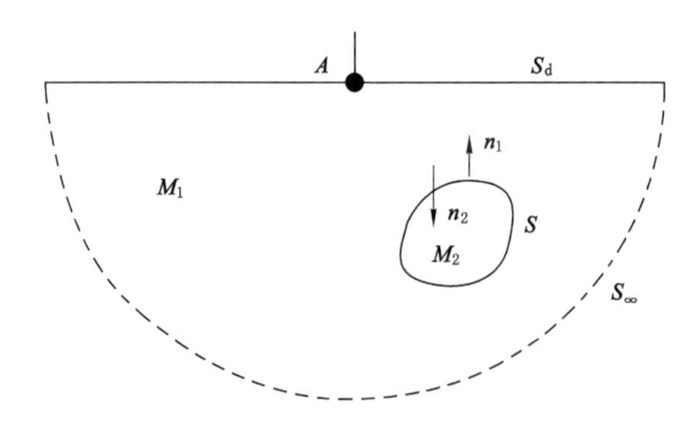

图 3-3　存在不均匀体时的求解区域图

v_1 与 v_2，u_1 与 u_2 分别表示 M_1 和 M_2 的总电位和异常电位，它们之间关系如下：

$$\begin{aligned} v_1 &= u_0 + u_1 \\ v_2 &= u_0 + u_2 \end{aligned} \tag{3-33}$$

将总电位所满足的微分方程分解为如下形式：

$$\nabla\cdot(\sigma\nabla v) = \nabla\cdot[\sigma\nabla(u_0+u)] = \nabla\cdot(\sigma\nabla u + \sigma_0\nabla u_0 + \sigma'\nabla u_0) = -2I\delta(A) \tag{3-34}$$

式中，σ'表示异常电导率，$\sigma'=\sigma-\sigma_0$。对于电导率为 σ_1 的介质，$\sigma'=0$；对于电导率为 σ_2 的介质，$\sigma'=\sigma_2-\sigma_0=\sigma_2-\sigma_1$。

将式(3-31)代入式(3-34)可得到异常电位所满足的微分方程：

$$\nabla\cdot(\sigma\nabla u)=-\nabla\cdot(\sigma' u_0) \tag{3-35}$$

另外，异常电位常的边界条件如式(3-36)所示：

$$\begin{cases}\dfrac{\partial u}{\partial n}=0 & \in S_d \\ \dfrac{\partial u}{\partial n}+\dfrac{\cos(r,n)}{r}u=0 & \in S_\infty \\ u_1=u_2 & \in S \\ \sigma_1\dfrac{\partial u_1}{\partial n_1}+\sigma_2\dfrac{\partial u_2}{\partial n_2}=-\left(\sigma_1\dfrac{\partial u_0}{\partial n_1}\sigma_2\dfrac{\partial u_0}{\partial n_2}\right) & \in S\end{cases} \tag{3-36}$$

式中，n 是边界外法线方向，n_1 和 n_2 分别为 M_1 和 M_2 的外法线方向。

微分方程(3-35)和边界条件(3-36)构成了点源电场异常电位的边值问题模型。

3.2　动态电场激励法用于巷道掘进面超前探测的工作原理研究

煤矿井下巷道的断面形状有矩形、梯形、圆形、拱形、半圆拱形等，以矩形和拱形常见。根据巷道断面中煤岩所占比例的不同可分为岩巷、煤巷和半煤岩巷。

巷道开掘后不加支护的断面称为荒(毛)断面，支护后的断面称为净断面。巷道断面尺寸主要考虑巷道的净高和净宽。巷道断面尺寸主要依据用途来决定的，并用所需风量来校正，以人员通过方便为原则。《煤矿安全规程》规定：巷道净断面，必须满足行人、运输、通风和安全设施及设备安装、检修、施工的需要[19]。同时《煤矿安全规程》对巷道净宽、净高及安全间隙的具体数值都做了详细的规定。矩形巷道的毛高度通常为 3.5～6 m，宽度通常为 4～8.2 m。超前探测工作是在巷道支护前的毛断面空间进行的。

所谓动态电场激励法是指利用围岩中地质异常体的激电效应比较明显的特征，采用双频调制波电流作为激励电流使掘进前方围岩发生激发极化现象，同时根据同性电场相排斥的性质，利用约束电极发射电流形成的约束电场与主电极发射电流形成的探测电场相互作用，使探测电场的传播方向与传播范围控制一定范围内，实现角度扫描和深度扫描探测，达到定方向、定距离探测的目的。

3.2.1　发射电极的布置方式

发射电极负责将发射模块输出的电流发射到围岩介质中，根据其作用不同可分为主电极、约束电极和接地电极。确定发射电极的布置方式时，一方面要考虑探测方法的原理需要，另一方面要考虑实际工作地点现有的设备及其工作特点。

动态电场激励法超前探测的基本要求是要检测出掘进前方围岩在双频调制波电流的激发下所产生的二次电场信息，同时要避免后方围岩结构的干扰。因此，主发射电极应布置在掘进断面上，以便在掘进前方的围岩中形成以主电极位置为中心的稳定的半空间探测电场。为有效控制探测电场的传播方向，以便减少电场的全空间效应，可以通过增加约束电极的方法，形成约束电场，从而影响和控制探测电场的传播方向和范围。

巷道掘进的方法有爆破法和机械化掘进法。随着大功率掘进机的出现，能满足硬岩掘进的需求，因此，爆破的方法用得越来越少。在煤矿巷道中，掘进机位于巷道的端头，所以，如果超前探测技术的电极布置能充分利用掘进机，就可以提高探测工作的效率。

综合考虑以上因素，采用的发射电极布置方式如图 3-4 所示。图 3-4(a)中，主电极 A 位于巷道端头断面的中心位置，发射探测电场。八个约束电极($B_1 \sim B_8$)呈对称四边形排列在主电极四周，并插入煤(岩)一定深度。6 点为接地电极，放置于工作面后方数十米外，形成电流回路。

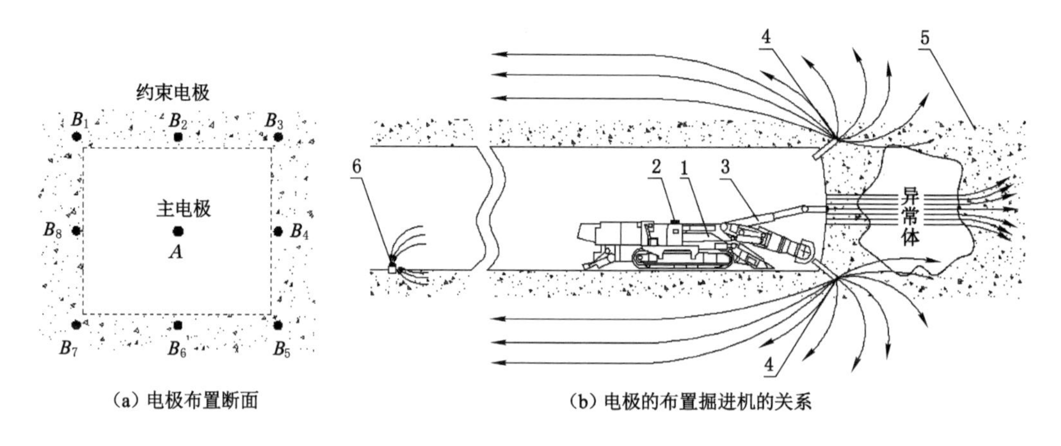

(a) 电极布置断面

(b) 电极的布置掘进机的关系

1—掘进机；2—发射和接收模块；3—探测液压缸；4—约束电极系；5—围岩介质；6—接地电极。

图 3-4 电极布置方式

由于约束电极发射的电流波形和极性与主电极 A 电流的波形和极性相同，根据同性相斥原理，两种电极产生的电场相互排斥，使探测电场的传播方向与范围得以约束，即在前方探测距离内呈喇叭口状，从而很好地控制了电场在介质中传播的方向，消除了电场的全空间效应。当探测电场穿过地质异常体时，产生激发极化效应，测量 A 点和接地点 6 之间的电位时，能发现有二次电位差存在。所以，A 点的主电极既起到发射电极作用，又起到测量电极作用。

图 3-4(b)中，主电极可以安装在探测液压缸活塞杆端部，液压缸的缸体固定在掘进机机身上，动力油来源于掘进机的液压系统。掘进机工作时，活塞杆缩回缸体。探测时，把掘进机截割头调到最低位置，探测液压缸活塞杆伸出，将主电极插到煤(岩)中。约束电极需单独插到相对应位置。也可利用锚杆作为约束电极。

基于煤(岩)激电效应的动态电场激励法煤巷掘进超前探测仪主要由发射模块、接收模块及电极(主电极、约束电极和接地电极)等部分组成。

由发射模块经由主电极 A 和约束电极 B 两种电极同步向掘进面前方围岩发射同极性的双频调制波电流[图 2-4(a)]。在 A-6 及 B-6 之间的围岩体内部形成电场。接收模块可测得电极 A 和接地电极 6 之间的电位差信号，获得围岩激发极化信息。

设 ΔV_H、I_H 为系统以高频 f_H 供电时测得的测量电极 A 与接地电极 6 之间的电位差、电流；ΔV_L、I_L 为系统以低频 f_L 供电时测得的测量电极 A 与接地电极 6 之间的电位差、电流。根据式(3-37)、式(3-38)可求得高频视电阻率 ρ_{sH} 和低频视电阻率 ρ_{sL}。

$$\rho_{sH} = \frac{\Delta V_H}{I_H} \tag{3-37}$$

$$\rho_{sL} = \frac{\Delta V_L}{I_L} \tag{3-38}$$

根据式(2-3)知，当 $I_H = I_L$ 时有：

$$\frac{\rho_{sL} - \rho_{sH}}{\rho_{sL}} \times 100\% = \frac{\Delta V_L - \Delta V_H}{\Delta V_L} \times 100\% = \text{PFE} \tag{3-39}$$

总之，根据式(3-37)至式(3-39)可获得反映围岩激发极化信息的视电阻率 ρ_s 及视幅频率 PFE 值等参数，进而对前方是否存在有害地质构造进行判断。

3.2.2　探测方向与探测距离的控制策略

动态电场激励法超前探测技术的功能之一就是能实现探测方向与探测距离的控制，从而确定异常体的确切方位(方向和位置)。

(1) 探测方向的控制策略

无论是存在于掘进面正前方围岩的有害地质构造还是存在于顶板或两侧帮的异常体，都可能对掘进工作造成危害，所以超前探测的首要任务是判断异常体所处的确切方向。

约束电极的作用就是利用电场同极性相斥的原理改变探测电场原来的传播方向，即通过控制各约束电极的电流强度大小可以影响和改变探测电场的传播方向，控制探测喇叭口的轴线方向，从而控制了探测方向，此即“动态定向”的基本含义。合理设定各约束电极的电流强度大小和变化次序可以实现探测方向的角度变化，即实现角度扫描探测。

在图 3-4(a)中，当八个约束电极的电流强度相等时，每个约束电极产生的约束电场对主电场(探测电场)的影响和约束作用都相同，所以探测电场的传播方向为正前方[图 3-5 中的 0 方向，图 3-6(a)]。

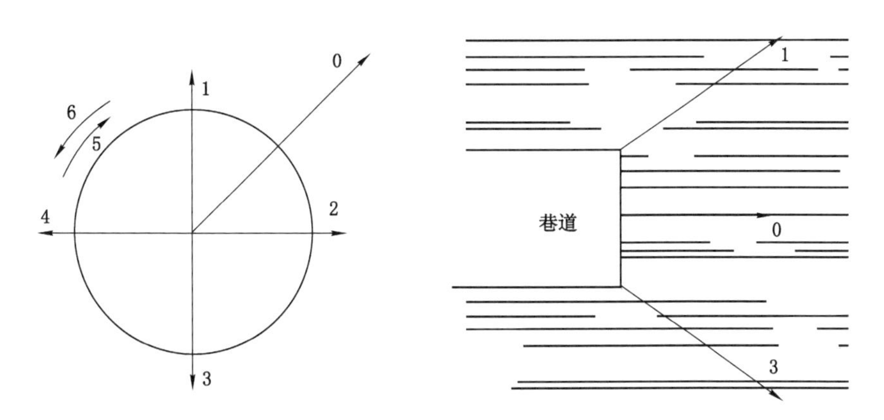

0—正前方；1—前上方；2—右前方；3—前下方；4—左前方；5—顺时针扫描；6—逆时针扫描。

图 3-5　探测方向示意图

当相对增加某一侧约束电极的电流强度时，电场会偏向对应的另一侧。

图 3-6(b)所示是增加右侧约束电极电流强度(或减小左侧约束电极电流强度)时，喇叭口轴线向左偏转角度为 α。对应图 3-5 中的方向 4。

当增加左侧约束电极电流强度(或减小右侧约束电极电流强度)时，轴线向右偏转角度为 α[图 3-6(c)]。对应图 3-5 中的方向 2。

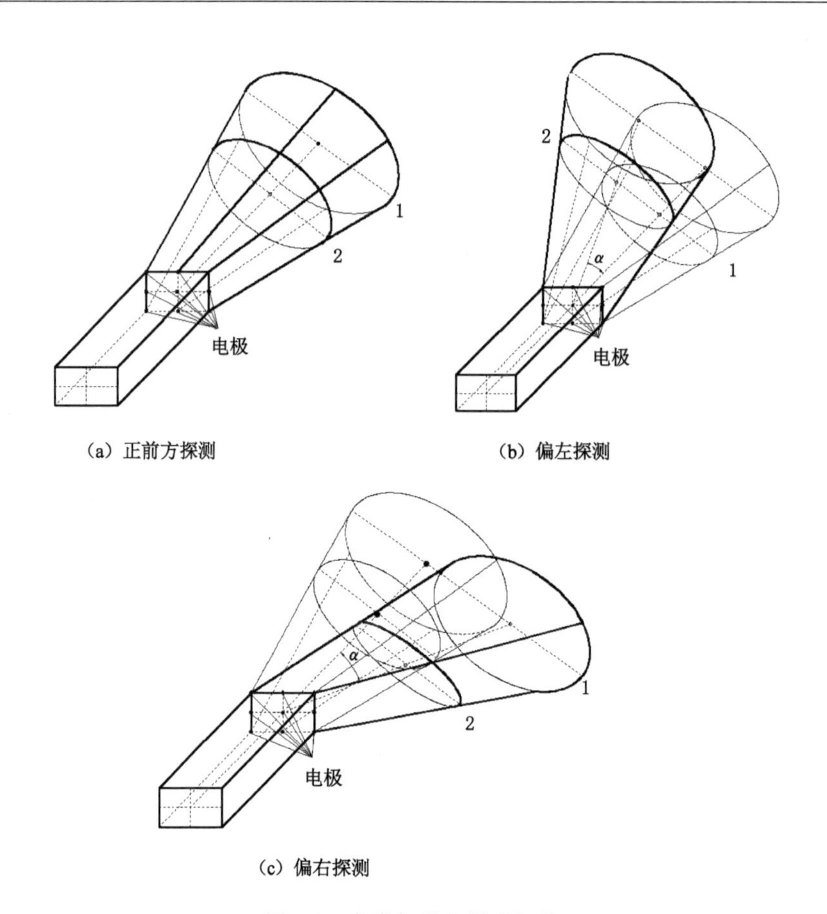

图 3-6　角度扫描和深度扫描

同理，可以使轴线偏上或偏下(对应图 3-5 中方向 1 或 3)。所以，控制各约束电极电流强度大小和通电时间顺序，即可在掘进前方的锥形区域实现动态的角度扫描探测(如图 3-5 中方向 5 或 6)。

(2) 探测距离的控制策略

电场的衰减程度与探测区域内煤(岩)的性质及隐含的地质构造特性有关，欲加大单次探测的长度，须加大发射电流的强度。所以，通过控制主电极电流强度的大小即可控制探测距离的大小，实现深度扫描探测。

当探测方向一定时，控制发射极电流强度由大到小变化，探测范围则由远到近，探测距离由大到小，如图 3-6(a)中的截面 1 和 2 及图 3-6(c)中的截面 1 和 2。若在探测方向范围内介质均匀(不含异常地质构造)，探测距离大小改变时，理论上测得的介质的视电阻率不会发生较大变化。当探测范围内含有异常地质构造时，测得的视电阻率值会随着主电极电流强度(探测距离)的改变而变化。

(3) 全方位扫描探测

全方位扫描探测是将方向探测与距离探测相结合，实现角度与深度探测，达到异常体确切定位的目的。

图 3-6(b)中的截面 1 和 2 与掘进面迎头之间的距离相等，但处在不同的探测方向上。

探测方法是保持主电极电流强度不变，按照一定顺序改变和调节各约束电极电流强度即可实现。图 3-6(a)和(c)中截面 1 和 2 是在同一探测方向上，但与掘进面之间的距离不相等。探测方法是保持各约束电极电流强度不变，仅改变主电极的电流强度即可。

总之，通过对主电极和各约束电极电流强度大小及通电顺序的控制，即可实现在锥形区域内的角度扫描和深度扫描探测。两者结合实现全方位扫描探测，从而可以判定异常体的确切方向和距离[30]。

3.3　动态电场激励法巷道掘进面物理模型的建立

电磁场物理模型中的基本物理量可分为源量和场量(即具有场强度的物理量)两大类。电场中的源量一般指电荷或电流，而把表征电场基本特性的电场强度看作电场的基本场量。一般情况下，源量和场量分布随所在空间的位置和时间而变化，即可表述为空间坐标和时间变量的函数。

在常用的供电与频率范围内，可以把大地看成线性时不变系统，所以具有各向同性、线性均匀的性质。巷道掘进面电极(主电极和约束电极)的排列方式如图 3-4 所示。由于电极方向垂直于掘进面煤(岩)壁，如果不考虑电场间的相互影响，则在煤(岩)内形成的电场是以各个电极为中心的发散电场，电场中的等位面是以相应电极为圆心的同心圆，如图 3-7 所示(约束电极产生电场未画出)。为研究掘进方向煤(岩)内某点 M 处电场性质，取主电极为空间坐标系的原点 O，掘进方向为横坐标正方向，掘进铅垂面为坐标纵轴所在平面，建立平面坐标系。

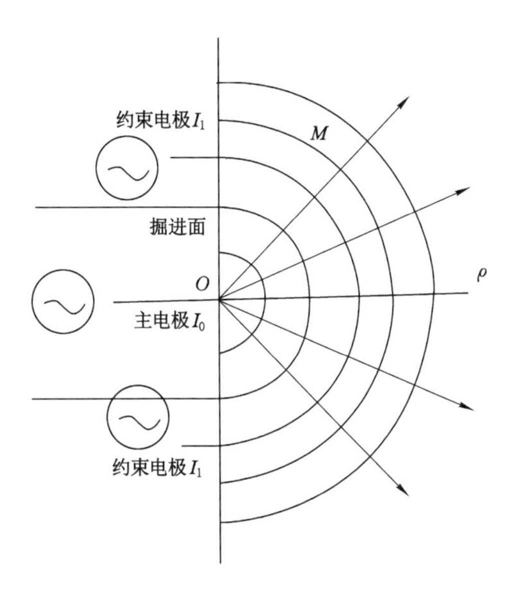

图 3-7　掘进面空间电场

因为主电极位于煤(岩)表面，形成的探测电场可参照点电流源在地表时的电场性质[式(3-23)]，可认为是半空间电场。

由于巷道断面有限，约束电极布置的具体位置决定其发射电场是全空间电场还是半空间电场，利用 Matlab 对主电极和约束电极同时发射电流时的电场进行了模拟，结果显示当约束电极位于巷道断面范围内时，电场的约束效果并不理想，当加大约束电极与主电极之间的距离时，场约束效果有所改善，所以约束电极所在平面在迎头的投影面面积大于巷道断面面积，也就是说这些约束电极需插入煤(岩)内部，因此各个约束电极形成的约束电场近似为全空电间电场。

总之，由于主电极和各个约束电极处于煤(岩)的不同位置，形成了性质不同的电场，这些电场矢量叠加在一起形成总电场。换句话说，总电场的特性是各个电极形成电场的矢量叠加后的结果。

3.4 动态电场激励法煤巷掘进面数学模型的建立

由于掘进巷道内物理条件非常复杂，有多种机械、电气设备和金属导体等，影响电场的因素繁多。为研究方便，我们假设：① 在常用的供电频率范围内，掘进面前方煤(岩)为线性时不变系统，具有各向同性、线性均匀的性质；② 掘进面前方没有地质异常时，介质电阻率均匀，且大小为 ρ；③ 忽略工作面内的设备、湿度、温度、游离电等的影响。

主电极位于煤(岩)壁表面，形成的电场近似为半空间电场。设掘进前方介质的电阻率为 ρ，主电极电流强度为 I_0，由式(3-22)可求得在仅考虑主电极发射电场时，距 O 点为 r 处的 M 点的电位为：

$$\varphi_0(r) = \frac{\rho I_0}{2\pi}\frac{1}{R} \tag{3-40}$$

各个约束电极全部插入煤(岩)内部，形成的电场为全空间电场。因位场为标量场，根据电位的叠加原理，距 O 点为 R 处的 M 点因各约束电极形成的电位近似为各约束电极电场电位之和，即

$$\varphi_p(r) = \frac{\rho}{4\pi}\sum_{i=1}^{8}\frac{I_i}{R_i} \tag{3-41}$$

$\varphi_0(r)$、$\varphi_p(r)$均为标量电位函数，I_i 为第 i 个电极的电流强度，R_i 为 M 点到第 i 个约束电极的距离。

综合式(3-40)、式(3-41)得到在主电极和 8 个约束电极的共同作用下，M 点的标量电位函数为：

$$\varphi(r) = \varphi_0(r) + \varphi_p(r) = \frac{\rho I_0}{2\pi}\frac{1}{R} + \frac{\rho}{4\pi}\sum_{i=1}^{8}\frac{I_i}{R_i} \tag{3-42}$$

常用电场强度 E 来描述电场的性质，电场强度是一个随着空间点位置不同而变化的矢量函数。在电场中的任何一个指定点，电场强度与产生电场的源量大小成正比。正是由于场与源之间的线性关系，可以利用叠加原理来计算多个场源所形成场的电场强度，即电场中某一点的电场强度等于各个点电荷单独在该点产生的电场强度的矢量之和。又因静电场是一个无旋场，任何一个标量函数的梯度的旋度恒等于零，故静电场的电场强度 $E(r)$可以由标量函数 $\varphi(r)$的梯度来表示，即

$$E(r) = -\nabla\varphi(r) \tag{3-43}$$

第 4 章　动态电场聚焦规律研究

动态电场激励法超前探测技术中约束电极的参数选取是实现超前探测功能的关键。约束电极的参数包括约束电极坐标位置(纵坐标和横坐标)以及约束电极相对主电极电流强度大小。约束电极的位置和电流强度均会对探测电场的聚焦效率和电场偏转角产生影响,涉及是否能实现第 3 章提出的角度扫描和深度扫描探测,因此在掘进面地电模型的基础上,利用 Matlab 软件对电场的聚焦效果和偏转效果进行仿真,并通过分析电场聚焦效率和电场偏转角两个参数的相对大小,确定约束电极参数的最佳取值,对于下一步的仪器硬件开发具有重要的指导意义。本章主要研究约束电极的位置和电流强度改变时与探测电场聚焦效果之间的关系,探测电场的偏转效果在下一章讨论。

4.1　约束平面与主平面相对位置的选择

我们将约束电极所在的平面称为约束平面,将主电极所在的平面称为主平面。因主电极位于掘进迎面上(参考图 3-4),所以主平面与掘进迎面重合。定义掘进方向为前(正)方时,约束平面有三个位置可选择,即在主平面前方、与主平面重合、在主平面后方,如图 4-1 所示。

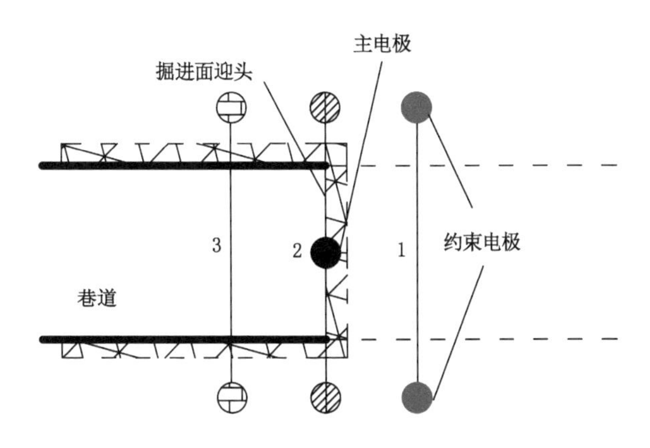

1—约束平面位于主平面之前;2—约束平面与主平面重合;3—约束平面位于主平面之后。

图 4-1　约束平面与主平面的相对位置

为了比较约束平面在不同位置时对主电场的聚焦效果,可以利用 Matlab 软件进行仿真研究。数值计算与可视化的结合是 Matlab 的一个特色,Matlab 提供了一系列的函数来完成绘图任务,其图形的可编辑性很强,用户可以对图形中的各部分按自己的需要样式进行编辑。为了简化空间三维图中各线条之间的交错复杂关系,更清晰地展现电场的特性,截取三维图中的剖面，简化为二维图形。取约束电极中对称的两个电极作为研究对象，观测其位置坐标改变时对主电场（探测电场）的聚焦效果。在图 3-4 中取 B_2 和 B_6 两个约束电极，以主电极为圆点 O、以掘进方向为 x 轴，建立直角坐标系 xOy 如图 4-2 所示，则两个约束电极坐标位置有三种组合，如表 4-1 所列。

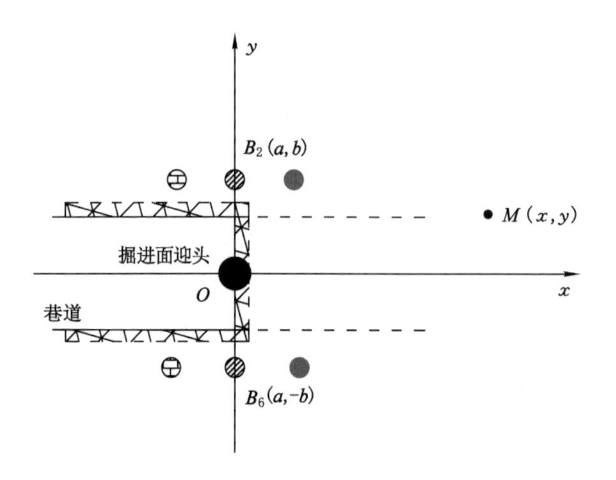

图 4-2　约束电极位置

表 4-1　约束电极坐标组合

约束平面位置	在主平面前方	与主平面重合	在主平面后方
B_2	(a,b)	$(0,b)$	$(-a,b)$
B_6	$(a,-b)$	$(0,-b)$	$(-a,-b)$

电场线是电场所在空间的一系列虚拟的曲线，曲线上每一点的切线方向都与该点的场强方向一致，电场线的疏密程度与该处场强大小成正比。数学上，我们可以用库仑定理和叠加原理求出空间各点的场强（包括大小和方向）。利用 Matlab 软件不仅可以模拟空间电场的分布和电场线的走向，而且还可以找出电流强度的选择与探测范围之间的关系。在图 4-2 中，设主电极电流强度为 I_0；约束电极 B_2 的电流强度为 I_2，横坐标为 a，纵坐标为 b；约束电极 B_6 的电流强度为 I_6，横坐标为 a，纵坐标为 $-b$；介质电阻率为 ρ，其大小影响电场的衰减程度，对于电场聚焦效率和偏转角的影响并不显著，可以取一定值。所以，在编写计算机程序时的可变参数有：I_0、I_2、I_6、a、b。

在图 4-2 中，取一点 $M(x,y)$，当约束平面在主平面前方时，则 M 到主电极 O 点距离为 $r_0=\sqrt{x^2+y^2}$，到约束电极 B_2 和 B_6 的距离分别为 $r_2=\sqrt{(x-a)^2+(y-b)^2}$ 和 $r_6=\sqrt{(x-a)^2+(y+b)^2}$。

则 M 点处单独由主电极产生的电位为：

$$\varphi_0=\frac{\rho I_0}{2\pi}\frac{1}{r_0} \tag{4-1}$$

单独由约束电极 B_2 和 B_6 产生的电位为：

$$\varphi_2 = \frac{\rho I_2}{4\pi} \frac{1}{r_2} \tag{4-2}$$

$$\varphi_6 = \frac{\rho I_6}{4\pi} \frac{1}{r_6} \tag{4-3}$$

M 点的总电位为：

$$\varphi = \varphi_0 + \varphi_2 + \varphi_6 \tag{4-4}$$

由式(3-6)得 M 点电场强度：

$$E = -\nabla\varphi \tag{4-5}$$

编制计算机程序流程如图 4-3 所示，利用 Matlab 语言编写程序。

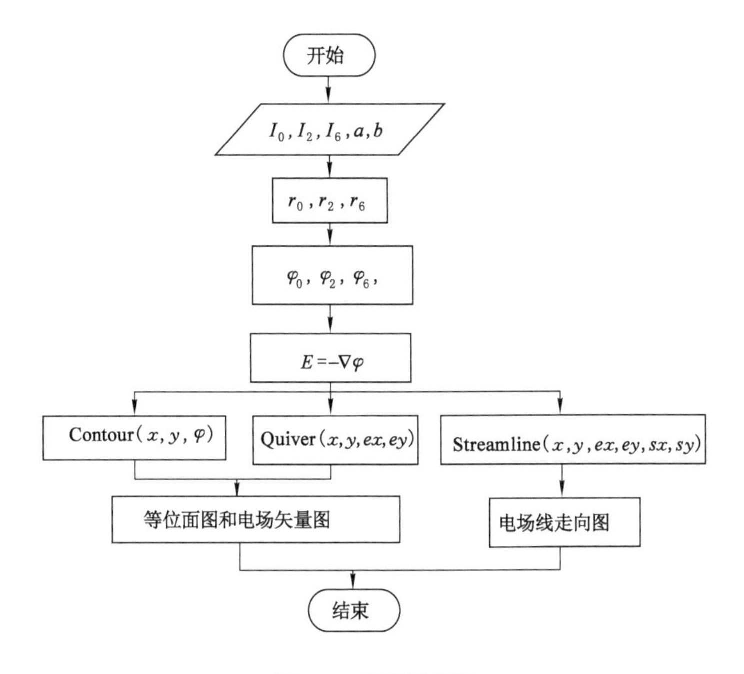

图 4-3　程序流程图

图 4-4 是 I_0 取 0.05 A，$I_2=I_6=2I_0$，b 取 3，a 分别取 1、0、−1 时电场聚焦效果图，图中红色圆点是主电极、蓝色圆点是约束电极，红色框线是已经开掘成形的巷道边界线，蓝色线是电场线。因模拟过程中忽略了巷道中的空气介质，所以图中未出现边界效应对电场线的影响。图(a)中约束平面位于主平面之后，约束电场对主电场的约束作用主要体现在掘进后方，而对掘进前方的约束作用较差；图(b)和图(c)中约束电场对主电场的约束作用明显好于图(a)，所以约束平面的位置可以与主平面重合或者在主平面前方。

4.2　约束平面与主平面重合的电场聚焦效率和偏转效果分析

当约束平面与主平面重合时，各约束电极的横坐标 $a=0$。当约束电极电流强度改变时或者当约束电极纵坐标 b 改变(接近或远离主电极)时，约束电场对主电场的影响程度也会改变，体现为电场聚焦效率和电场偏转角的改变。

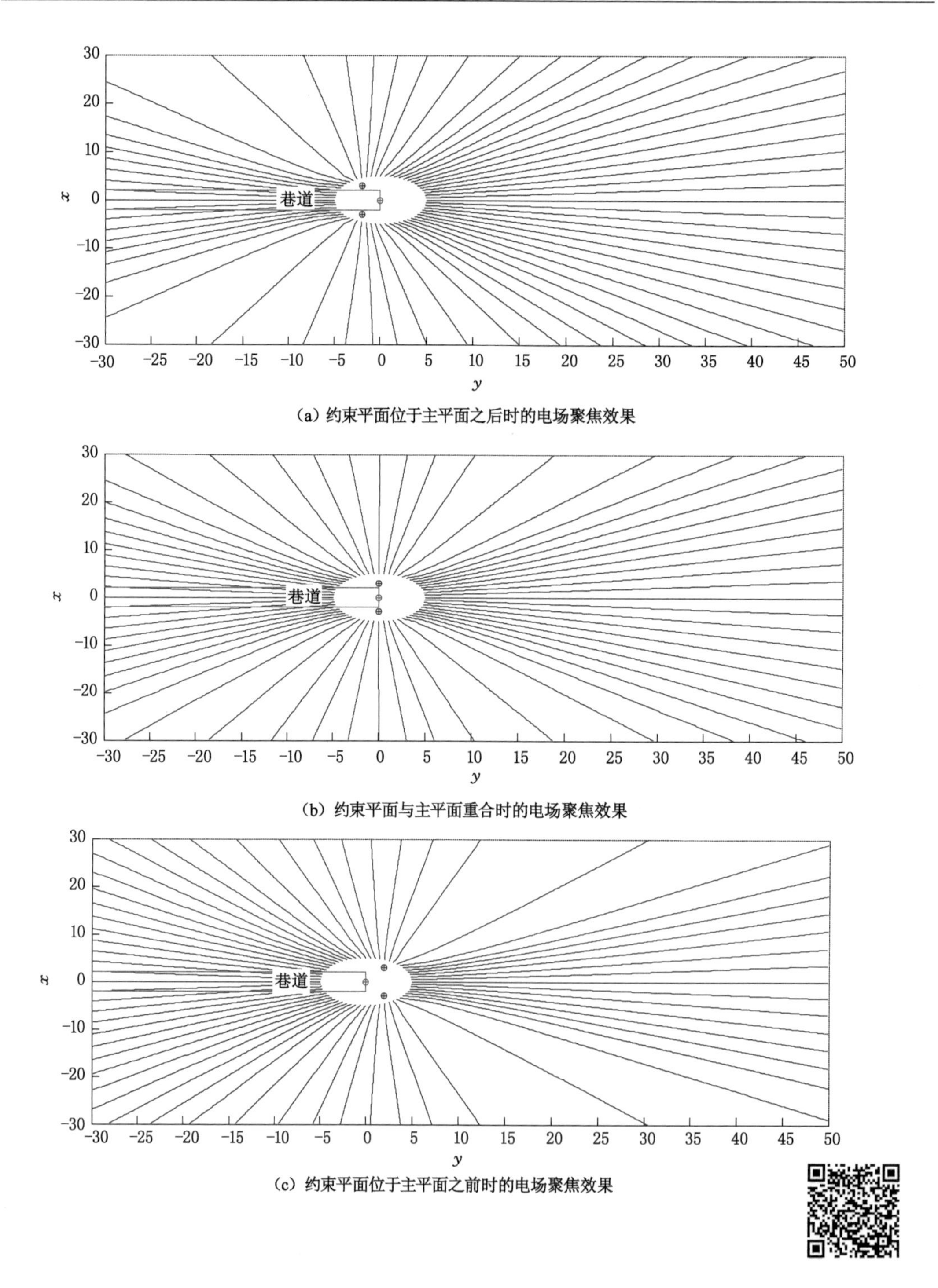

(a) 约束平面位于主平面之后时的电场聚焦效果

(b) 约束平面与主平面重合时的电场聚焦效果

(c) 约束平面位于主平面之前时的电场聚焦效果

图 4-4　约束电场对主电场聚焦效果的比较

4.2.1　电场聚焦效率的概念

为了研究当约束电极电流强度与主电极电流强度的比值 k 变化时，约束电场对主电场

(探测电场)聚焦效果的影响,我们引入电场聚焦效率 η_{ei} 的概念。

如图 4-5 所示,选取当 k 取值为 0 时(不加约束电场)的一条参考电力线 L,令 L 上距掘进迎面距离为 m 的点 A 的纵坐标为 r_0,即 A 点在平面坐标系中的坐标为:(m,r_0)。参考电力线 L 和与之对称电力线所围成扇形区域的开口直径为 $2r_0$。A 点处的电位 φ_A 和电场强度 E_A 分别为:

$$\varphi_A = \frac{I_0\rho}{2\pi\sqrt{m^2 + r_0^2}} \tag{4-6}$$

$$E_A = -\nabla\varphi_A \tag{4-7}$$

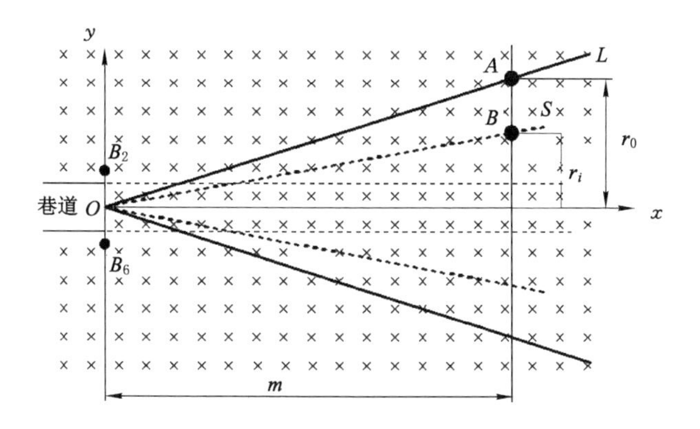

图 4-5　电场聚焦效率的定义

当 k 值不为零时(即 I_2 和 I_6 均不为零),约束电场对主电场产生约束作用,参考图 4-2,取约束电极 $B_2(a,b)$ 和 $B_6(a,-b)$,则存在一点 $B(m,r_i)$,有:

$$\varphi_B = \frac{I_0\rho}{2\pi\sqrt{m^2 + r_i^2}} + \frac{I_2\rho}{4\pi\sqrt{(m-a)^2 + (r_i-b)^2}} + \frac{I_6\rho}{4\pi\sqrt{(m-a)^2 + (r_i+b)^2}} \tag{4-8}$$

$$E_B = -\nabla\varphi_B \tag{4-9}$$

B 点电场强度与点 A 相同,即

$$E_B = E_A \tag{4-10}$$

在各电极电流强度取一定值条件下,解式(4-10)可得到 r_i 的大小。

因为点 A 为参考电场线 L 上的一点,点 B 为加上约束电极后参考电场线 L 移动位置后的 S 上的点,所以,我们可以通过比较 r_0 和 r_i 的大小来分析约束电场对探测电场的约束作用。

基于探测实际需要和简化计算,取 $m=50$ m,$k=0$ 时参考电力线与巷道中心线距离为 r_0,作为基本参考值,当 k 分别取不同值时,同一条参考电场线与巷道中心线距离为 r_i,则对应的电场聚焦效率定义为:

$$\eta_{ei} = \frac{r_0 - r_i}{r_0} \times 100\% \quad (i = 1,2,3,\cdots) \tag{4-11}$$

4.2.2　各约束电极电流强度相同时的电场聚焦效率分析

当各约束电极电流强度取相同值时,探测电场传播方向为掘进正前方。令约束电极电流强度与主电极电流强度的比值为 k。

(1) 改变约束电极与主电极电流强度比值 k 时的电场聚焦效率分析

目前,煤矿井下巷道的高度通常为 3.5～6 m,宽度通常为 4～8.2 m。结合图 4-2 和表 4-1,当约束电极与主电极位于同一竖直面内(重合)时,则约束电极 B_2 的横坐标 $a=0$,取纵坐标最小值 $b=2$,约束电极 B_6 的坐标为(0,−2)。

改变约束电极与主电极电流强度的比值 k 时,聚焦效果对比如图 4-6 所示。图 4-6(a)所示为 $k=0$(不加约束电极)时主电场处于发散状态,选择一条参考电场线(图中粗线),其在 x 轴为 50 m 时在 y 轴上的坐标值是 41.52 m。图 4-6(b)所示为当 $k=0.5$ 时同一条参考电场线在 y 轴上的坐标值减至 36.87 m,体现出加入的约束电场对主电场的传播起到了聚焦作用。

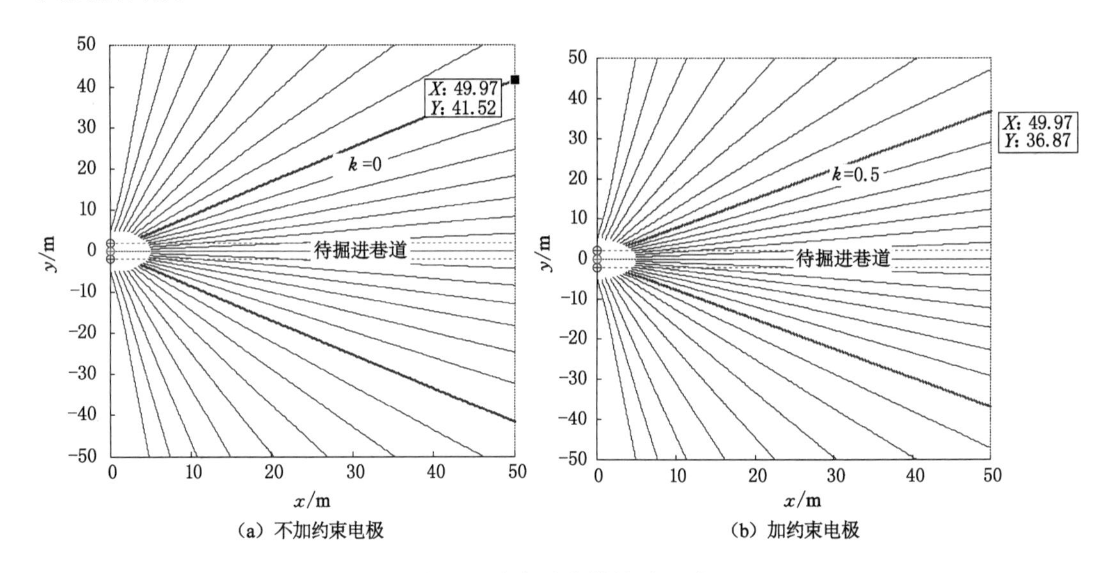

图 4-6 电场聚焦效果对比图

表 4-2 列出了 k 分别取 0、0.5、1、1.5、2、2.5、3、3.5、4、4.5、5 时,同一条参考电场线在 y 轴上的坐标值 r_i 和对应的电场聚焦效率 η_{ei} 以及相应的增量值 $\Delta\eta_e$(计算方法为:$\Delta\eta_e=\eta_{e(i+1)}-\eta_{ei}$)。图 4-7 是表 4-2 中数据的曲线表示。

表 4-2 k 取不同值时的电场聚焦效率及其增量表($b=2$)

k_i	0	0.5	1	1.5	2	2.5	3	3.5	4	4.5	5
r_i	41.52	36.87	34.9	33.81	33.11	32.64	32.28	32.02	31.81	31.63	31.49
η_{ei}/%	0	11.20	15.94	18.57	20.26	21.39	22.25	22.88	23.39	23.82	24.16
$\Delta\eta_e$/%	—	11.20	4.74	2.63	1.69	1.13	0.86	0.63	0.51	0.43	0.34

分析表 4-2 和图 4-7 可以得出,在约束电极纵坐标($b=2$)保持不变时:

① k 值增大时,电场聚焦效率随之增大。

② k 值增大时,电场聚焦效率增量呈下降趋势。

③ k 值大于 3.5 后,电场聚焦效率曲线和电场聚焦效率增量曲线趋于缓平。

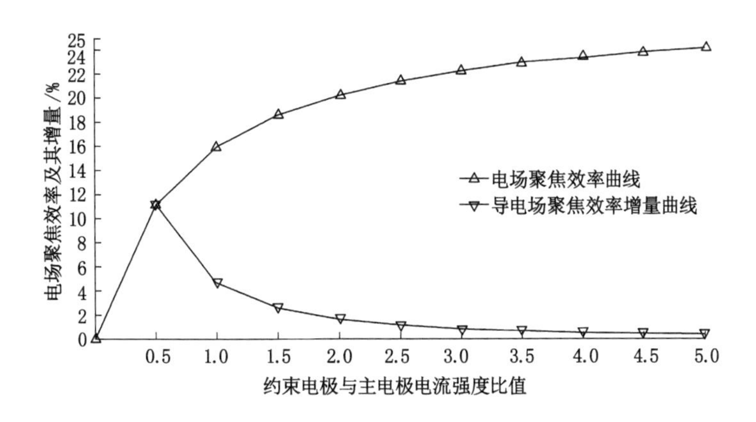

图 4-7　k 取不同值时的电场聚焦率及其增量曲线($b=2$)

因此，得出结论为：

① 单纯通过增大约束电极电流强度来增大电场聚焦效率的办法不可取。

② k 值越大，需要的发射装置功率越大，所以，从节能的角度考虑，k 取值不宜大于 3.5。

(2) 同时改变约束电极纵坐标位置时的电场聚焦效率分析

从图 4-7 中可以看出，当约束电极电流强度与主电极电流强度的比值 k 增加到一定程度之后，电场的聚焦效率趋于平稳，所以单纯增大电流强度比值 k 来增大聚焦效率的方法是不可取的，所以下面讨论在改变 k 值的同时改变约束电极纵坐标位置时电场的聚焦效率。分以下 6 个步骤进行研究：

a. 研究 $b=3$ 时的电场聚焦效率，并与 $b=2$ 时的电场聚焦效率相对比，考察约束电极纵坐标值增大时是否有利于提高电场的聚焦效率。

b. 在第 a 步得到肯定结果的情况下，考察 k、b 各取不同值时的电场聚焦效率。

c. 找出电场聚焦效率增量较大时的约束电极纵坐标位置最佳值。

d. 对约束电极纵坐标最佳值附近的电场聚焦效率做进一步细化分析。

e. 对约束电极纵坐标最佳值附近的电场聚焦效率增量进行分析。

f. 得出分析结论。

① $b=3$ 时的电场聚焦效率分析

首先，我们来考察当约束电极纵坐标值 b 取 3 时的电场聚焦效率，并与 b 取 2 时的比较。图 4-8 是 $k=0.5$，b 分别取 2 和 3 时电场线走向模拟图，图中所选参考电场线在 x 轴为 50 m 时的坐标值由 36.87 降至 31.1。

表 4-3 列出了 $b=3$ 时对应的电场聚焦效率及其增量值。

表 4-3　当 $b=3$ 时的电场聚焦效率及其增量

k_i	0	0.5	1	1.5	2	2.5	3	3.5	4	4.5	5
$\eta_{ei}/\%$	0	24.33	31.67	35.04	37.14	38.56	39.57	40.37	40.97	41.47	41.88
$\Delta\eta_e/\%$	—	24.33	7.34	3.37	2.1	1.42	1.01	0.8	0.6	0.5	0.41

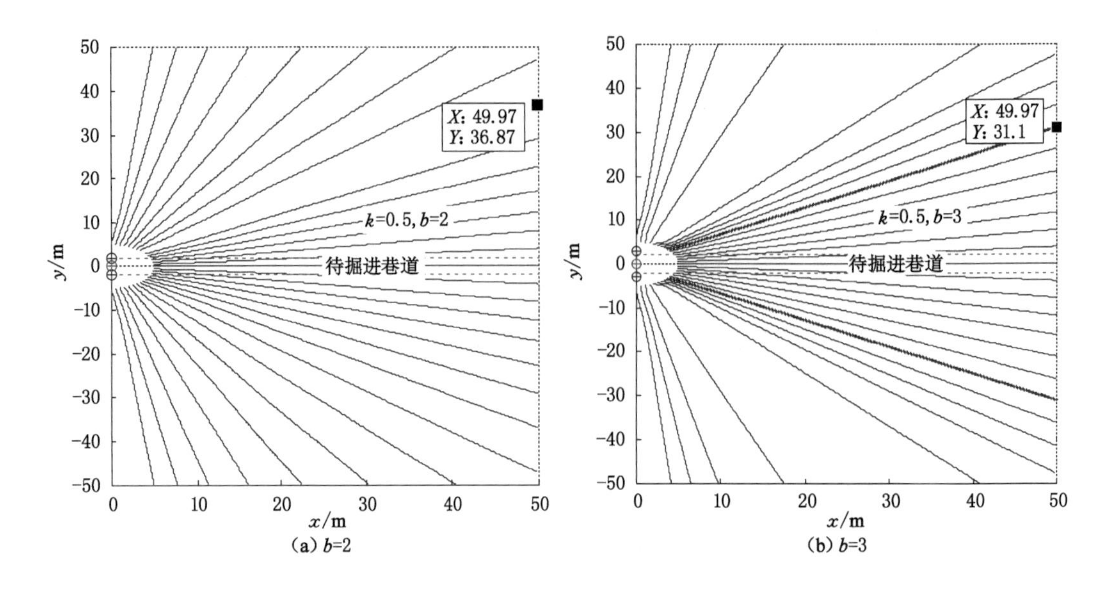

(a) $b=2$　　(b) $b=3$

图 4-8　增大 b 值时电场聚焦效果对比

图 4-9 是 $b=3$ 与 $b=2$ 时的电场聚焦效率及其增量的比较曲线。

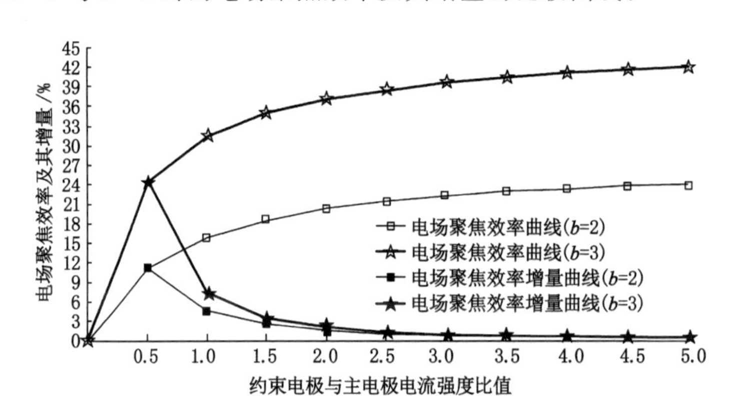

图 4-9　$b=3$ 与 $b=2$ 时的电场聚焦效率及其增量的比较曲线

从图 4-8、表 4-3 及图 4-9 中可以看出：

a. 当 $k=0.5$，$b=2$ 时参考电场线在 50 m 处的 y 坐标值为 36.87，$b=3$ 时减小为 31.1，表明增大约束电极的纵坐标有助于提高电场聚焦效率。

b. 电场聚焦效率的增量随约束电极与主电极电流强度比值 k 的增大有所减小。

综合以上分析得出结论为：电流强度比值不变时，增大约束电极纵坐标值有助于提高电场聚焦效率。

② k、b 各取不同值时的电场聚焦效率

为了找出当 k 和 b 同时改变时，电场聚焦效率的变化规律，令 b 分别取 2、2.5、3、3.5、4，k 分别取 0、0.5、1、1.5、2、2.5、3、3.5、4、4.5、5。电场聚焦效率列于表 4-4 中。图 4-10 是表 4-4 中数据的曲线表达形式。

表 4-4　电场聚焦效率随 k 和 b 变化的数据　　单位:%

k	b/m				
	2	2.5	3	3.5	4
0	0	0	0	0	0
0.5	11.20	16.57	24.33	24.78	24.81
1	15.94	22.86	31.67	33.19	36.63
1.5	18.57	26.18	35.04	37.52	41.47
2	20.26	28.25	37.14	40.17	44.46
2.5	21.39	29.67	38.56	41.96	46.48
3	22.25	30.71	39.57	43.26	47.95
3.5	22.88	31.48	40.37	44.22	49.06
4	23.39	32.08	40.97	44.99	49.93
4.5	23.82	32.59	41.47	45.62	50.63
5	24.16	33.00	41.88	46.12	51.20

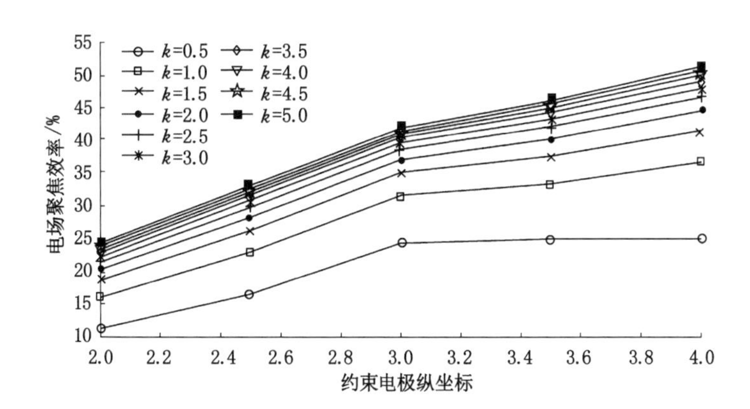

图 4-10　电场聚焦效率随 k 和 b 变化的曲线

从表 4-4 和图 4-10 中可以看出：

a. 随着约束电极 b 值增大，k 取不同值时的电场聚焦效率曲线呈单调上升趋势。

b. k 取不同值的聚焦效率曲线互不相交，且 k 值增大时聚焦效率也增大。

c. 随着 k 值的增加，各条曲线之间的距离变小，体现出增量的减少趋势。

d. 进一步验证了增大约束电极纵坐标值有助于提高电场聚焦效率的结论。

③ 找出电场聚焦效率增量较大时的约束电极纵坐标位置区间

为了找出电场聚焦效率增量较大时的约束电极纵坐标位置区间，将表 4-4 中聚焦效率的增量列于表 4-5，图 4-11 是表 4-5 中数据的曲线表达形式。

表 4-5　电场聚焦效率增量随 k 和 b 变化的数据　　单位：%

k	b/m			
	2～2.5	2.5～3	3～3.5	3.5～4
0.5	5.37	7.76	0.45	0.03
1	6.91	8.82	1.52	3.44
1.5	7.61	8.86	2.48	3.95
2	7.99	8.89	3.03	4.29
2.5	8.28	8.89	3.4	4.52
3	8.46	8.86	3.69	4.69
3.5	8.6	8.89	3.85	4.84
4	8.69	8.89	4.02	4.94
4.5	8.77	8.88	4.15	5.01
5	8.84	8.88	4.24	5.08

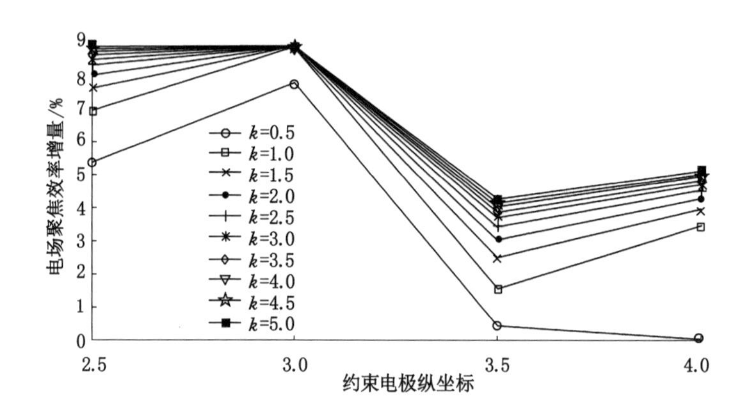

图 4-11　电场聚焦效率增量随 k 和 b 变化的曲线

从表 4-4、表 4-5 和图 4-10、图 4-11 中可以看出：

a. 当比值 k 恒定时，约束电极的位置距主电极越远，电场聚焦效率越高。

b. 当约束电极纵坐标值 b 恒定时，约束电极与主电极电流强度比值越大，电场聚焦效率越高。

c. 当 k 值大于 2.5 时，电场聚焦效率的增加量不太明显。

d. 电场聚焦效率的增量值在 b 取 3 时达到最大。

故可得出结论为：当约束电极横坐标 $a=0$ 时，k 和 b 的最佳取值是 $k=2\sim2.5$，$b=3$。

④ 约束电极纵坐标最佳值附近的电场聚焦效率分析

尽管在第③步分析得到，当 $b=3$ 时电场聚焦效率增量达到最大值，然而，因 b 的取值并非连续，故需要在 $b=3$ 附近小范围内取小间隔数据做进一步研究。表 4-6 是 b 分别取 2.8、2.9、3.0、3.1、3.2 等，k 分别取 1、1.5、2、2.5、3 时的电场聚焦效率值。图 4-12 是表 4-6 中数据的曲线表达形式。

表 4-6　$b=3$ 附近的电场聚焦效率　　单位:%

b/m	k				
	1	1.5	2	2.5	3
2.8	27.46	31.00	33.19	34.66	35.74
2.9	29.29	32.83	35.00	36.46	37.52
3.0	31.67	35.04	37.14	38.56	39.57
3.1	33.07	36.44	38.51	39.93	40.97
3.2	32.23	36.00	38.34	39.91	41.04
3.3	32.30	36.32	38.75	40.41	41.62
3.4	32.66	36.85	39.40	41.14	42.38
3.5	33.19	37.52	40.17	41.96	43.26

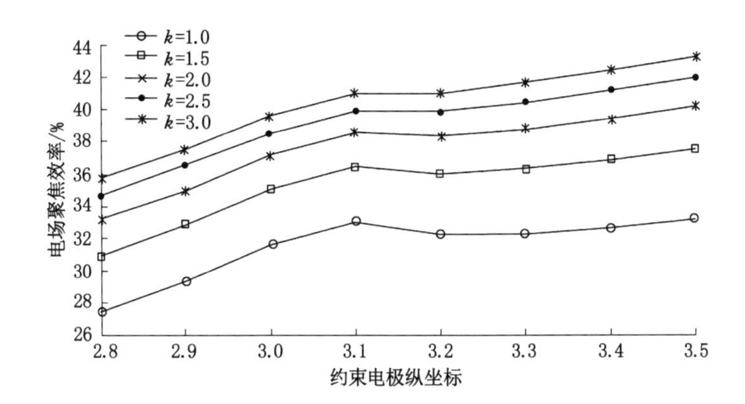

图 4-12　$b=3$ 附近的电场聚焦效率曲线

从表 4-6 和图 4-12 中可以看出：

a. 曲线变化的总趋势是:随着约束电极纵坐标的增大,电场聚焦效率提高。

b. 在 k 取值一定,$2.8\leqslant b\leqslant 3.1$ 时,电场聚焦效率随着 b 的增加(约束电极远离主电极)而增大。$b=3.2$ 时电场聚焦效率有所下降,之后又会随着 b 的增加而增大。

k 取 1.5 和 2 时,b 的取值应避开(3.1～3.4)区域。k 取 2.5 时,b 的取值不要选择 3.2。

⑤ 约束电极纵坐标最佳值附近的电场聚焦效率增量分析

为了进一步找出电场聚焦效率增量较大时的约束电极纵坐标位置,将表 4-6 中聚焦效率的增量列于表 4-7。图 4-13 是表 4-7 中数据的曲线表达形式。

表 4-7　$b=3$ 附近的电场聚集效率增量表　　单位:%

b/m	k				
	1	1.5	2	2.5	3
2.8～2.9	1.83	1.83	1.81	1.8	1.78
2.9～3.0	2.38	2.21	2.14	2.1	2.05
3.0～3.1	1.4	1.4	1.37	1.37	1.4

表 4-7(续)

b/m	k				
	1	1.5	2	2.5	3
3.1～3.2	−0.84	−0.44	−0.17	−0.02	0.07
3.2～3.3	0.07	0.32	0.41	0.5	0.58
3.3～3.4	0.36	0.53	0.65	0.73	0.76
3.4～3.5	0.53	0.67	0.77	0.82	0.88

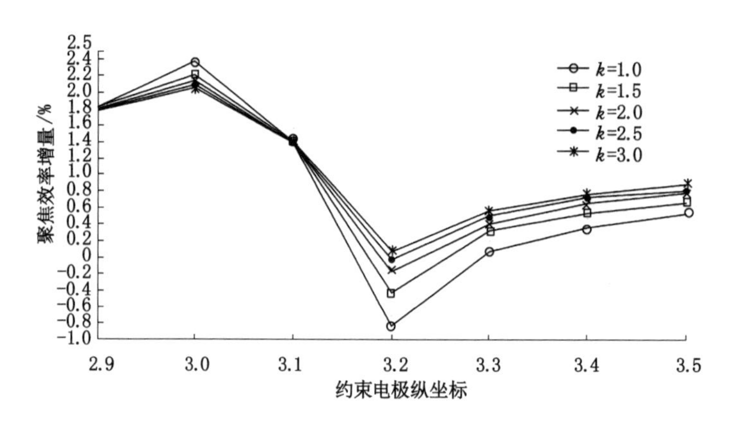

图 4-13　b=3 附近的电场聚焦效率增量曲线

从表 4-7 和图 4-13 中可以看出：

a. 电场聚焦效率增量曲线在 b=3.1 点附近出现交叉。

b. 在交叉点以左，k 越小聚焦效率增量越大；在交叉点以右，聚焦效率增量大小关系正好相反。

c. 电场聚焦效率增量曲线在 b=3 时达到最大值，在 b=3.2 时最小。

⑥ 分析结论

由以上 5 个步骤的分析可以得出以下结论：

a. 加大约束电极与主电极电流强度的比值 k 有助于提高电场聚焦效率，但是 k 加大到一定值后电场聚焦效率的提高并不明显，所以 k 的取值一般在 1.5～3 之间。

b. 加大约束电极与主电极之间的距离（约束电极纵坐标值 b）有助于提高电场聚焦效率，因考虑到实际安置约束电极需向煤（岩）中打孔，故两种电极之间的距离不宜大于 3.5 m，即约束电极的纵坐标值 b 不宜大于 3.5。

c. 当 b 取 3 时电场聚焦效率的增量最大，仪器的工作效率也最高。

d. 在 b 取 3.2～3.4 之间时，电场的聚焦效率略有下降，所以施工时应避开这个区间。

4.3　约束平面在主平面前方时电场聚焦效率分析

当约束平面位于主平面的前方时（图 4-2），约束电极 B_2 的横坐标 a 不为零。为了与 4.2 节中约束平面与主平面重合的情况比较，在本节中约束电极横坐标值 a 的取值范围为：

$0 \leqslant a \leqslant 1.5$，步距为 0.25；约束电极纵坐标值 b 的取值范围参考第 4.2 节分析的最佳范围，取 2.9～3.5；约束电极电流强度与主电极电流强度比值 k 分别取 1、1.5、2、2.5、3。

4.3.1　约束电极与主电极电流强度比值取 $k=1$

表 4-8 是约束电极与主电极电流强度比值为 $k=1$ 时的电场聚焦效率值，图 4-14 是对应的曲线表达。图 4-14(a) 为 a 取不同值时，电场聚焦效率随 b 的变化趋势平面曲线；图 4-14(b) 为 a 取不同值时，电场聚焦效率随 b 的变化趋势立体曲线；图 4-14(c) 为 a、b 取不同值时的等聚焦效率曲线。

表 4-8　约束电极横坐标变化时的电场聚焦效率($k=1$)　　单位：%

a	b						
	2.9	3.0	3.1	3.2	3.3	3.4	3.5
0	29.29	31.67	33.07	32.23	32.30	32.66	33.19
0.25	28.30	29.60	30.66	31.45	32.18	32.88	33.60
0.5	27.67	28.95	30.13	31.21	32.20	33.16	34.08
0.75	27.82	29.19	30.44	31.67	32.78	33.84	34.85
1	28.66	30.15	31.50	32.76	33.89	34.97	35.98
1.25	30.30	31.86	33.26	34.47	35.55	36.51	37.45
1.5	32.88	34.54	35.86	36.92	37.76	38.51	39.21

从表 4-8 和图 4-14 中可以得出以下结论：

(1) 图 4-14(a) 中 $a=0$ 对应的电场聚焦效率曲线，在 b 的所取值范围内出现两个峰值，分别是 33.07($b=3.1$) 和 33.19($b=3.5$)，与表 4-6 中数据一致。除 $a=0$ 的曲线外，其余曲线呈现递增趋势，电场聚焦效率随着约束电极远离主电极而增大。

(2) 电场聚焦效率 33.07 对应的约束电极坐标为(0,3.1)，即主电极布置在迎头表面、约束电极插入煤岩深度 1～3.1 m(巷道高度为 4 m 时)。插入深度较浅，故探测时施工比较容易。所以取电场聚焦效率为 33.07 作为参考值，画等聚焦效率曲线 L[图 4-14(c)]。曲线 L 表明，电场聚焦效率要想达到 33.07，约束电极的位置要位于 L 之外区域。

(3) 从图 4-14(c) 中可以看出，当 $a=0.25$ 时，b 的最小值为 3.5；当 $a=0.5$ 时，b 的最小值为 3.4；当 $a=0.75$ 时，b 的最小值略大于 3.3；当 $a=1$ 时，b 的最小值略大于 3.3；当 $a=1.25$ 时，b 的最小值为 3.2；当 $a=1.5$ 时，b 的最小值约为 2.9。

(4) 要想得到较高的电场聚焦效率，约束电极布置在包络线 L 以外。在 a 取 0 时，电极插入煤岩的距离最短，施工最容易。当需要进一步提高电场聚焦效率时，a 可取 1.25 或 1.5。

可见，当约束平面位于主平面之前时，要想达到与两平面重合时的电场聚焦效率，约束电极需插入煤(岩)更深的位置。

4.3.2　电流强度比值取 $k=1.5$

加大约束电极的电流强度有助于提高电场的聚焦效率。表 4-9 是电流强度比值为 $k=1.5$ 时的电场聚焦效率值，图 4-15 是对应的曲线表达。图 4-15(a)～(c) 的表达内容与

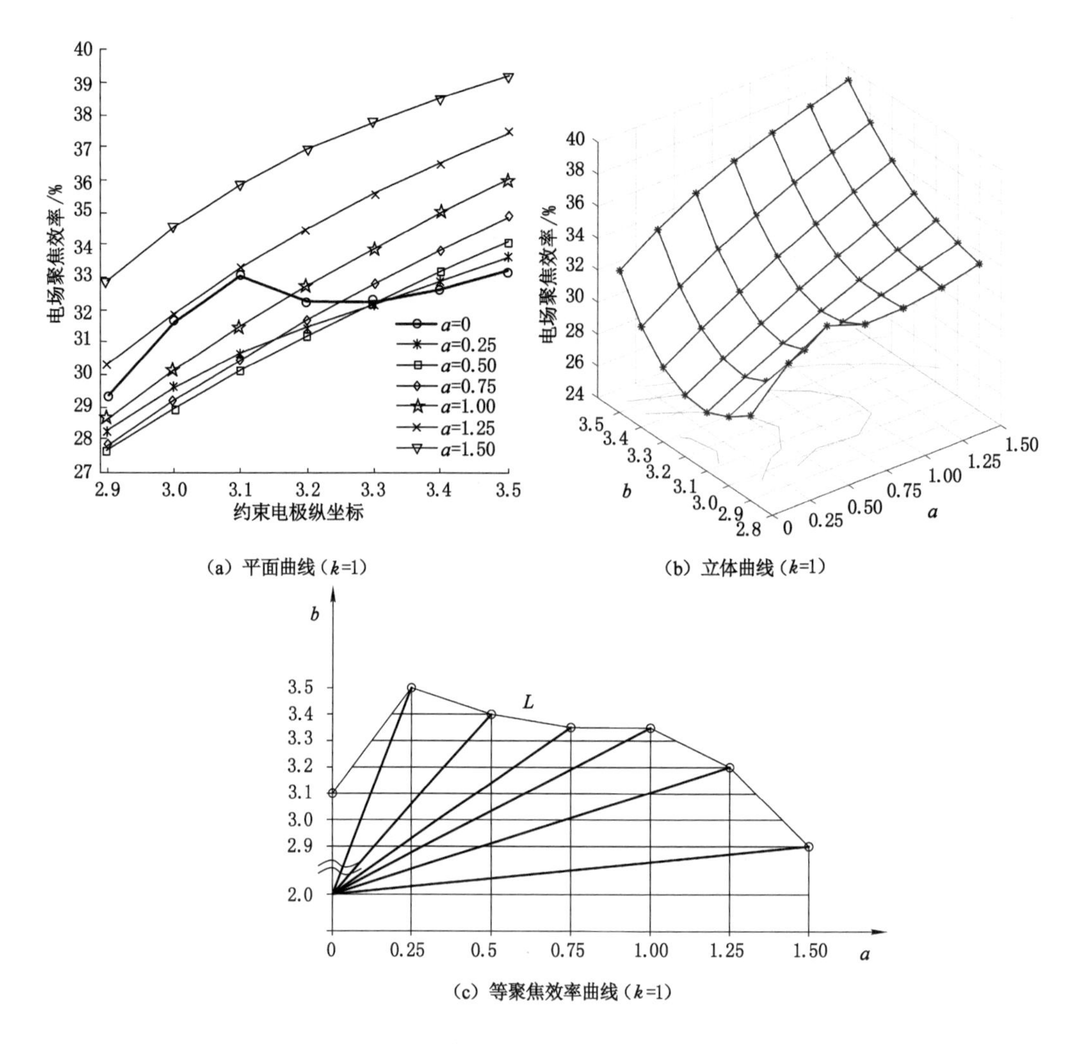

(a) 平面曲线（k=1）

(b) 立体曲线（k=1）

(c) 等聚焦效率曲线（k=1）

图 4-14　电流强度比值为 $k=1$ 时的电场聚焦效率曲线示意图

图 4-14 中的相同。

表 4-9　约束电极横坐标变化时的电场聚焦效率($k=1.5$)　　单位:%

a	b						
	2.9	3.0	3.1	3.2	3.3	3.4	3.5
0	32.83	35.04	36.44	36.00	36.32	36.85	37.52
0.25	31.84	33.21	34.37	35.31	36.15	36.97	37.84
0.5	31.17	32.54	33.82	35.02	36.13	37.19	38.20
0.75	31.17	32.66	34.06	35.33	36.56	37.72	38.82
1	31.82	33.41	34.87	36.22	37.45	38.63	39.76
1.25	33.16	34.83	36.32	37.62	38.82	39.93	40.99
1.5	35.33	37.07	38.49	39.67	40.66	41.57	42.41

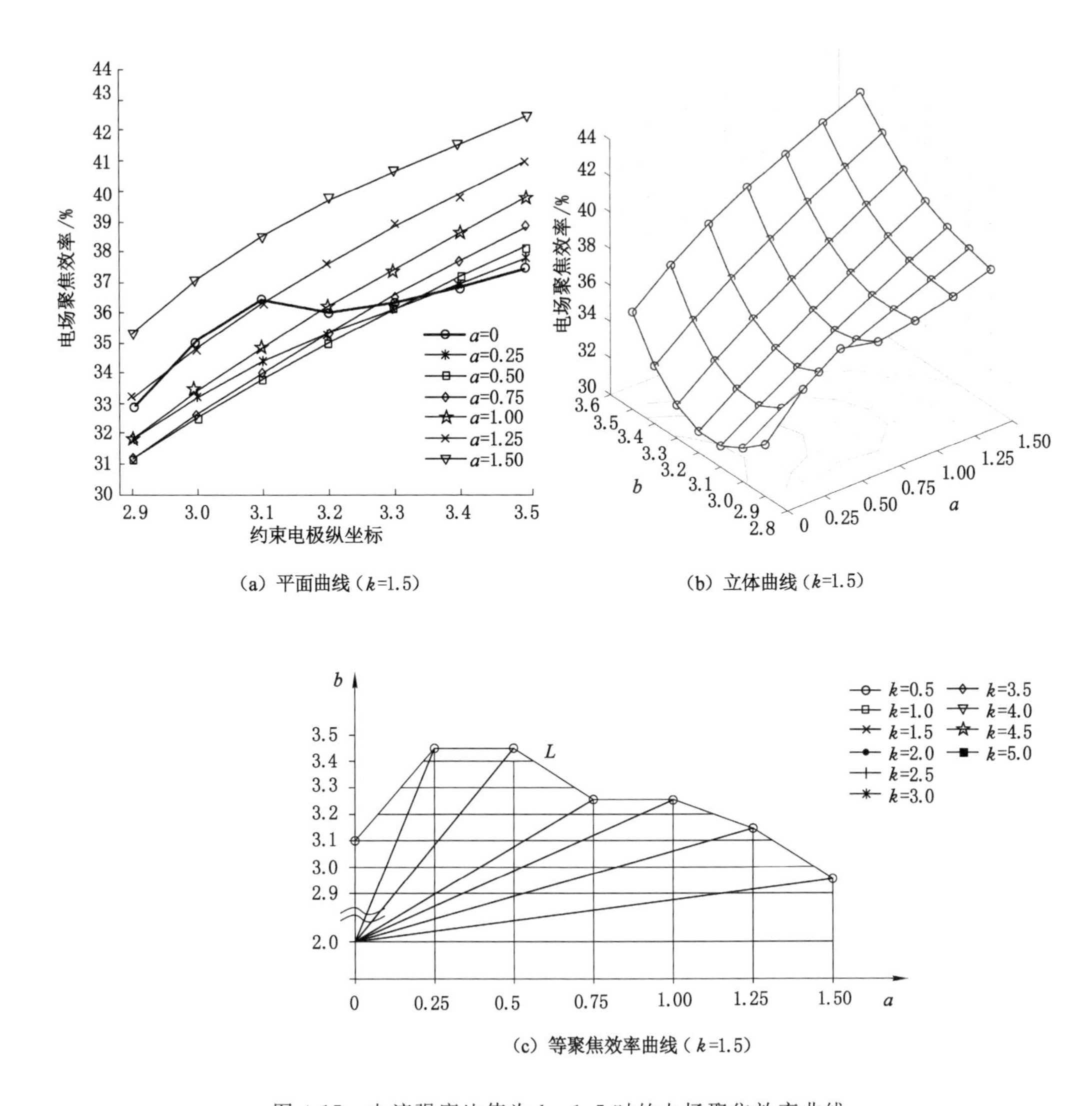

图 4-15　电流强度比值为 $k=1.5$ 时的电场聚焦效率曲线

将表 4-9、图 4-15 与表 4-8、图 4-14 对比可以看出，当电流强度比值 k 增大到 1.5 时，电场聚焦效率整体有所提高，但其变化规律与 k 取 1 时相似。等聚焦效率曲线 L 仍不平缓，意味着要想达到第 4.2 节中的聚焦效率，需要将约束电极插入煤（岩）更深的位置，从现场施工的角度出发，并不可取。

4.3.3　电流强度比值取 $k=2$

表 4-10 是电流强度比值为 $k=2$ 时的电场聚焦效率值，图 4-16 是对应的曲线表达，表达内容与图 4-11 的相同。

由表 4-10 和图 4-16 可以看出，k 值增大到 2 时，电场聚焦效率值增大，等聚焦效率曲线 L 波动有所缓和。

表 4-10 约束电极横坐标变化时的电场聚焦效率($k=2$) 单位:%

a	b						
	2.9	3.0	3.1	3.2	3.3	3.4	3.5
0	35	37.14	38.51	38.34	38.75	39.40	40.17
0.25	33.98	35.40	36.63	37.64	38.56	39.47	40.39
0.5	33.26	34.71	36.05	37.28	38.46	39.60	40.68
0.75	33.16	34.73	36.18	37.52	38.80	40.03	41.21
1	33.67	35.31	36.83	38.25	39.57	40.80	42.00
1.25	34.83	36.54	38.08	39.45	40.73	41.91	43.04
1.5	36.71	38.49	39.96	41.21	42.29	43.30	44.27

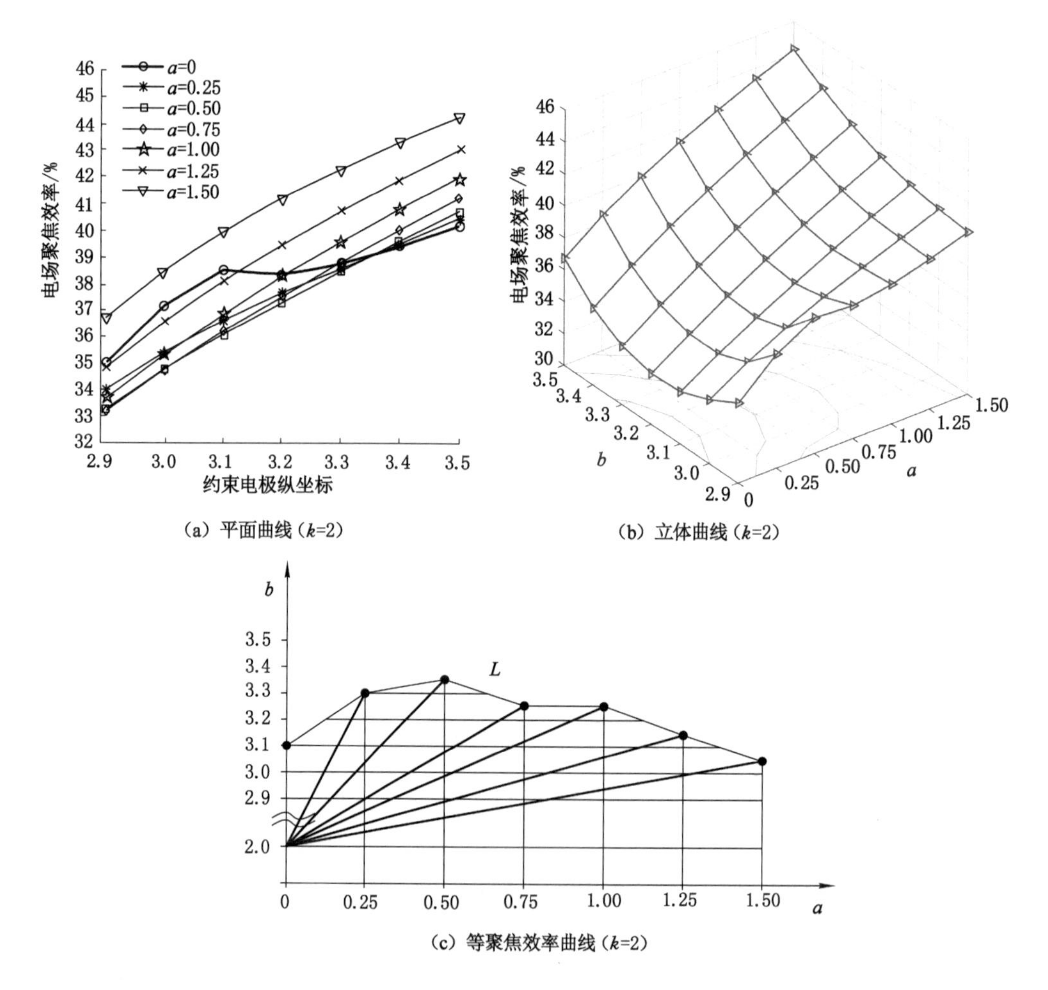

图 4-16 电流强度比值为 $k=2$ 时的电场聚焦效率曲线

4.3.4　电流强度比值取 $k=2.5$

表 4-11 是电流强度比值为 $k=2.5$ 时的电场聚焦效率值，图 4-17 是对应的曲线表达，表达内容与图 4-11 的相同。

表 4-11　约束电极横坐标变化时的电场约束效率（$k=2.5$）　　单位：%

a	b						
	2.9	3.0	3.1	3.2	3.3	3.4	3.5
0	36.46	38.56	39.93	39.91	40.41	41.14	41.96
0.25	35.45	36.9	38.15	39.21	40.17	41.14	42.12
0.5	34.68	36.15	37.52	38.82	40.05	41.21	42.34
0.75	34.51	36.08	37.57	38.97	40.29	41.57	42.77
1	34.90	36.58	38.13	39.57	40.94	42.22	43.47
1.25	35.89	37.64	39.23	40.66	41.96	43.21	44.39
1.5	37.60	39.40	40.92	42.22	43.38	44.44	45.47

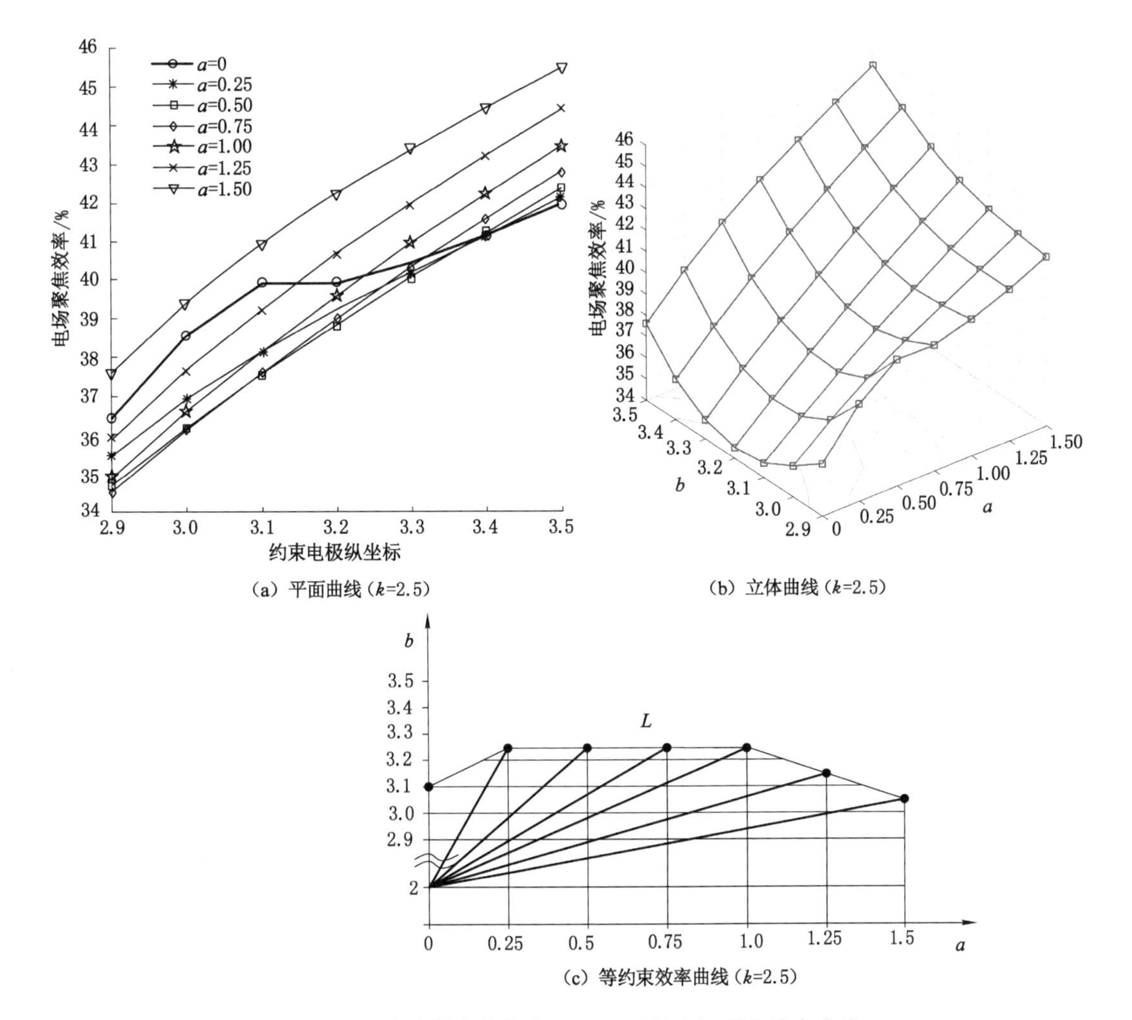

(a) 平面曲线（k=2.5）　(b) 立体曲线（k=2.5）

(c) 等约束效率曲线（k=2.5）

图 4-17　电流强度比值为 $k=2.5$ 时的电场聚焦效率曲线

由表 4-11 和图 4-17 可以看出，k 值增大到 2.5 时，电场聚焦效率值进一步增大，等聚焦效率曲线 L 波动进一步趋向缓和。

4.3.5 电流强度比值取 $k=3$

表 4-12 是电流强度比值为 $k=3$ 时的电场聚焦效率值，图 4-18 是对应的曲线表达，表达内容与图 4-11 的相同。

表 4-12 约束电极横坐标变化时的电场聚焦效率($k=3$) 单位：%

a	b						
	2.9	3.0	3.1	3.2	3.3	3.4	3.5
0	37.52	39.57	40.97	41.04	41.62	42.39	43.26
0.25	36.49	37.96	39.23	40.32	41.35	42.34	43.38
0.5	35.69	37.19	38.61	39.91	41.16	42.36	43.55
0.75	35.45	37.07	38.58	40.00	41.35	42.65	43.91
1	35.74	37.48	39.07	41.53	41.93	43.26	44.51
1.25	36.66	38.44	40.03	41.5	42.85	44.1	45.33
1.5	38.22	40.05	41.59	42.92	44.1	45.23	46.32

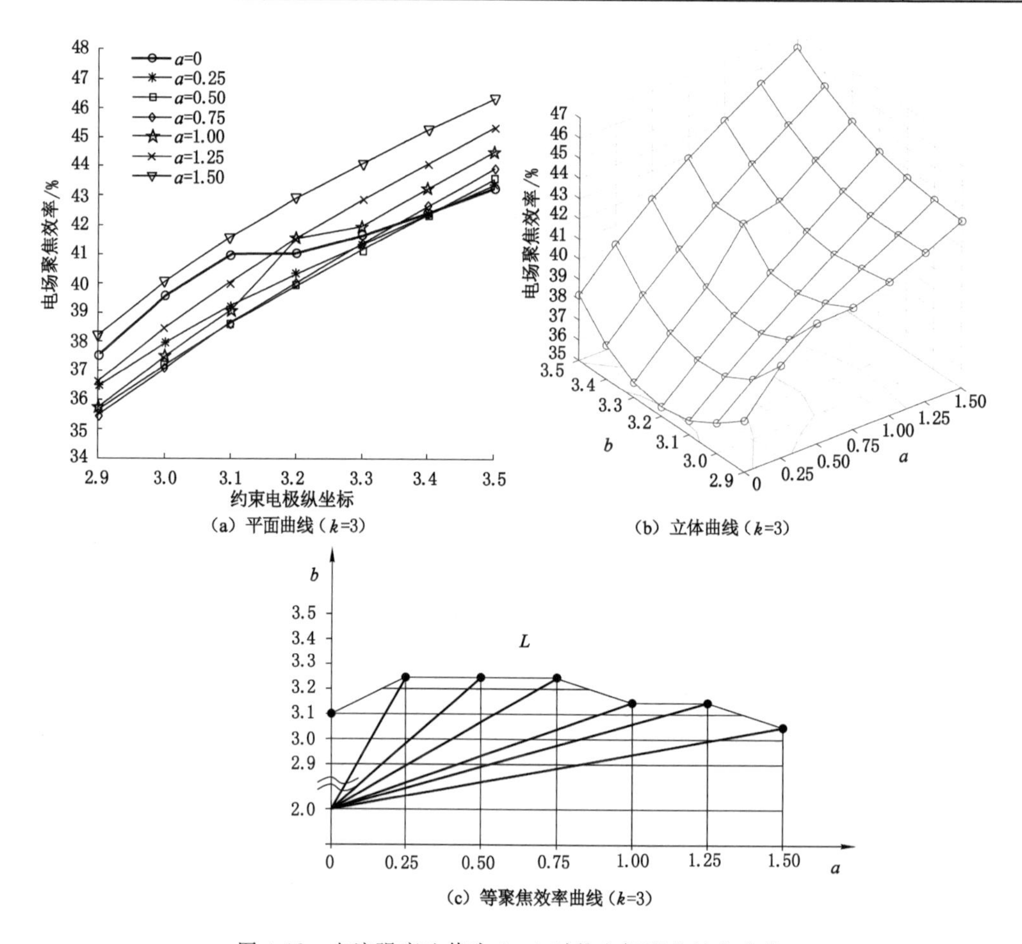

图 4-18 电流强度比值为 $k=3$ 时的电场聚焦效率曲线

由表 4-12 和图 4-18 可以看出，k 值增大到 3 时，电场聚焦效率值进一步增大，等聚焦效率曲线波动更为缓和。

从以上 5 步分析可以得出：当约束平面位于主平面之前时，电场聚焦效率有所提高，但施工难度大大增加。所以这种方式仅是在约束平面与主平面重合时的电场聚焦效率达不到理想值时才使用。

第 5 章　动态电场偏转规律研究

为实现角度扫描策略，探测电场必须能够按需要改变传播方向。电极电流强度大小决定了其形成的电场强度大小，当对称布置的两约束电极的电流强度不相同时，各自对探测电场的影响就不同，探测电场会偏向电流强度小的约束电极一侧，所以本章主要研究约束电极电流强度之间的比值及坐标位置发生改变时对探测电场的偏转影响。

5.1　电场偏转角的概念

当各约束电极发射的电流强度不完全相等时，各约束电场对主电场的影响和作用不均衡，主电场的传播方向将偏离正前方，即发生偏转。电场偏转如图 5-1 所示，偏转后与偏转前的电场传播方向发生了较大的变化，电场偏转角度用 α 表示。电场偏转是实现角度扫描的前提。结合图 4-5 中电场聚焦效率定义中横坐标的取值范围，有：

$$\alpha = \arctan \frac{r_i}{50} \tag{5-1}$$

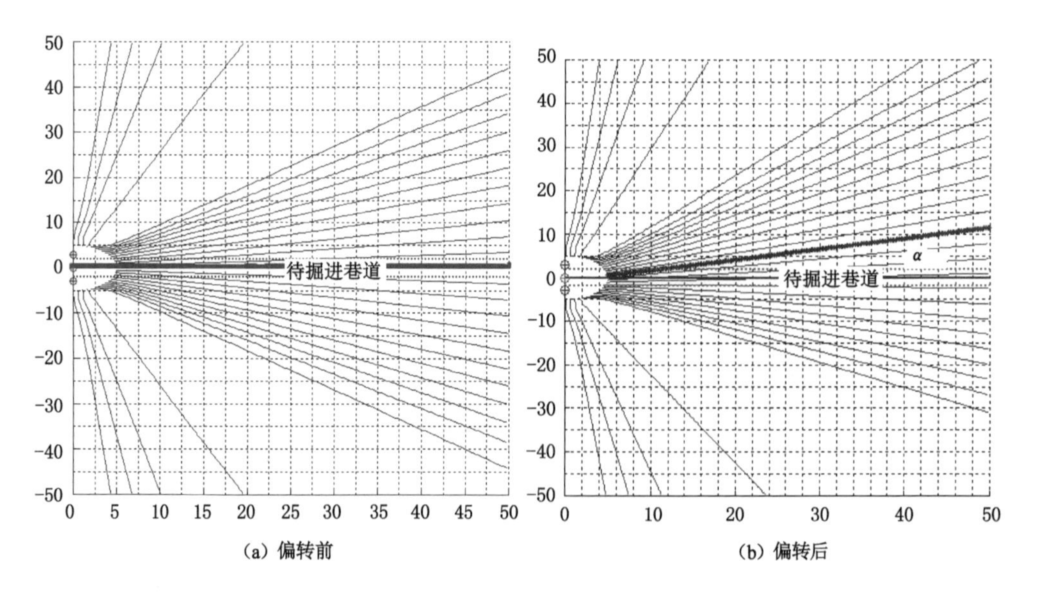

图 5-1　电场偏转示意图

5.2　仅改变约束电极电流强度时电场偏转效果分析

令主电极电流强度为 I_0，约束电极 B2 的电流强度为 I_2，且 $I_2=k_1I_0$；约束电极 B6 的电流强度为 I_6，且 $I_6=k_2I_2=k_1k_2I_0$。

保持约束电极的纵坐标值不变($b=3$)，用一条参考电场线在发生偏转与未发生偏转时改变的角度 α(偏转角)衡量电场的偏转效果。取 k_1 分别为 1、1.5、2、2.5、3、3.5，k_2 分别为 1.5、2、2.5、3、3.5、4，偏转角 α 的值如表 5-1 所示。图 5-2 是表 5-1 中数据的曲线表达形式。表 5-2 是表 5-1 中偏转角的增量表。图 5-3 是表 5-2 中数据的曲线表达形式。

表 5-1　仅改变约束电极电流强度时电场的偏转角 α　　单位：(°)

k_1	k_2					
	1.5	2	2.5	3	3.5	4
1	2.66	4.83	6.25	8.14	9.44	10.58
1.5	3.16	5.62	7.60	9.24	10.62	11.80
2	3.47	6.17	8.21	9.92	11.33	12.54
2.5	3.70	6.46	8.63	10.37	11.81	13.02
3	3.86	6.72	8.93	10.70	12.15	13.38
3.5	3.99	6.91	9.16	10.95	12.41	13.63

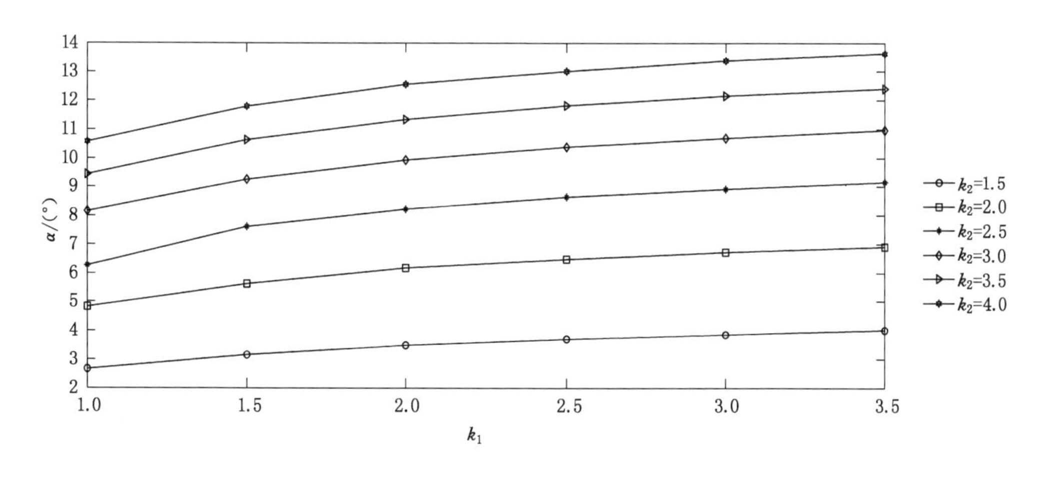

图 5-2　仅改变约束电极电流强度时电场的偏转角度曲线

表 5-2　仅改变约束电极电流强度时电场偏转角的增量 $\Delta\alpha$　　单位：(°)

k_1	k_2				
	1.5～2	2～2.5	2.5～3	3～3.5	3.5～4
1	2.17	1.42	1.89	1.3	1.14
1.5	2.46	1.98	1.64	1.38	1.18

表 5-2(续)

k_1	k_2				
	1.5～2	2～2.5	2.5～3	3～3.5	3.5～4
2	2.7	2.04	1.71	1.41	1.21
2.5	2.76	2.17	1.74	1.44	1.21
3	2.86	2.21	1.77	1.45	1.23
3.5	2.92	2.25	1.79	1.46	1.22

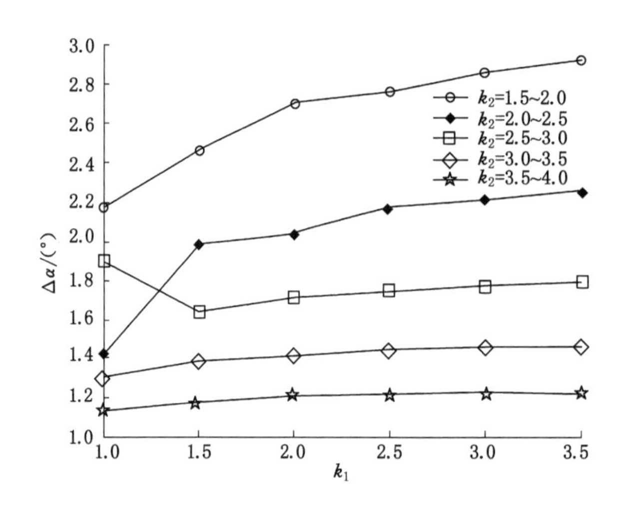

图 5-3 仅改变约束电极电流强度时电场偏转角的增量图

从表 5-1、表 5-2 及图 5-2、图 5-3 中可以看出：

① 随着约束电极电流强度的增加，电场偏转角呈单调上升趋势。两约束电极电流强度差值越大，主电场的偏转效果越明显。

② k_2 取 2 和 2.5 时的增量曲线几乎平行，呈单调上升趋势。k_2 取 3.5 和 4 时的增量曲线几乎平行，但上升趋势不明显。k_2 取 3 时的增量曲线在 k_1 取 1.5 时有所下降。因此 k_1 的取值应不小于 2。

③ 图 5-3 中，k_1、k_2 每变化一个步距(0.5)，电场偏转角的变化很小，因此可加大步距至 1。

5.3 同时改变约束电极纵坐标位置时电场偏转效果分析

参考 4.2.2 中对约束电极电流强度与电场聚焦效率的分析，本节各参数取值为：$k_1=1$、2、3，$k_2=2$、3、4，$b=3$、3.3、3.5。对应电场偏转角如表 5-3 所列。图 5-4(a)～(c)是对应上述参数时的电场偏转角的三组曲线，图 5-4(d)是将三组曲线放入同一坐标系中的比较图。

表 5-3　同时改变约束电极纵坐标位置时的电场偏转角　　单位：(°)

k_1	k_2	b		
		3	3.3	3.5
1	2	4.83	5.21	5.45
	3	8.14	8.80	9.21
	4	10.58	11.45	12
2	2	6.17	6.61	6.93
	3	9.92	10.74	11.26
	4	12.54	13.61	14.28
3	2	6.72	7.27	7.62
	3	10.70	11.60	12.17
	4	13.38	14.52	15.25

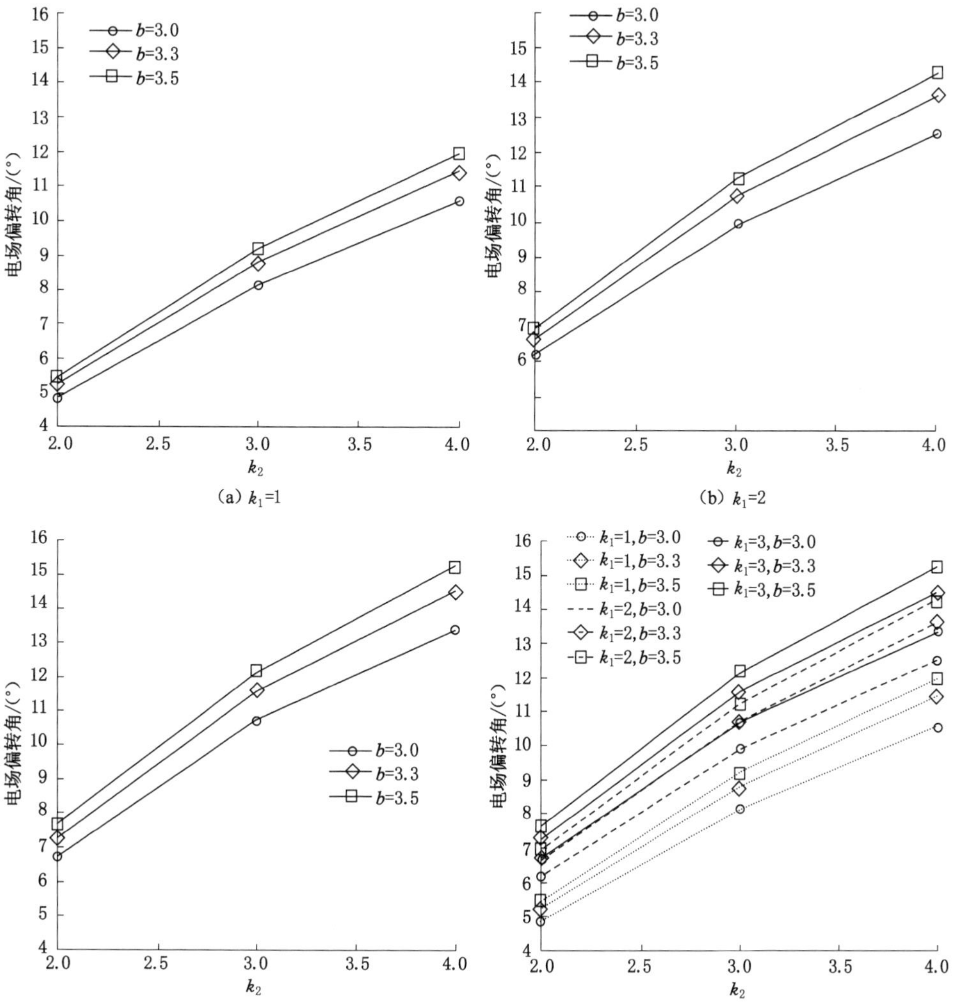

(a) $k_1=1$

(b) $k_1=2$

(c) $k_1=3$

(d) 三组曲线比较

图 5-4　同时改变约束电极纵坐标位置时的电场偏转角 α 曲线

从图 5-4 中可以看出：

① 在图 5-4(a)～(c)的每一组曲线中，三条线均单调上升，互不相交。这表明当 k_1 取某一固定值时，电场偏转角随着 k_2 和 b 值的增大而增大；

② 图 5-4(a)～(c)三组曲线的纵坐标值逐步上升，即当 k_1 增大时，电场偏转角增大。

③ 在图 5-4(d)中，第一组曲线($k_1=1$)的纵坐标值与其他两组没有交叉。第二组($k_1=2$)和第三组($k_1=3$)曲线出现交叉情况，即 $k_1=2$、$b=3.3$ 与 $k_1=3$、$b=3$ 时的电场偏转效果相当，$k_1=2$、$b=3.5$ 时的电场偏转效果比 $k_1=3$、$b=3$ 时的效果好。这说明若想减小约束电极电流强度，可适当增加约束电极与主电极之间的距离。

第 6 章　超前探测仪工作频率选择研究

6.1　工作频率对动态电场激励法测量影响研究

6.1.1　工作频率选择对激电异常幅度的影响

动态电场激励法煤巷综掘超前探测仪共设有四组频率对，即 1/13 Hz 和 1 Hz、2/13 Hz 和 2 Hz、4/13 Hz 和 4 Hz 及 8/13 Hz 和 8 Hz。野外实际测量时，至少选择其中一对进行工作。工作频率对选择不同，不同地质异常体激发极化视幅频率值对围岩介质异常的反映程度不同。受超前探测仪测量精度及测量技术手段的限制，若工作频率选择不合适，异常体激发极化异常幅度弱，异常观测效果不明显，将很容易出现地质异常体误报、漏报现象，给煤矿安全生产带来危害。

为提高野外工作效率，实际探测时只选用一对工作频率观测高低频电位差，并计算视幅频率值。为保证视幅频率值具有足够的异常幅度，实际测量时应使低频 f_L 足够低、高频 f_L 足够高，定义频比系数 $N=\dfrac{f_H}{f_L}$，即要求频比系数足够大，此时，视幅频率异常与时间域视极化率异常的幅度理论上近似相等。图 6-1 所示是某磁铁矿在四组不同频比系数测量时试验结果。低频 f_L 均取为 0.1 Hz，高频 f_H 取不同频率，从图中可以看出，频比系数越大，视幅频率 F_s 异常幅值也越大，高频 $f_H=10$ Hz 与高频 $f_H=0.3$ Hz 相比，虽然在同一个位置测量同一个异常，获得的激发极化异常曲线 1 与异常曲线 4 相比却相差很大。此例说明，合理选择频比系数有利于发现激电异常，达到准确探测有害地质异常目的。

图 6-1 中频比系数越大，激电异常的绝对值越大。将各条曲线对正常背景值进行归一化处理，引入归一化异常幅度概念，定义为异常视幅频率值与正常背景值视幅频率之比，如图 6-2 所示。从图中可以看出，尽管频比系数不同，但各条曲线归一化异常幅度相差不大，曲线 2 的异常幅度稍大些，这与地质体构造的幅频特性有关。因此，频比系数不一定选得很大，然而若频比系数太小，则激电异常幅度不明显，如图 6-1 中曲线 4，频比系数 $N=3$，其正常背景值为 1.2%，异常峰值为 2%，归一化异常幅度约为 1.7，异常峰值和正常背景值仅差 0.8%，对于这样小的异常差异，为保证其测量可靠性，除增加野外测量工作量外，还要求测量必须具有足够高的观测精度，然而受仪器测量精度和观测手段限制，实际测量很难满足要求。

综上所述，为保证有明显的异常幅度又易于达到所需观测精度，实际测量可针对不同的地质构造特点，合理选择频比系数和工作频率。

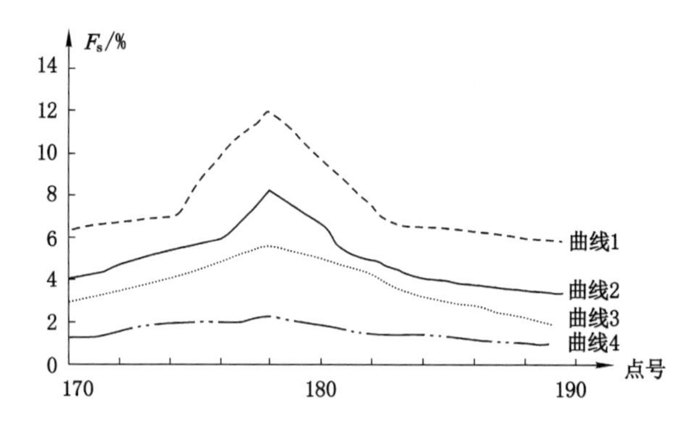

低频 $f_L=0.1$ Hz。高频：1. $f_H=10$ Hz；2. $f_H=3$ Hz；3. $f_H=1$ Hz；4. $f_H=0.3$ Hz。

图 6-1　某磁铁矿不同频比系数试验曲线

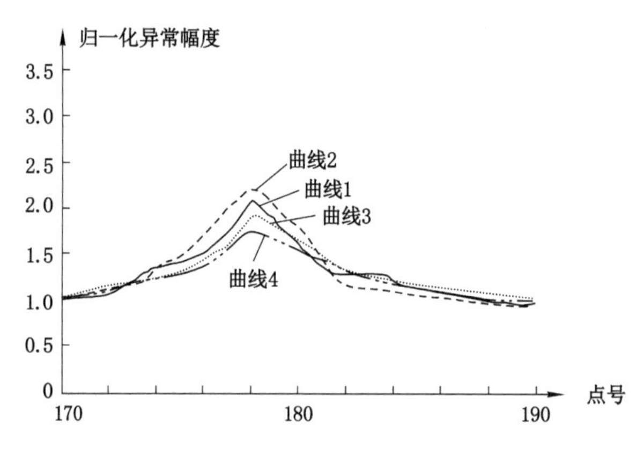

图 6-2　各曲线归一化异常幅度试验曲线

6.1.2　影响工作频率选择因素分析

采用动态电场激励法进行煤超前探测，受观测速度、电磁耦合效应、大地电流和工业电流的干扰等因素影响，需要很好地选择工作频率。

(1) 影响低频选择的因素

在实际测量时，低频工作频率不能选择得太低，主要有两个方面的原因。太低的工作频率将影响观测速度，降低煤巷超前探测工作效率。由探测仪接收机信号调理电路结构原理可知，存在暂态响应过程。暂态响应过程与工作频率密切相关，一般接收机收到双频信号三个周期后才能趋于稳定，如低频工作频率 f_L 选取 0.01 Hz，探测仪从开始接收到信号到测量完毕，至少需要低频 4 个周期约 400 s 时间，同时考虑还要进行半空间扫描探测，完成超前探测所用时间更长。可见，测量工作效率极低。

低频工作频率不能太低的另一个原因是受巷道大地电流干扰的影响。巷道大地电流噪声的低频成分丰富，且随工作频率降低而加强，会造成探测仪接收机观测不稳定。因而当低频频率过低时，激发极化微弱激电信号受大地电流干扰影响，使信噪比降低。

(2) 影响高频选择的因素

受电磁耦合效应和工业游散电流干扰的影响，高频工作频率选择也不能太高。煤矿井下环境极为复杂，存在多种电磁干扰，主要包括电力电子线路、大功率设备和静电放电等干扰[31]。理论和实践研究结果表明，当采用的电极测量装置类型一定时，频域激电电磁耦合效应不仅与大地介质电阻率有关，而且与工作频率有关，电磁感应耦合随工作频率的增高而急剧增大[32]。

煤矿电网都接有地线，同时受杂散电流的影响，井下总存在 50 Hz 的工频交流成分。为使探测仪接收机避开 50 Hz 的工业电流干扰，提高电位差测量精度，一方面要求探测仪接收机对工频干扰要有很强的抑制能力，另一方面就是选择高频工作频率不能太高。

采用约束双频激电法进行煤巷超前探测，发射电极工作频率选择不同，计算得到的视幅频率 F_s 不同，反应激电异常信息的明显程度也就不同。同时考虑电场约束效应，主电极与约束电极对发射频率选择也有一定要求。因此，合理选择工作频率，对获得充分反映地质异常信息的最佳视幅频率 F_s，实现煤巷掘进前方地质异常体的准确探测具有重要研究意义。

6.2　不同参量条件视幅频率变化特性仿真分析

Pelton(佩尔顿)等通过对大量岩、矿石标本的测量，证明复电阻率 Cole-Cole(科尔-科尔)模型可有效描述激发极化效应。根据 Cole-Cole 模型理论，复电阻率随工作频率的变化而变化，判断地质异常信息的视幅频率 F_s 也随频率发生变化，地质工况不同，其对应的 Cole-Cole 模型参量不同，激发极化的频谱特性不同[33-37]。

6.2.1　Cole-Cole 模型频谱特性变化仿真分析

(1) Cole-Cole 模型及频率域中各参数之间的等效性

不同岩性、地层、成分、结构构造的地质条件，其激发极化效应各不相同，常采用 Cole-Cole 模型来描述。由激电效应引起的复电阻率的频谱为：

$$(\mathrm{i}\omega\tau)^c = (\omega\tau)^c \mathrm{e}^{\mathrm{i}(4n+1)\frac{c\pi}{2}} = (\omega\tau)^c \left\{\cos\left[(4n+1)\frac{c\pi}{2}\right] + \mathrm{i}\sin\left[(4n+1)\frac{c\pi}{2}\right]\right\} = R - 1 + \mathrm{i}I \tag{6-1}$$

式中，$R=1+(\omega\tau)^c\cos\left[(4n+1)\frac{c\pi}{2}\right]$，$I=1+(\omega\tau)^c\sin\left[(4n+1)\frac{c\pi}{2}\right]$。当主值 $n=0$ 时，有：

$$R = 1 + (\omega\tau)^c\cos\frac{c\pi}{2},\quad I = 1 + (\omega\tau)^c\sin\frac{c\pi}{2} \tag{6-2}$$

将式(6-1)代入，有：

$$\rho(\mathrm{i}\omega) = \rho_0\left[1 - m\left(1 - \frac{1}{R+\mathrm{i}I}\right)\right] = \rho_0\left[1 - m + \frac{mR}{R^2+I^2} - \mathrm{i}\frac{mI}{R^2+I^2}\right] \tag{6-3}$$

式中　m——充电率。

根据复数运算法则，推导复电阻率的虚分量、实分量、相位和幅值的表达式。

实部为：

$$\mathrm{Re}\,\rho(\mathrm{i}\omega) = \rho_0\left[1 - m\frac{(\omega\tau)^c\cos\frac{c\pi}{2} + (\omega\tau)^{2c}}{1 + 2(\omega\tau)^c\cos\frac{c\pi}{2} + (\omega\tau)^{2c}}\right] \tag{6-4}$$

虚部为：

$$\operatorname{Im}\rho(\mathrm{i}\omega)=\frac{-\rho_0 m(\omega\tau)^c\sin\frac{c\pi}{2}}{1+2(\omega\tau)^c\cos\frac{c\pi}{2}+(\omega\tau)^{2c}} \tag{6-5}$$

幅值为：

$$A(\omega)=|\rho(\mathrm{i}\omega)|=\rho_0\left[\frac{1+2(1-m)(\omega\tau)^c\cos\frac{c\pi}{2}+(1-m)^2(\omega\tau)^{2c}}{1+2(\omega\tau)^c\cos\frac{c\pi}{2}+(\omega\tau)^{2c}}\right]^{\frac{1}{2}} \tag{6-6}$$

相位为：

$$\varphi(\omega)=\arctan\frac{-m(\omega\tau)^c\sin\frac{c\pi}{2}}{1+(2-m)(\omega\tau)^c\cos\frac{c\pi}{2}+(1-m)(\omega\tau)^{2c}} \tag{6-7}$$

在频率域激电中，复电阻率频谱是一个复变函数，其幅值与相位满足如下关系：

$$A(\omega)=|\rho(\mathrm{i}\omega)|=\sqrt{[\operatorname{Re}\rho(\mathrm{i}\omega)]^2+[\operatorname{Im}\rho(\mathrm{i}\omega)]^2} \tag{6-8}$$

$$\varphi(\omega)=\arctan\frac{\operatorname{Im}\rho(\mathrm{i}\omega)}{\operatorname{Re}\rho(\mathrm{i}\omega)} \tag{6-9}$$

显然，已知复电阻率的实部和虚部由式(6-8)和式(6-9)可求出幅值和相位；反过来，已知复电阻率的幅值和相位也可以按以下两式求出实部和虚部：

$$\operatorname{Re}\rho(\mathrm{i}\omega)=A(\omega)\cos\varphi(\omega) \tag{6-10}$$

$$\operatorname{Im}\rho(\mathrm{i}\omega)=A(\omega)\sin\varphi(\omega) \tag{6-11}$$

因此，复电阻率频谱的幅值、相位与实分量、虚分量之间是等效的，已知其中一对便可以计算出另一对。不仅如此，复电阻率的幅值和相位之间、实分量与虚分量之间也是分别等效的，已知一个量便可求出另一个量。

① 实部与虚部的等效性

在网络理论中，复电阻率 $\rho(\mathrm{i}\omega)$ 在复平面右半平面内是可解析的，无零值点，其实部和虚部满足柯西-黎曼方程，相应的网络称为最小相移网络。对于最小相移网络函数 $\rho(\mathrm{i}\omega)$，其实分量和虚分量有如下关系[38]：

$$\operatorname{Im}\rho(\mathrm{i}\omega)=-\frac{1}{\pi}\int_{-\infty}^{\infty}\frac{\operatorname{Re}\rho(\mathrm{i}\omega)}{\omega_0-\omega}\mathrm{d}\omega \tag{6-12}$$

$$\operatorname{Re}\rho(\mathrm{i}\omega)=\frac{1}{\pi\omega_0}\int_{-\infty}^{\infty}\frac{\operatorname{Im}\rho(\mathrm{i}\omega)}{\omega_0-\omega}\mathrm{d}\omega+\operatorname{Re}\rho(\infty) \tag{6-13}$$

将积分区间变为 0 到∞，它的另外一种表达形式为：

$$\operatorname{Im}\rho(\mathrm{i}\omega)=-\frac{1}{\pi}\int_0^{\infty}\frac{\mathrm{d}\operatorname{Re}\rho(\mathrm{i}\omega)}{\mathrm{d}\omega}\ln\left|\frac{\omega-\omega_0}{\omega+\omega_0}\right|\mathrm{d}\omega \tag{6-14}$$

$$\operatorname{Re}\rho(\mathrm{i}\omega)=\frac{1}{\pi\omega_0}\int_0^{\infty}\frac{\mathrm{d}[\omega\cdot\operatorname{Im}\rho(\mathrm{i}\omega)]}{\mathrm{d}\omega}\ln\left|\frac{\omega-\omega_0}{\omega+\omega_0}\right|\mathrm{d}\omega+\operatorname{Re}\rho(\infty) \tag{6-15}$$

上述实部与虚部的等效性还可以通过希尔伯特变换来论证。因此，复电阻率 $\rho(\mathrm{i}\omega)$ 的实部与虚部可通过积分(或微分)相互换算,即实部与虚部之间是等效的。

② 幅值和相位的等效性

将复电阻率 $\rho(\mathrm{i}\omega)$ 表示成复变函数的指数形式:

$$\rho(\mathrm{i}\omega)=A(\omega)\cdot \mathrm{e}^{\mathrm{i}\varphi(\omega)} \tag{6-16}$$

两边取对数:

$$\ln \rho(\mathrm{i}\omega)=\ln A(\omega)+\mathrm{i}\varphi(\omega) \tag{6-17}$$

对于最小相位移网络函数 $\rho(\mathrm{i}\omega)$,其对数也满足最小相位移条件,即 $\ln A(\omega)$ 和 $\varphi(\omega)$ 分别相当于前面的实部和虚部,具有 $\mathrm{Re}\,\rho(\mathrm{i}\omega)$ 和 $\mathrm{Im}\,\rho(\mathrm{i}\omega)$ 那样相同的约束关系。以 $\ln A(\omega)$ 和 $\varphi(\omega)$ 替换式(6-14)和式(6-15)中的 $\mathrm{Re}\,\rho(\mathrm{i}\omega)$ 和 $\mathrm{Im}\,\rho(\mathrm{i}\omega)$ 得:

$$\varphi(\omega)=-\frac{1}{\pi}\int_0^{\infty}\frac{\mathrm{d}\ln A(\omega)}{\mathrm{d}\omega}\ln\left|\frac{\omega-\omega_0}{\omega+\omega_0}\right|\mathrm{d}\omega \tag{6-18}$$

$$\ln A(\omega)=\frac{1}{\pi\omega_0}\int_0^{\infty}\frac{\mathrm{d}[\omega\cdot\varphi(\omega)]}{\mathrm{d}\omega}\ln\left|\frac{\omega-\omega_0}{\omega+\omega_0}\right|\mathrm{d}\omega+\ln A(\infty) \tag{6-19}$$

上两式说明对数幅值 $\ln A(\omega)$ 和相位 $\varphi(\omega)$ 之间也可以通过积分(或微分)相互换算,即幅值与相位之间是等效的。同时式(6-18)还表明,在对数坐标系中,解析函数的相位 $\varphi(\omega)$ 与对数幅值的斜率(微分)成正比,即对数幅值斜率越大,对相位 $\varphi(\omega)$ 影响越大[39]。因此,幅值谱曲线的拐点部位对应相位的峰值点。

综合以上分析,复电阻率 $\rho(\mathrm{i}\omega)$ 的实部与虚部、幅值与相位之间可通过积分(或微分)相互表达,再结合式(6-8)至式(6-11)虚、实分量和幅值、相位之间关系,则知道其中一个参量便可以换算其他三个频谱参量。从理论上讲没有必要同时观测各个分量频谱。然而,各个频谱参量反映激电效应特征的能力或分辨力并不一样,且从仪器技术上看,各分量观测技术的难易程度也不相同。因此,应根据地质条件和实际测量技术手段合理选择观测分量。

(2) 不同参量条件下 Cole-Cole 模型频谱特性变化仿真分析

Cole-Cole 模型的频谱特性随充电率 m、频率相关系数 c、时间常数 τ 的变化而变化。充电率 m 为大于 0 且小于 1 的正数;时间常数 τ 值有较大的变化范围,从 $n\times10^{-2}$ 到 $n\times10^{2}$ s;各种岩、矿石激电效应的频率相关系数 c 值基本上都在 0.1~0.6 之间,对矿化或石墨化程度很高、连通极好的网脉状或致密状矿(化)体,c 值取 0.5~1[40-41]。

取典型值 $c=0.6$,$\tau=0.01$ s 保持不变,m 取不同值时,利用 Matlab 软件分别对幅值和相位随频率变化进行仿真,得到归一化幅值谱和相位谱,如图 6-3 所示。每条幅值谱曲线都是单调递减的,随 m 的增加,曲线梯度增大,验证了 m 为表征激电效应强度的物理量;相位谱曲线形态基本保持不变,随 m 的增加,曲线的相位值增加,相位谱的极值点对应幅值谱曲线的拐点,且向频率升高的方向移动,即相位谱的特征频率有所增加。

取典型值 $m=0.5$,$\tau=0.01$ s 保持不变,c 取不同值时的归一化幅值谱和相位谱如图 6-4 所示。随 c 的增加,幅值谱曲线的梯度增大,验证了 c 为表征激电谱陡缓的物理量;相位谱曲线形态基本保持不变,随 c 的增加,相位谱的宽度变小,相位谱的极值略向频率减小的方向移动,即相位谱的特征频率有所减小。

取典型值 $m=0.5$,$c=0.5$ 保持不变,τ 取不同值时的归一化幅值谱和相位谱如图 6-5 所示。随 τ 的增加,相位谱线形态基本保持不变,整条谱线向左平移,相位极值向频率减小的方向移动,极值大小基本保持不变;随 τ 的增加,幅值谱曲线形态基本保持不变,幅值随频

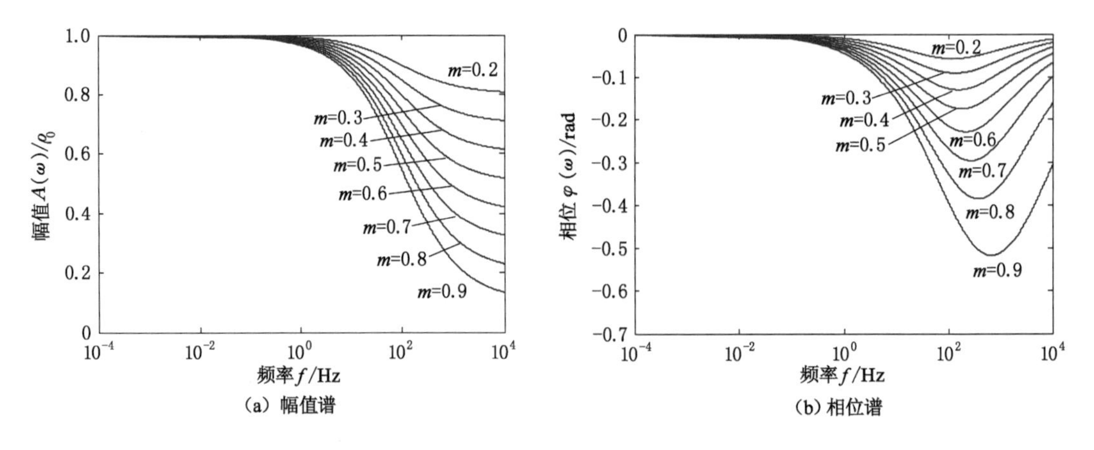

图 6-3　$c=0.6$，$\tau=0.01$s，m 不同时归一化幅值谱和相位谱

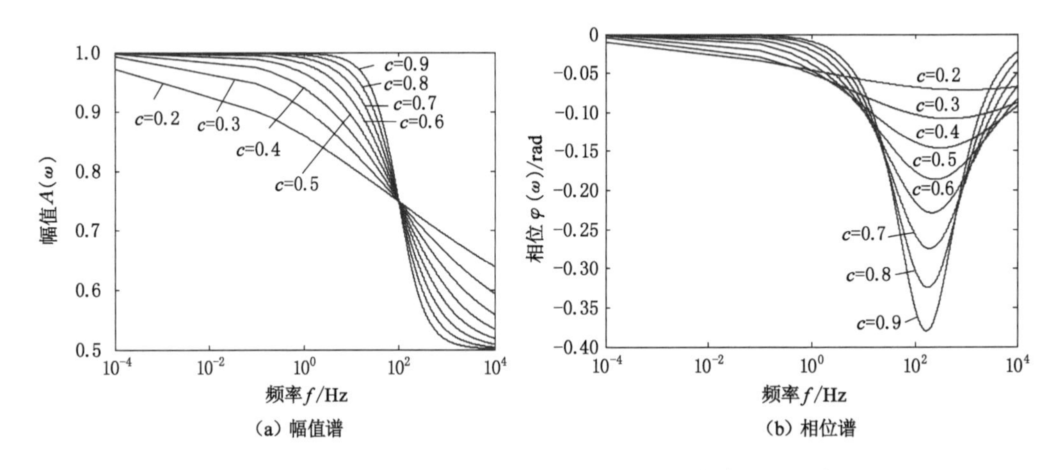

图 6-4　$m=0.5$，$\tau=0.01$ s，c 不同时归一化幅值谱和相位谱

率的增加会趋向某一恒定值，即当 $f\to\infty$ 时，煤岩与地质异常体未来得及发生激发极化。因此，τ 为表征不同地质条件下激发极化充放电快慢的物理量。

6.2.2　视幅频率随工作频率及 Cole-Cole 模型参量变化仿真分析[42]

在频率域采用双频激电法研究激发极化效应，以发送机通过发射电极同时向围岩介质发送幅值强度相同、频率不同的双频调制方波电流来激发。为获得明显的激发极化效应，必须使其中一个方波电流的频率充分低（记为 f_L），测得的电位差（记为 ΔV_L）中含有地下介质足够的激发极化电位（即二次点位）；另一个方波电流的频率充分高（记为 f_H），测得的电位差（记为 ΔV_H）不含地下介质的激发极化信息。地下介质的激发极化程度可用视幅频率 F_s 表征，根据视幅频率 F_s 定义，其大小可用高低频复电阻率描述：

$$F_s=\frac{|\rho(f_L)|-|\rho(f_H)|}{|\rho(f_L)|}\times 100\% \tag{6-20}$$

视幅频率 F_s 是激发极化总场电位差的振幅因频率不同而引起相对变化的百分率，它不仅与工作频率（f_L 和 f_H）有关，还与产生激电效应的地质工况性质有关。因此，从频比系数

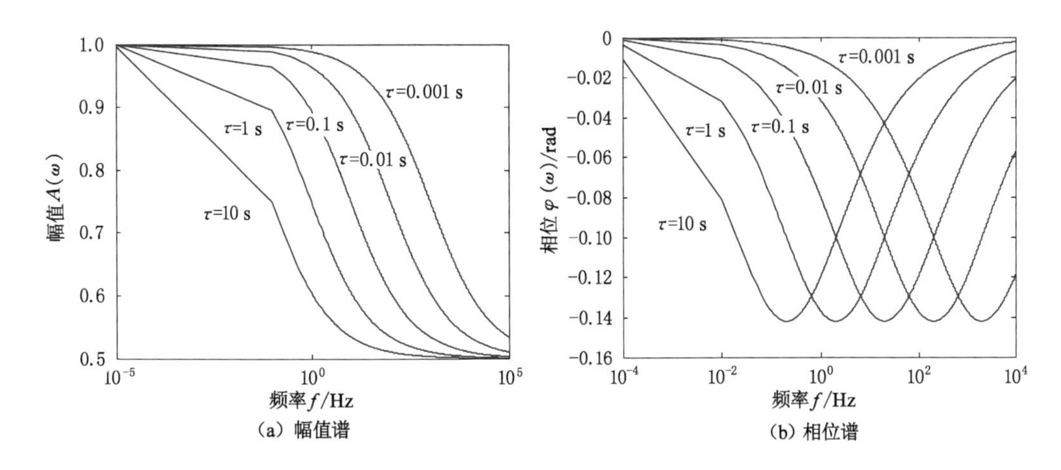

图 6-5　$m=0.5, c=0.5$ s，τ 不同时归一化幅值谱和相位谱

及地质工况性质两个方面分析对视幅频率 F_s 的影响。

(1) 视幅频率 F_s 随频比系数变化仿真分析

因发送机发射的矩形方波电流仅含奇次谐波，为便于比较不同频率之间的相位，一般频比系数 N 取为奇数。当取典型值 $m=0.75, c=0.5, \tau=0.01$ s 保持不变，频比系数 N 取值不同时，视幅频率 F_s 随频率 f_L 变化曲线如图 6-6 所示。当频比系数 N 取某一恒定值时，视幅频率 F_s 在低频段(时间 $t\to\infty$)和高频段(时间 $t\to 0$)分别趋于零，在某一频率 f_L 处激电异常最为明显，视幅频率 F_s 取得极大值，这与双频激电效应理论是一致的。

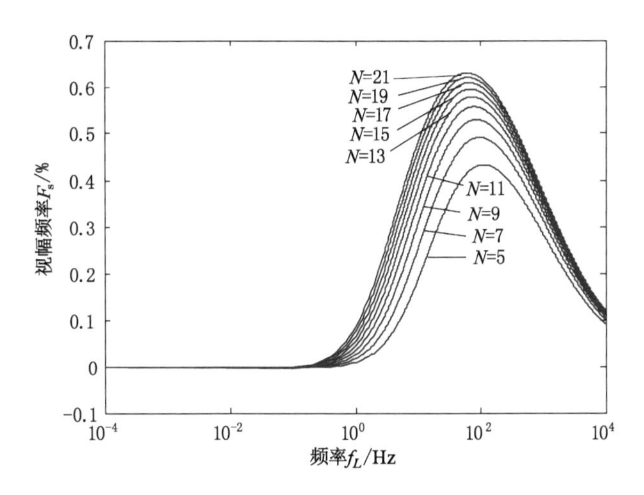

图 6-6　$m=0.75, c=0.5, \tau=0.01$ s 视幅频率 F_s 随频比系数 N 变化规律

随频比系数 N 的增大，视幅频率 F_s 曲线形态基本保持不变，视幅频率 F_s 的极值逐渐增大，极值两侧曲线梯度也随之增大，极值处的特征频率 f_L 略向左偏移。从理论上来说，频比系数 N 取值越大，激电异常越明显，即计算得到的视幅频率 F_s 就越大，然而在实际上是不可行的，低频频率越低，工作效率就越低，高频频率越高，电磁耦合效应程度越强。因此，人们通常取发射电极工作频率 f_L 和 f_H 在 0.01～100 Hz 范围内有一定相隔的两个频率，间隔由频比系数 N 决定，根据实际测量情况 N 一般选取 13 或 15。

(2) 视幅频率 F_s 随 Cole-Cole 模型参量变化仿真分析

当取典型值 $c=0.5$，$\tau=0.01$ s 保持不变，m 分别取 0.9、0.6、0.1，频比系数 N 取 7、9、11、13、15、17 时，视幅频率 F_s 随频率 f_L 变化曲线如图 6-7 所示。当 m 保持不变时，与图 4-6 情况一样，视幅频率 F_s 的极值随频比系数 N 的增大而增大；当 m 减小时，视幅频率 F_s 的极值变小，且向频率减小的方向移动，即极值处得特征频率变小；当 m 很小，如 $m=0.1$ 时，视幅频率 F_s 曲线随频比系数 N 的增大变化不明显，且视幅频率 F_s 的极值变得更小。此时，为获得明显的激电效应，提高观测精度，工作频率 f_L 选极值处的特征频率为最佳。

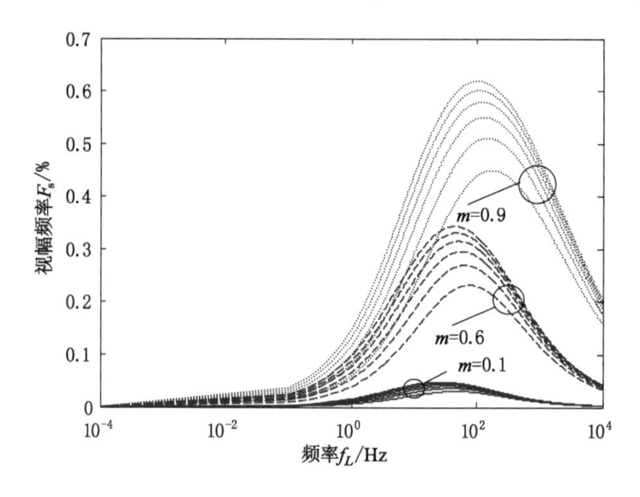

图 6-7　$c=0.5$，$\tau=0.01$ s，m 和 N 不同时视幅频率 F_s 随频率 f_L 变化曲线

当取典型值 $m=0.5$，$c=0.5$ 保持不变，频比系数 N 取 13，τ 取不同值时，视幅频率 F_s 随频率 f_L 变化曲线如图 6-8 所示。随 τ 的增加，视幅频率 F_s 的曲线形态基本保持不变，曲线整体向频率降低的方向移动，视幅频率 F_s 的极值基本保持不变，极值处的特征频率明显变小；当 $\tau=100$ s 时，极值处的特征频 f_L 达到 0.01 Hz，此时，为获得明显的激电异常，发射电极工作频率 f_L 易选取在 0.01～0.1 Hz 范围内。

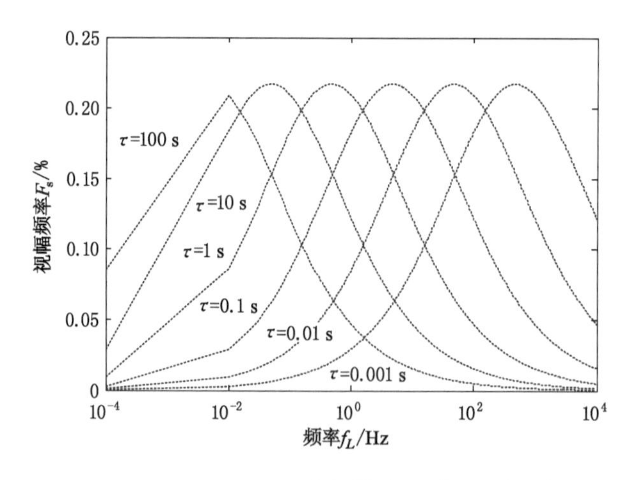

图 6-8　$m=0.5$，$c=0.5$，$N=13$，τ 不同时视幅频率 F_s 随频率 f_L 变化曲线

当取典型值 $m=0.5$，$\tau=100$ s 保持不变，频比系数 N 取 13，c 取不同值时，视幅频率 F_s 随频率 f_L 变化曲线如图 6-9 所示。随 c 的增加，曲线宽度变小，视幅频率 F_s 极值逐渐变大，但极值处的特征频率基本保持不变。

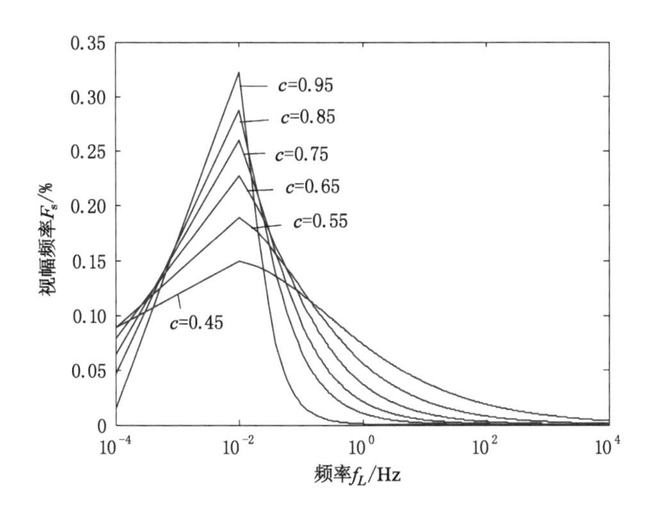

图 6-9　$m=0.5$，$\tau=100$ s，$N=13$，c 不同时视幅频率 F_s 随频率 f_L 变化曲线

综合分析图 6-7、图 6-8 和图 6-9，τ 的变化对极值处的特征频率影响最为显著，m 的变化对极值处的特征频率影响较小，c 的变化对极值处的特征频率几乎没有影响。由此可见，为获得明显的异常激电效应，关键考虑不同地质条件下充放电时间常数 τ 值，根据 τ 值来合理选择工作频率 f_L 和 f_H。

6.3　超前探测发射电极最佳工作频率选择研究

6.3.1　视幅频率变化对测量精度影响分析

根据式(6-20)可知，视幅频率 F_s 是工作频率 f_L 和 f_H 的函数，随工作频率的选择不同而变化。实际测量时，工作频率 f_L 选择某一定值，此时得到的视幅频率称为实测视幅频率（记为 F_{sM}），实测视幅频率 F_{sM} 的测量精度可通过相对误差 ε 来评定：

$$\varepsilon=\frac{\delta F_{sM}}{F_{sM}}\approx \mathrm{dln}\ F_{sM} \tag{6-21}$$

根据相对误差传递性质，将式(6-20)代入式(6-21)有：

$$\varepsilon=\left|\frac{\delta(\Delta V_L-\Delta V_H)}{\Delta V_L-\Delta V_H}\right|+\left|\frac{\delta(\Delta V_L)}{\Delta V_L}\right| \tag{6-22}$$

因式中 $\Delta V_L \gg \Delta V_L-\Delta V_H$，第二项误差远小于第一项误差，可以忽略。因此有：

$$\varepsilon\approx\left|\frac{\delta(\Delta V_L-\Delta V_H)}{\Delta V_L-\Delta V_H}\right|=\left|\frac{\dfrac{\delta(\Delta V_L-\Delta V_H)}{\Delta V_L}}{\dfrac{(\Delta V_L-\Delta V_H)}{\Delta V_L}}\right|=\left|\frac{1}{F_{sM}}\times\frac{\delta(\Delta V_L-\Delta V_H)}{\Delta V_L}\right| \tag{6-23}$$

ΔV_L 和 ΔV_H 的相对测量精度 $\frac{\delta(\Delta V_H)}{\Delta V_L}$ 和 $\frac{\delta(\Delta V_L)}{\Delta V_L}$ 由仪器自身性能决定，即电位差测量误

差取决于仪器系统结构参数。可见，要提高测量精度，必须通过合理选择发射电极工作频率 f_L，增大实测视幅频率 F_{sM} 来实现。电位差测量相对误差一般小于 2%。设 $\frac{\delta(\Delta V_H)}{\Delta V_L}=2\%$，取典型值 $m=0.5$，$c=0.6$，$\tau=10$ s，频比系数 $N=13$，当工作频率 f_L 选择 0.01 Hz 时，得到的实测视幅频率 F_{sM} 为 21.4%；工作频率 f_L 选择极值处的特征频率 0.04 Hz 时，得到的实测视幅频率 F_{sM} 可达到 26.4%，如图 6-10 所示。此时，ε 由 18.7%减小到 15.2%，相对误差变为最小。这相当于仪器测量精度保持不变的情况下，通过合理选择工作频率，把实际观测精度相对提高了 19%。

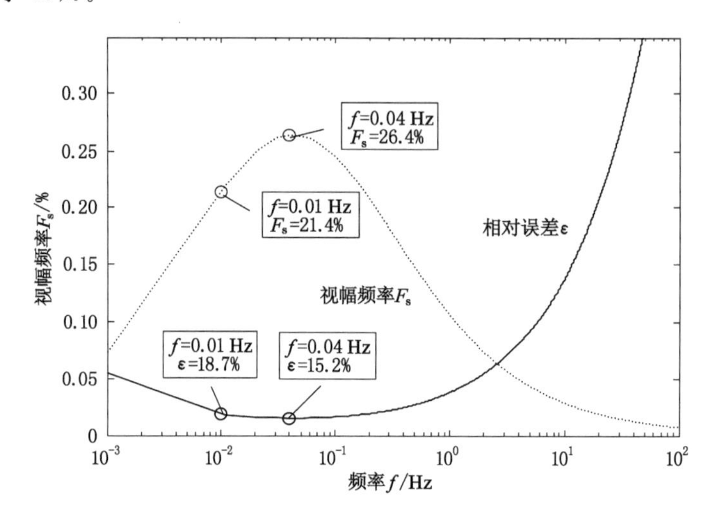

图 6-10　$m=0.5$，$c=0.6$，$\tau=10$ s，$N=13$ 时，视幅频率 F_s 和相对误差 ε 随频率 f_L 变化曲线

6.3.2　发射电极最佳工作频率选择

国内外实验室测量研究结果表明，在外加电场作用下，纯水观测不到激发极化效应，而含水岩石因电化学作用，使岩石颗粒和其周围溶液发生电荷的分化与转移，在岩石颗粒的表面形成一个双电层，因而产生激发极化现象。煤矿含水地质构造导电岩石的激发极化效应与岩石含水的状况、岩石的结构以及黏土物质等因素密切相关，属于离子导体的激发极化，可归为“体极化”。关于离子导体的激发极化机制问题，存在若干有争议的假说：电渗析假说、岩石颗粒表层的双电层形变假说、薄膜极化假说等，尽管这些假说都不能对离子导体激发极化给予完整的解释，但都认为其激发极化机理与岩石颗粒和其周围溶液接触面的双电层有关。离子导体的激发极化弛豫时间可达毫秒级，即时间常数 τ 值相对较小，充放电速率快[43-44]。

煤在电场中也会发生激发极化，由于煤的特殊结构，其激发极化特性像石墨一样不同于其他岩石的激发极化效应，属于电子导体的激发极化，可归为“面极化”。面极化的激发极化较为缓慢，充分电所经历的时间比体极化要长。石墨化岩石及炭质岩石的频率相关系数 c 值较大，其值一般为 0.5～1，时间常数 τ 一般大于 10 s，充电率 m 一般在 1%～10%范围变化，最大值可达 10%[45-48]。

本书基于上述煤及含水地质构造不同的激发极化机理，以及体极化效应的时间常数总是小于面极化效应的时间常数，得到煤介质激发极化效应时间常数总大于含水地质构造激发极化时间常数的结论。

因煤矿含水地质构造的频域激发极化特性尚不清楚，只有通过选择合适工作频率，使煤及含水地质构造发生程度差异较大的激发极化效应，才能得到归一化异常幅度明显的视幅频率值。针对煤巷特殊地质工况，以煤围岩介质激发极化特性为背景值，当取典型值 $m=0.05$，$c=0.6$，$N=13$，10 s$\leqslant\tau\leqslant$100 s 时，煤围岩介质视幅频率 F_s 随工作频率 f_L 变化曲线如图 6-11 所示。视幅频率 F_s 极值处的特征频率位于 0.01～0.1 Hz 范围内，且当 $\tau>10$ s 时，极值点处特征频率变化不明显，约为 0.01 Hz。

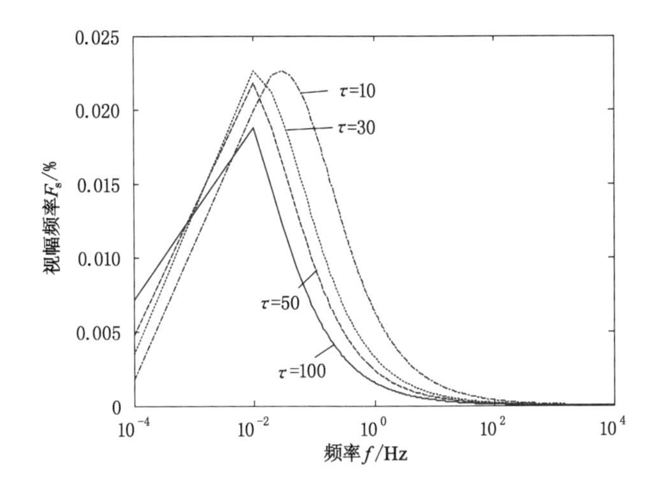

图 6-11　$m=0.05$，$c=0.6$，$N=13$，10 s$\leqslant\tau\leqslant$100 s 时，视幅频率 F_s 随频率 f_L 变化曲线

采用双频激电法进行煤巷超前探测，在现有仪器测量精度和测量技术手段不变的前提下，为提高煤巷异常含水地质构造的激发极化测量精度，得到较为明显的归一化异常幅度。由图 6-11 可知，可把发射电极工作频率 f_L 选择在煤围岩介质视幅频率极值点处的特征频率附近，即在 0.01～0.1 Hz 范围内。此时，煤围岩介质及含水地质构造将发生程度差异较大的激发极化效应。在实际煤巷综掘探测时，考虑工作效率问题，发射电极工作频率不能选择得太低。为此，把发射电极工作频率 f_L 选择在 0.05～0.1 Hz 范围内，频比系数 N 取 13 或 15。同时为形成约束效应，主电极发射的高低频组合电流的频率和约束电极发射的高低频组合电流的频率必须完全相同。

第7章　超前探测数值模拟与电极组合装置设计

7.1　煤巷超前探测数值模拟

采用动态电场激励法进行煤巷超前探测，空间电场可用偏微分方程及相应的边界条件（或初始条件）来描述。偏微分方程和相应的边界条件组成了所谓的边值问题，而边值问题与变分问题之间具有等价性，因此求解变分问题就等于求解边值问题。

变分问题常用的求解方法有里茨法和有限元法[49]。里茨法在全区域范围内选择试验函数，对于煤巷边界形状复杂的变分问题很难找到一个函数序列的线性组合来满足边界条件，且随函数项的增加，运算过程变得复杂。有限元法采取单元剖分的方法，在单元内选择近似函数，克服了里茨法的缺点，是求解偏微分方程较为成熟的技术方法，国内外已有许多研究[50-54]，并取得了良好效果。

7.1.1　煤巷三维点源场的边值与变分问题

（1）边值问题

煤矿井下巷道埋深较大，相对地表有一定距离，且巷道空间尺寸相对较小，煤巷点源电场可看成全空间分布。设在电导率为 σ 的无限介质三维全空间中有一电流强度为 I 的点电源 $A(x,y,z)$，电流将以 A 为中心呈均匀辐射状流出[图 7-1(a)]。由电流密度定义可知，距离点电源 A 为 r 的任意点 B 处的电流密度矢量 j 为：

$$j = \frac{I}{4\pi r^2} \tag{7-1}$$

式中，$4\pi r^2$ 为以 A 为中心，半径为 r 的球面面积。

根据欧姆定律的微分形式，电流密度 j 与电场强度 E 呈正比关系：

$$j = \sigma E \tag{7-2}$$

电场中某点的电场强度 E 在数值上等于该点的电位梯度：

$$E = -\nabla v \tag{7-3}$$

将式(7-3)代入式(7-2)有：

$$j = -\sigma \nabla v \tag{7-4}$$

则电流密度的散度表示为：

$$\mathrm{div}\, j = \nabla \cdot j = -\nabla \cdot (\sigma \nabla v) \tag{7-5}$$

在图 7-1 三维全空间中作任意闭合面 Γ_s 所包围的区域 Ω，根据矢量通量定律，从点源 $A(x,y,z)$ 出发流过闭合面的矢量通量的代数和为电流总量[55]，若 A 位于闭合面 Γ_s 内，则流过闭合面的电流量为 I；若 A 位于闭合面 Γ_s 之外，则流过闭合面的电流量为零。这一性质表示如下：

$$\oint\!\!\!\oint_{\Gamma_s} j \cdot \mathrm{d}\Gamma = \begin{cases} 0 & A \notin \Omega \\ I & A \in \Omega \end{cases} \tag{7-6}$$

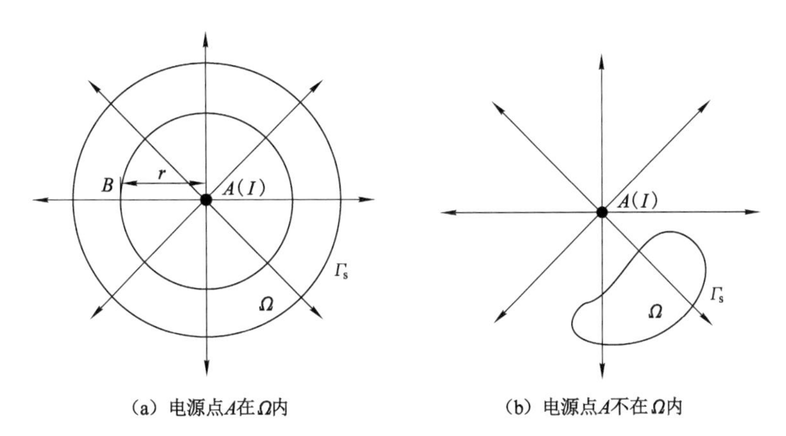

图 7-1　均匀无限介质点源场求解域示意图

根据散度定理，将矢量的面积分转换为体积分有：

$$\oint\!\!\!\oint_{\Gamma_s} j \cdot \mathrm{d}\Gamma = \iiint_{\Omega} \nabla \cdot j \mathrm{d}\Omega = \begin{cases} 0 & A \notin \Omega \\ I & A \in \Omega \end{cases} \tag{7-7}$$

用 $\delta(A)$ 表示三维全空间中以 A 为中心的狄拉克 δ 函数，根据 δ 函数积分性质有：

$$\iiint_{\Omega} \delta(A) \mathrm{d}\Omega = \begin{cases} 0 & A \notin \Omega \\ I & A \in \Gamma_s \end{cases} \tag{7-8}$$

对式(7-7)和式(7-8)进行对比，可得到：

$$\iiint_{\Omega} \nabla \cdot j \mathrm{d}\Omega = I \cdot \iiint_{\Omega} \delta(A) \mathrm{d}\Omega = \iiint_{\Omega} I \cdot \delta(A) \mathrm{d}\Omega \tag{7-9}$$

去掉两边积分号，代入式(7-5)得到全空间介质中点源 A 产生的电位 v 满足的微分方程：

$$\nabla \cdot (\sigma \nabla v) = - I\delta(A) \tag{7-10}$$

设点源在电导率为 σ_1 的介质中，存在一个电导率为 σ_2 的不均匀体，且令 $\sigma_1 = \sigma_0$，用 Ω_1 和 Ω_2 分别表示 σ_1 和 σ_2 所占的区域，如图 5-2 所示。在频域激电法数值计算中，通常将总电位 v 作为研究对象，总电位 v 由点源在介质 σ_1 中产生的正常电位 u_0 和不均匀体 σ_2 中产生的异常电位 u 组成，则在两介质的分界面处有：

$$v_1 = u_0 + u_1, \quad v_2 = u_0 + u_2 \tag{7-11}$$

用 σ 表示介质的电导率，σ' 表示异常电导率($\sigma' = \sigma - \sigma_1$)，则：

$$\sigma'_1 = 0, \quad \sigma'_2 = \sigma_2 - \sigma_1 \tag{7-12}$$

当点源在电导率 $\sigma = \sigma_0$ 的均匀介质中时，此时正常电位 u_0 满足微分方程：

$$\nabla \cdot (\sigma_0 \nabla u_0) = - I\delta(A) \tag{7-13}$$

根据散度运算规则，将式(7-13)和式(7-11)代入式(7-10)可得异常电位 u 满足的微分方程：

$$\nabla \cdot (\sigma \nabla u) = - \nabla \cdot (\sigma' u_0) \tag{7-14}$$

在图 7-2 中，Γ_s 是地空边界面，Γ_∞ 是无穷远边界，Γ 是点源场所在介质与不均匀体介质之间的分界面。根据地中稳定电流场的边界条件性质[55]，总电位 v 的边界条件为：

$$\begin{cases} \dfrac{\partial v}{\partial n} = 0 & \in \Gamma_s \\ \dfrac{\partial v}{\partial n} + \dfrac{\cos(r,n)}{r} v = 0 & \in \Gamma_\infty \\ v_1 = v_2 & \in \Gamma \\ \sigma_1 \dfrac{\partial v_1}{\partial n_1} = -\sigma_2 \dfrac{\partial v_2}{\partial n_2} & \in \Gamma \end{cases} \tag{7-15}$$

式中，n 为边界外法线方向，n_1 和 n_2 是区域 Ω_1 和 Ω_2 的外法线方向，r 是点源到边界的距离，$\cos(r,n)$ 是区域边界外法线方向的单位矢量与径向矢量 r 之间夹角的余弦。

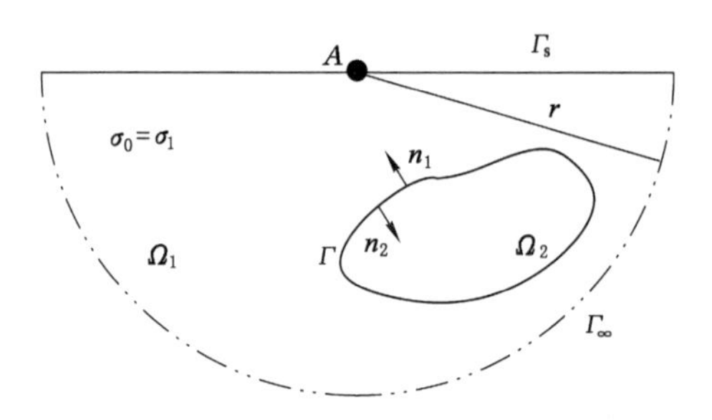

图 7-2 点源介质中存在不均匀体示意图

正常电位 u_0 的边界条件为：

$$\begin{cases} \dfrac{\partial u_0}{\partial n} = 0 & \in \Gamma_s \\ u_{01} = u_{02} & \in \Gamma \\ \dfrac{\partial u_0}{\partial n} + \dfrac{\cos(r,n)}{r} u_0 = 0 & \in \Gamma_\infty \end{cases} \tag{7-16}$$

在电导率 $\sigma=\sigma_0$ 的均质三维无限介质中，由式(7-15)边界条件，在球坐标系下求解拉普拉斯方程，得到正常电位 u_0 的解析解为：

$$u_0 = \frac{I}{4\pi r \sigma_0} \tag{7-17}$$

根据异常电位 u 的定义，由式(5-15)和式(5-16)得异常电位 u 的边界条件：

$$\begin{cases} \dfrac{\partial u}{\partial n} = 0 & \in \Gamma_s \\ \dfrac{\partial u}{\partial n} + \dfrac{\cos(r,n)}{r} u = 0 & \in \Gamma_\infty \\ u_1 = u_2 & \in \Gamma \\ \sigma_1 \dfrac{\partial u_1}{\partial n_1} + \sigma_2 \dfrac{\partial u_2}{\partial n_2} = -\left(\sigma_1 \dfrac{\partial u_0}{\partial n_1} + \sigma_2 \dfrac{\partial u_0}{\partial n_2}\right) & \in \Gamma \end{cases} \tag{7-18}$$

微分方程式(7-10)和边界条件式(7-15)以及微分方程式(7-14)和边界条件式(7-18)分别构成总电位和异常电位的边值模型。

(2) 变分问题

用有限单元法求解边值问题，要将边值问题变为等价的变分问题。由总电位 v 边值问题构造三维点源场泛函：

$$I(v)=\int_{\Omega}\left[\frac{1}{2}\sigma(\nabla v)^{2}-I\delta(A)v\right]\mathrm{d}\Omega \tag{7-19}$$

其变分：

$$\begin{aligned}\delta I(v)&=\int_{\Omega}[\sigma\nabla v\cdot\nabla\delta v-I\delta(A)\delta v]\mathrm{d}\Omega\\&=\int_{\Omega}\{\nabla\cdot(\sigma\nabla v\delta v)-[\nabla\cdot(\sigma\nabla v)+I\delta(A)]\delta v\}\mathrm{d}\Omega\end{aligned} \tag{7-20}$$

将式(7-10)代入得：

$$\delta I(v)=\int_{\Omega}\nabla\cdot(\sigma\nabla v\delta v)\mathrm{d}\Omega=\int_{\Gamma_s+\Gamma_\infty}\sigma\frac{\partial v}{\partial n}\delta v\mathrm{d}\Gamma \tag{7-21}$$

将边界条件代入，得：

$$\delta I(v)=\int_{\Gamma_\infty}\sigma\frac{\partial v}{\partial n}\delta v\mathrm{d}\Gamma=-\delta\frac{1}{2}\int_{\Gamma_\infty}\frac{\sigma\cos(r,n)}{r}v^{2}\mathrm{d}\Gamma \tag{7-22}$$

移项整理，得：

$$\delta\left[I(u)+\frac{1}{2}\int_{\Gamma_\infty}\frac{\sigma\cos(r,n)}{r}v^{2}\mathrm{d}\Gamma\right]=0 \tag{7-23}$$

因此三维电场总电位 v 的边值问题与下列变分问题等价：

$$\begin{cases}F(v)=\int_{\Omega}\left[\frac{1}{2}\sigma(\nabla v)^{2}-I\delta(A)v\right]\mathrm{d}\Omega+\frac{1}{2}\int_{\Gamma_\infty}\frac{\sigma\cos(r,n)}{r}v^{2}\mathrm{d}\Gamma\\\delta F(v)=0\end{cases} \tag{7-24}$$

总电位 v 的变分问题[式(7-24)]中包含了电源项 $\delta(A)$，由于位函数 v 在电源上是奇异的，用有限元法求解 v 时，线性插值、二次插值甚至高次插值都不能完全拟合点源附近的总电位变化情况，给计算带来误差。因此，通常求解异常电位的变分问题来计算总电位。

由异常电位 u 边值问题构造泛函：

$$\begin{aligned}I(u)&=\int_{\Omega}\left[\frac{1}{2}\sigma(\nabla u)^{2}+\sigma'\nabla u_0\cdot\nabla u\right]\mathrm{d}\Omega\\&=\int_{\Omega_1}\left[\frac{1}{2}\sigma_1(\nabla u_1)^{2}+\sigma'_1\nabla u_0\cdot\nabla u_1\right]\mathrm{d}\Omega+\int_{\Omega_2}\left[\frac{1}{2}\sigma_2(\nabla u_1)^{2}+\sigma'_2\nabla u_0\cdot\nabla u_2\right]\mathrm{d}\Omega\end{aligned} \tag{7-25}$$

其变分为：

$$\delta I(u)=\int_{\Omega_1}(\sigma_1\nabla u_1+\sigma'_1\nabla u_0)\cdot\nabla\delta u_1\mathrm{d}\Omega+\int_{\Omega_2}(\sigma_2\nabla u_2+\sigma'_2\nabla u_0)\cdot\nabla\delta u_2\mathrm{d}\Omega \tag{7-26}$$

对于区域 Ω_1 有：

$$\begin{aligned}&\int_{\Omega_1}(\sigma_1\nabla u_1+\sigma'_1\nabla u_0)\cdot\nabla\delta u_1\mathrm{d}\Omega\\&=\int_{\Omega_1}\nabla\cdot[(\sigma_1\nabla u_1+\sigma_1\nabla u_0)\delta u_1]\mathrm{d}\Omega-\int_{\Omega_1}[\nabla\cdot(\sigma_1\nabla u_1)+\nabla\cdot(\sigma_1\nabla u_0)]\delta u_1\mathrm{d}\Omega\\&=\oint_{\Gamma}\left(\sigma_1\frac{\partial u_1}{\partial n_1}+\sigma'\frac{\partial u_0}{\partial n_1}\right)\delta u_1\mathrm{d}\Gamma\end{aligned} \tag{7-27}$$

同理，对于区域 Ω_2 有：

$$\int_{\Omega_2}(\sigma_2\nabla u_2+\sigma'_2\nabla u_0)\cdot\nabla\delta u_2\mathrm{d}\Omega==\oint_{\Gamma}\left(\sigma_2\frac{\partial u_2}{\partial n_2}+\sigma'_2\frac{\partial u_0}{\partial n_2}\right)\delta u_2\mathrm{d}\Gamma \tag{7-28}$$

将边界条件代入，得异常电位的边值问题与下列变分问题等价：

$$\begin{cases}F(u)=\int_{\Omega}\left[\frac{1}{2}\sigma(\nabla u)^2+\sigma'\nabla u_0\cdot\nabla u\right]\mathrm{d}\Omega+\int_{\Gamma_\infty}\left[\frac{1}{2}\frac{\sigma\cos(r,n)}{r}u^2+\frac{\sigma'\cos(r,n)}{r}u_0u\right]\mathrm{d}\Gamma\\ \delta F(u)=0\end{cases} \tag{7-29}$$

7.1.2 煤巷三维约束双频激电法有限元数值模拟

在煤巷中采用动态电场激励法进行超前探测，主电极(A_0)布置在掘进断面中心处，发射探测电场，若干约束电极($A_i,i=1,2,\cdots,n$)布置在主电极四周，形成约束电场。考虑巷道腔体对掘进断面后方空间电位的影响，以掘进断面及巷道腔体围岩介质的地空交界面 Γ_s 和无穷远边界 Γ_∞ 为外边界，则约束双频激电法多点源场异常电位的边值问题为：

$$\begin{cases}\nabla\cdot(\sigma\nabla u)=-\nabla\cdot(\sigma' u_0)\\ \frac{\partial u}{\partial n}=0 & \in\Gamma_s\\ \frac{\partial u}{\partial n}+\frac{1}{R_1+R_2+\cdots+R_n}\left(\frac{R_1}{r_1}\cos\theta_1+\frac{R_2}{r_2}\cos\theta_2+\cdots+\frac{R_n}{r_n}\cos\theta_n\right)u=0 & \in\Gamma_\infty\\ u_1=u_2 & \in\Gamma\\ \sigma_1\frac{\partial u_1}{\partial n_1}+\sigma_2\frac{\partial u_2}{\partial n_2}=-\left(\sigma_1\frac{\partial u_0}{\partial n_1}+\sigma_2\frac{\partial u_0}{\partial n_2}\right) & \in\Gamma\end{cases} \tag{7-30}$$

式中，$R_1=r_2r_3\cdots r_n$，$R_2=r_1r_3\cdots r_n$，$\cdots$，$R_n=r_1r_2\cdots r_{n-1}$，其中 $r_1,r_2,\cdots,r_n$ 表示各点源到边界的距离；$\cos\theta_i(i=1,\cdots,n)$是区域边界外法线方向的单位矢量与各点源径向矢量 r_i 之间夹角的余弦。

与上述多点源场异常电位边值问题等价的变分问题为：

$$\begin{cases}F(u)=\int_{\Omega}\left[\frac{1}{2}\sigma(\nabla u)^2+\sigma'\nabla u_0\cdot\nabla u\right]\mathrm{d}\Omega+\int_{\Gamma_\infty}\left(\frac{\cos\theta}{R}\right)\cdot\left[\frac{1}{2}\sigma u^2+\sigma' u_0u\right]\mathrm{d}\Gamma\\ \delta F(u)=0\end{cases} \tag{7-31}$$

式中，$\frac{\cos\theta}{R}=\frac{1}{R_1+R_2+\cdots+R_n}\left(\frac{R_1}{r_1}\cos\theta_1+\frac{R_2}{r_2}\cos\theta_2+\cdots+\frac{R_n}{r_n}\cos\theta_n\right)$。

采用六面体单元和三线性插值对所研究区域进行剖分，将式(7-31)中区域 Ω 和边界 Γ_∞ 的积分分解为各子单元 e 和 Γ_e 的积分之和。

$$\begin{aligned}F(u)=&\sum_{\Omega}\int_e\frac{1}{2}\sigma(\nabla u)^2\mathrm{d}\Omega+\sum_{\Omega}\int_e[\sigma'\nabla u_0\cdot\nabla u]\mathrm{d}\Omega+\\&\sum_{\Gamma_\infty}\int_{\Gamma_e}\left[\frac{1}{2}\frac{\cos\theta}{R}\cdot\sigma^2\right]\mathrm{d}\Gamma+\sum_{\Gamma_\infty}\int_{\Gamma_e}\left[\frac{\cos\theta}{R}\cdot\sigma' u_0u\right]\mathrm{d}\Gamma\end{aligned} \tag{7-32}$$

母单元和子单元(图 7-3)两者的坐标关系为：

$$x=x_0+\frac{a}{2}\xi,\quad y=y_0+\frac{b}{2}\eta,z=z_0+\frac{c}{2}\zeta \tag{7-33}$$

式中，x_0,y_0,z_0 是六面体子单元的中点；a,b,c 是六面体三个边长。

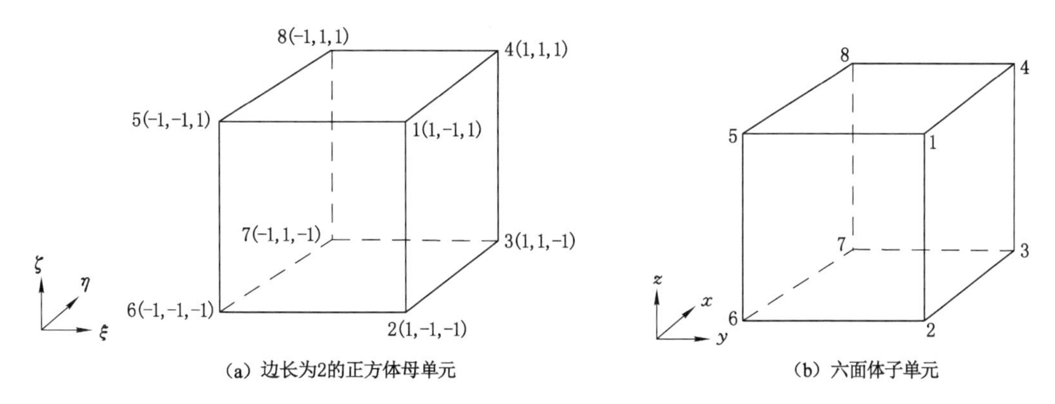

图 7-3　剖分单元示意图

母单元和子单元的微分关系为：

$$\mathrm{d}x=\frac{a}{2}\mathrm{d}\xi,\quad \mathrm{d}y=\frac{b}{2}\mathrm{d}\eta,\quad \mathrm{d}z=\frac{c}{2}\mathrm{d}\zeta,\quad \mathrm{d}x\mathrm{d}y\mathrm{d}z=\frac{abc}{8}\mathrm{d}\eta\mathrm{d}\xi\mathrm{d}\zeta \tag{7-34}$$

构造三线性插值形函数[56]为：

$$N_i=\frac{1}{8}(1+\xi_i\xi)(1+\eta_i\eta)(1+\zeta_i\zeta) \tag{7-35}$$

式中，ξ_i，η_i 和 ζ_i 是点 i 的坐标。

子单元上的 u 和三维坐标插值函数分别表示为：

$$u=\sum_{i=1}^{8}N_iu_i,\quad x=\sum_{i=1}^{8}N_ix_i,\quad y=\sum_{i=1}^{8}N_iy_i,\quad z=\sum_{i=1}^{8}N_iz_i \tag{7-36}$$

式中，$u_i(i=1,\cdots,8)$和$(x_i,y_i)(i=1,\cdots,8)$为六面体子单元 8 个顶点的待定函数值和坐标。

用规则六面体对全区域进行剖分，将式(7-32)中第一项在单元 e 上积分，得：

$$\int_e\frac{1}{2}\sigma(\nabla u)^2\mathrm{d}\Omega=\int_e\frac{1}{2}\sigma\left[\left(\frac{\partial u}{\partial x}\right)^2+\left(\frac{\partial u}{\partial y}\right)^2+\left(\frac{\partial u}{\partial z}\right)^2\right]\mathrm{d}x\mathrm{d}y\mathrm{d}z \tag{7-37}$$

u 对 x 求偏导：

$$\frac{\partial u}{\partial x}=\sum_{i=1}^{8}\frac{\partial N_i}{\partial x}u_i=\left(\frac{\partial N}{\partial X}\right)^{\mathrm{T}}U_e=U_e^{\mathrm{T}}\left(\frac{\partial N}{\partial X}\right) \tag{7-38}$$

式中，$U_e=(u_1,\cdots,u_8)^{\mathrm{T}}$，$\frac{\partial N}{\partial X}=\left(\frac{\partial N_1}{\partial x},\cdots,\frac{\partial N_8}{\partial x}\right)^{\mathrm{T}}$。所以有：

$$\left(\frac{\partial u}{\partial x}\right)^2=U_e^{\mathrm{T}}\left(\frac{\partial N}{\partial x}\right)\left(\frac{\partial N}{\partial x}\right)^{\mathrm{T}}U_e$$

同理：

$$\left(\frac{\partial u}{\partial y}\right)^2=U_e^{\mathrm{T}}\left(\frac{\partial N}{\partial y}\right)\left(\frac{\partial N}{\partial y}\right)^{\mathrm{T}}U_e$$

$$\left(\frac{\partial u}{\partial z}\right)^2=U_e^{\mathrm{T}}\left(\frac{\partial N}{\partial z}\right)\left(\frac{\partial N}{\partial z}\right)^{\mathrm{T}}U_e$$

则有：

$$\int_e\frac{1}{2}\sigma(\nabla u)^2\mathrm{d}\Omega=\frac{1}{2}U_e^{\mathrm{T}}(k_{1ij})U_e=\frac{\sigma}{2}U_e^{\mathrm{T}}K_{1e}U_e \tag{7-39}$$

式中，系数矩阵 $K_{1e}=(k_{1ij})=(k_{1ji})$，具体计算可参考文献[57]。

同理，式(7-32)中第二项在单元 e 上积分：

$$\int_e [\sigma' \nabla u_0 \cdot \nabla u] \mathrm{d}\Omega = \int_e \sigma' \left[\left(\frac{\partial u}{\partial x}\right)\left(\frac{\partial u_0}{\partial x}\right) + \left(\frac{\partial u}{\partial y}\right)\left(\frac{\partial u_0}{\partial x}\right) + \left(\frac{\partial u}{\partial z}\right)\left(\frac{\partial u_0}{\partial x}\right) \right] \mathrm{d}x\mathrm{d}y\mathrm{d}z$$
$$= \sigma' U_e^{\mathrm{T}} K_{1e} U_{0e} \tag{7-40}$$

式中，$U_{0e} = (u_{01}, \cdots, u_{08})^{\mathrm{T}}$。

将式(7-32)中第三项对无穷远边界 Γ_∞ 进行积分，设子单元 e 中一个面 2376 落在无穷远边界处，由于无穷远边界距离点源甚远，可将$\dfrac{\cos\theta}{R}$视为常数，则边界积分为：

$$\int_{2376} \left[\frac{1}{2} \frac{\cos\theta}{R} \cdot \sigma u^2 \right] \mathrm{d}\Gamma = \frac{\sigma}{2} U_e^{\mathrm{T}} K_{2e} U_e \tag{7-41}$$

式中，系数矩阵 $K_{2e} = (k_{2ij}) = (k_{2ji})$，具体计算可参考文献[57]。

同理，式(7-32)中第四项对无穷远边界 Γ_∞ 的积分，与第三项积分类似：

$$\int_{2376} \left[\frac{\cos\theta}{R} \cdot \sigma' u_0 u \right] \mathrm{d}\Gamma = \sigma' U_e^{\mathrm{T}} K_{2e} U_{0e} \tag{7-42}$$

在每个单元内，将式(7-39)至式(7-42)分别相加，计算出每个单元 e 内 $F_e(u)$ 的积分，再扩展成所有节点组成的矩阵，把全部单元积分 $F_e(u)$ 相加便可得到异常电位变分问题在区域 Ω 和边界 Γ_∞ 的积分：

$$F(u) = \sum F_e(u) = \sum \left[\frac{\sigma}{2} U_e^{\mathrm{T}} (K_{1e} + K_{2e}) U_e + \sigma' U_e^{\mathrm{T}} (K_{1e} + K_{2e}) U_{0e} \right]$$
$$= \sum \frac{1}{2} U_e^{\mathrm{T}} K_e U_e + \sum U_e^{\mathrm{T}} K'_e U_{0e} = \frac{1}{2} U^{\mathrm{T}} \sum \bar{K}_e U + U^{\mathrm{T}} \sum \bar{K}'_e U_0$$
$$= \frac{1}{2} U^{\mathrm{T}} K U + U^{\mathrm{T}} K' U_0 \tag{7-43}$$

式中，$K_e = \sigma(K_{1e} + K_{2e})$，$K'_e = \sigma'(K_{1e} + K_{2e})$；$U$ 和 U_0 分别是全体节点电位 u 和 u_0 组成的列向量；$\bar{K}_e$ 和$\bar{K}'_e$ 分别是 K_e 和 K'_e 的扩展矩阵；$K = \sum \bar{K}_e$ 和 $K' = \sum \bar{K}'_e$ 分别为异常电位和正常电位向量的总体系数矩阵。

对式(7-43)求变分，并令其为零，得到关于多点源场各单元节点异常电位的线性方程组：

$$KU = K'U_0 \tag{7-44}$$

求解式(7-44)，便可计算出空间约束电场异常电位所需的解，按式(7-11)求出每个节点的总电位(等于异常电位与正常电位之和)。其中正常电位可根据约束双频激电法电极组合方式来计算，设主电极(A_0)位于掘进断面中心处，四周有若干约束电极(A_i，$i=1,2,\cdots,n$)，在约束电极屏蔽下，主电极电场可近似认为沿掘进断面正前方半空间分布，则煤巷全空间任意节点的正常电位为：

$$u_0 = u_{A0} + \sum_{i=1}^{n} u_{Ai} = \frac{I_0 \rho_0}{2\pi r_{A0}} + \frac{I_s \rho_0}{4\pi} \sum_{i=1}^{n} \frac{1}{r_{Ai}} \tag{7-45}$$

式中，r_{A0}、r_{Ai}($i=1,\cdots,n$)分别为主电极和四周约束电极到空间任一节点的距离；I_0 为主电极电流；I_s 为约束电极电流；ρ_0 为点源处电阻率。

7.1.3 视幅频率和视电阻率参量计算

在双频激电法有限元数值模拟中，可采用 Cole-Cole 模型、复 Cole-Cole 模型或 Dias(迪亚斯)模型[58]分别在高低频率激发时响应得到的复电阻率值来替代煤巷掘进断面前方地质异常体的电阻率值。本书选用 Cole-Cole 模型进行计算,利用 Matlab 有限元数值模拟工具[59]求解模型空间各个节点的高低频电位差,最后计算表征煤巷围岩介质及地质异常体的激电效应参量视幅频率和视电阻率值,其计算表达式为:

$$F_s(\text{PFE})=\frac{\Delta U(f_L)-\Delta U(f_H)}{\Delta U(f_L)}\times 100\%,\quad \rho_s=K\frac{\Delta U}{I}\times 100\% \tag{7-46}$$

式中,$\Delta U(f_H)$和 $\Delta U(f_L)$分别为高低频电位差,K 为电极组合装置系数,ΔU 为等效电位差,I 为等效电流,ΔU 和 I 由电极组合装置系数决定。

7.1.4　数值模拟计算精度分析

(1) 煤巷均匀介质三维空间探测数值模拟算例分析

为验证有限单元法数值解的计算精度和有效性,建立煤巷均匀介质三维空间超前探测模型如图 7-4(a)所示,在断面上采用三极装置进行观测[图 7-4(b)],主电极 A 位于断面中心处,测量电极 N 距主电极 0.5 m,测量电极 M、N 间距为 1 m。设煤巷有效探测断面尺寸为 5 m×5 m,供电电流为 60 mA,频率 $f_H=1$ Hz,围岩介质的电阻率 $\rho_1=750\ \Omega\cdot\text{m}$,充电率 $m=6\%$,时间常数 $\tau=10$ s,频率相关系数 $c=0.6$,巷道腔体的电阻率 $\rho_2=1\times10^9\ \Omega\cdot\text{m}$(本章在未说明的情况下,煤巷围岩介质的电阻率 ρ_1、充电率 m、时间常数 τ、频率相关系数 c、巷道腔体的电阻率 ρ_2 均采用此值)。

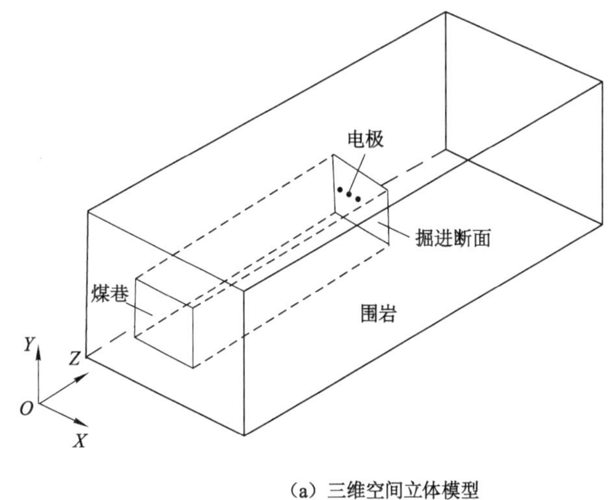

(a) 三维空间立体模型

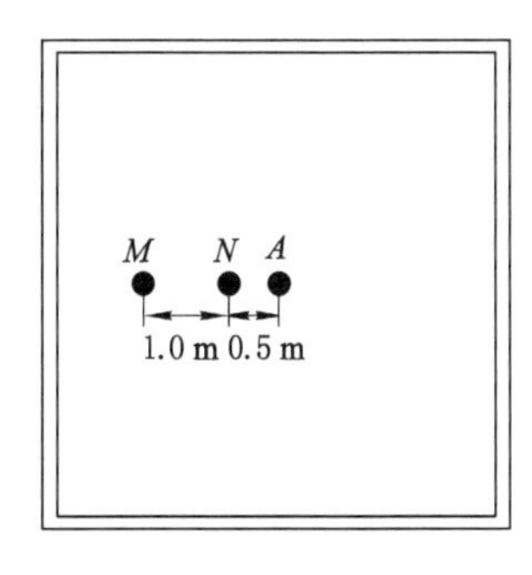

(b) 观测装置

图 7-4　煤巷均匀介质三维空间探测模型

在忽略巷道腔体的情况下,按式(7-45)计算测量电极 M、N 前方全空间解析解,得出每隔 2 m 的电位及电位差分布。数值解采用 60×60×30 网格单元进行剖分,将数值解与全空间解析解进行对比,M 点电位[图 7-5(a)]除断面上测量点具有较大误差外,其余各点数值解与解析解吻合较好,最大相对百分比误差不超过 4%;因断面上测点数值解受巷道腔体的影响,其值与全空间解析解(忽略巷道腔体的影响)相比相对误差可达 15%,因此在图 7-5(b) M、N 点电位差数值解和解析解对比中,剔除断面上测点,此时断面前方其余各点 M、N 电位差数值解和解析解最大误差不超过 5%,误差完全满足数值模拟计算精度要求。

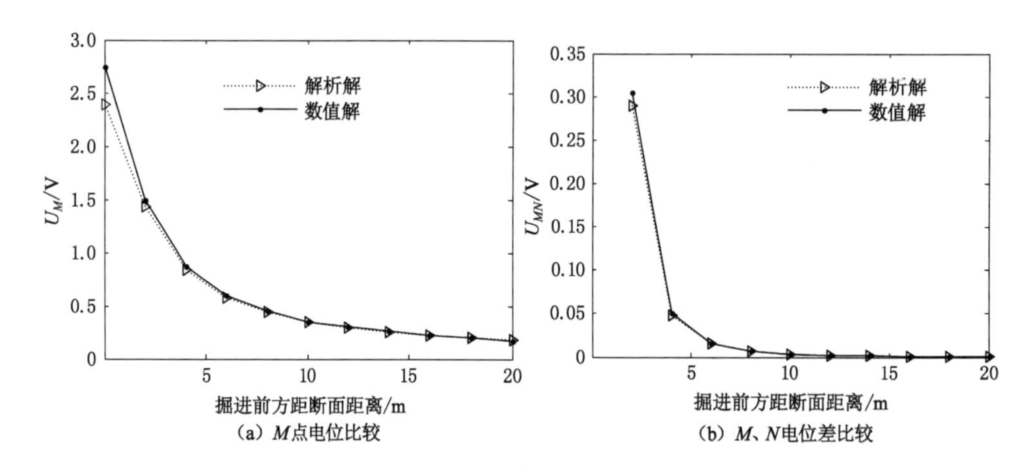

图 7-5　三维空间均匀介质数值解与解析解对比

(2) 煤巷三维空间含水地质构造探测数值模拟算例分析

为进一步验证数值解计算的可靠性,搭建煤巷三维空间含水地质构造探测模型如图 7-6 所示。设煤巷围岩介质性质、观测装置和供电电流保持不变(同上),含水异常体位于掘进断面正前方 20 m 处,边长为 10 m×10 m,厚度为 2 m,电阻率 $\rho_3=25\ \Omega\cdot\text{m}$,供电电流为 60 mA。因全空间为非均匀介质,在忽略巷道腔体时,测量电极 M、N 前方全空间电位分布解析解按文献[60]方法计算,得出每隔 2 m 的电位及电位差分布。数值解仍采用 60×60×30 网格单元进行剖分,得到 M 点电位数值解与全空间解析解,如图 7-7(a)所示。同样,在不考虑受巷道腔体影响的断面上测点时,其余测点数值解与解析解吻合较好,最大误差不超过 4%,此时 M、N 点电位差不超过 6%[图 7-7(b)],即对异常地质构造探测数值解同样具有较高的计算精度。

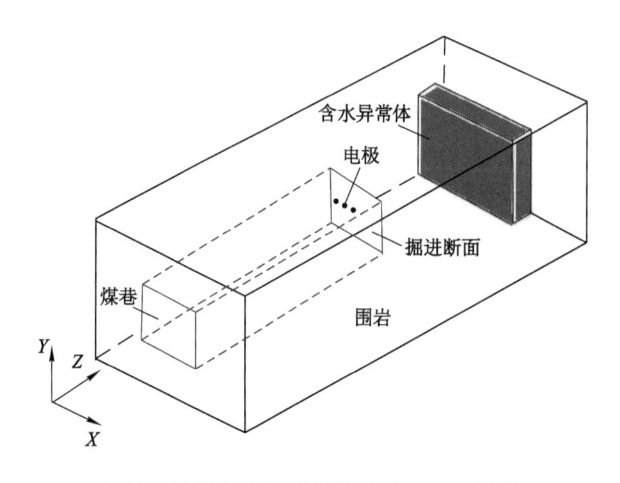

图 7-6　煤巷含水地质构造三维空间探测模型

比较三维空间均匀介质和含水地质构造探测数值解与解析解计算结果可知,采用有限单元法计算地电模型的数值解具有较高的精度和可靠性,完全满足数值正演计算精度要求,能够用于开展不同异常地质构造煤巷约束效应探测数值模拟研究。

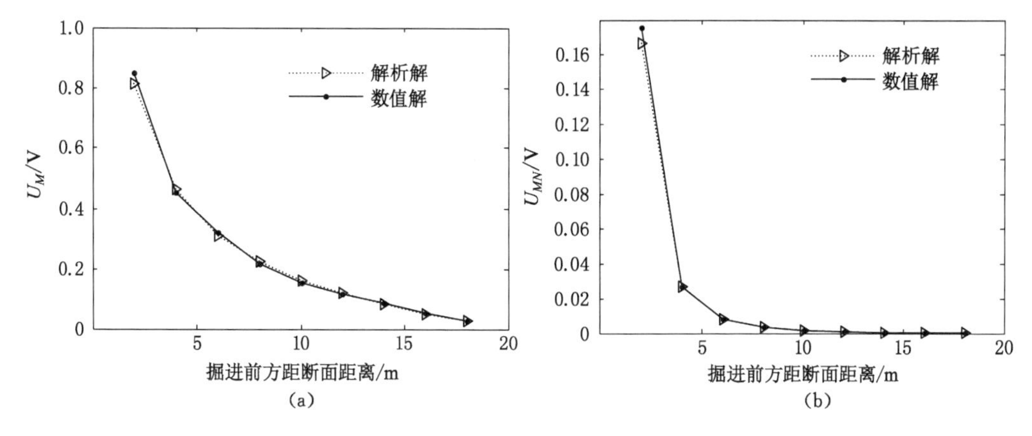

图 7-7　三维空间含水地质构造数值解与解析解对比

7.2　探测电极组合装置设计

煤巷地质环境复杂，电极装置合理布置，是地质异常信息资料准确解释及解释软件开发的关键。不同的电极组合装置设计对掘进前方探测电场的探测深度和探测位置有很大影响，本节针对发射电极数目、测量电极观测装置、约束电极约束平面方位及与主电极相对位置、主电极与约束电极间屏流比系数等问题进行研究，根据同性双点电源电流约束探测机理，分析不同电极组合方式约束探测效果。此研究可为约束双频激电法在超前探测领域的成功应用提供理论依据与技术支持。

7.2.1　确定发射电极数目

动态电场激励法发送机可同时输出五路双频调制方波电流，其中一路通过断面中心处主电极 A 形成探测电场，其余四路对称布置在主电极四周，通过约束电极 B 形成约束电场，所有接地电极均连接到巷道后方无穷远处。在探测过程中，按一次性同时使用输出路数划分，把布极装置分为三路约束装置(图 7-8)和五路约束装置(图 7-9)。为减小接地电阻，相对提高发射电极电流强度，约束电极可两根并联接地使用，于是按约束电极使用数目可将三路约束装置细分为三路约束三极布极装置[图 7-8(a)]和三路约束五极布极装置[图 7-8(b)]；同理，将五路约束装置细分为五路约束五极布极装置[图 7-9(a)]和五路约束九极布极装置[图 7-9(b)]。

为确定发射电极数目，分别对这四种布极方式的空间探测效果进行分析。设在均匀介质煤巷空间中，以断面中心为原点 O 建立如图 7-4 所示的三维空间探测模型，取主电极发射电流为 60 mA，频率 $f_H=1$ Hz。为使电场沿掘进面正前方(Z 正向)约束探测，各约束电极电流强度必须相等，即屏流比 $\lambda=1$，采用 60×60×30 网格单元进行剖分，模拟煤巷三维场空间电场分布，在掘进面正前方沿 YOZ 平面形成的空间电流密度分布如图 7-10 所示。从图中可以看出，三路约束三极布极装置和二路约束五极布极装置沿 YOZ 平面形成的空间电流密度分布近似相等；同理，五路约束五极布极装置和五路约束九极布极装置沿 YOZ 平面形成的空间电流密度分布也近似相等，即说明在发射电流相同条件下，断面前方空间电流密

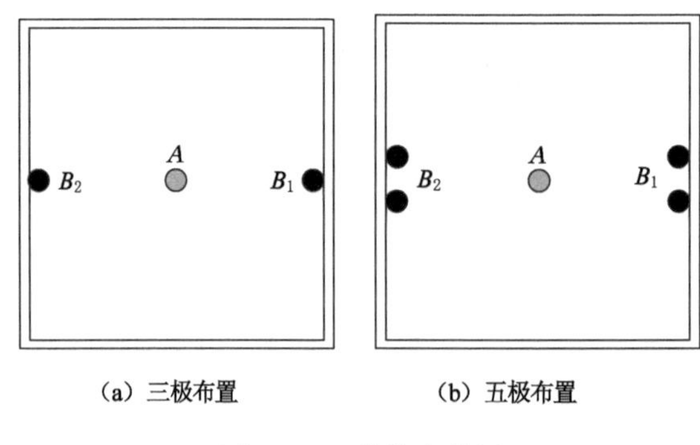

(a) 三极布置　　(b) 五极布置

图 7-8　三路约束装置

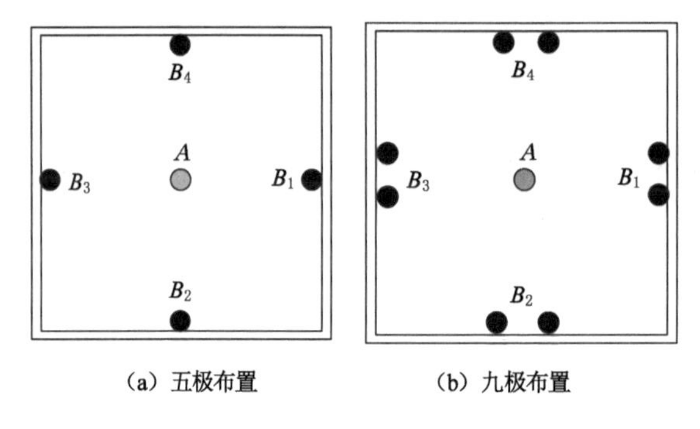

(a) 五极布置　　(b) 九极布置

图 7-9　五路约束装置

度分布由发射电流的路数决定，而与约束电极是否并联及约束电极使用根数无关，这与并联接地理论是一致的。同时从图中还可以看出，沿掘进断面正前方五路约束装置空间电流密度衰减明要显小于三路约束装置，说明五路约束装置在断面前方形成的探测电场约束效果较好。

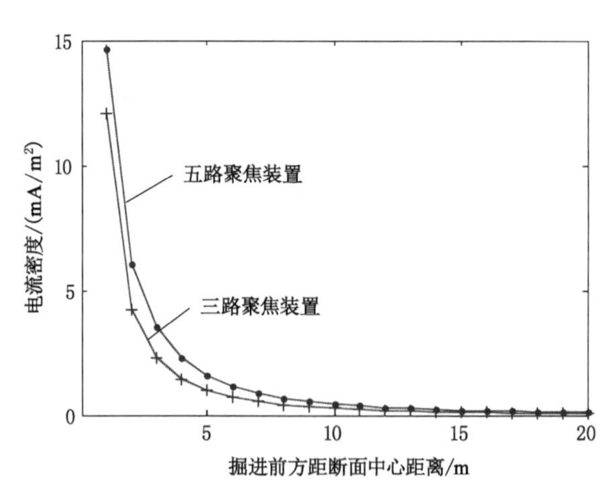

图 7-10　沿掘进面正前方不同约束装置电流密度分布

现对这两种约束装置空间电位分布进行分析，三路约束装置和五路约束装置约束电场模拟结果分别如图 7-11 和图 7-12 所示。在掘进断面电位分布图上，等值线表示电位，箭头表示该点的电场方向[图 7-11(a)和图 7-12(a)]；沿掘进方向三维空间电位分布如图 7-11(b)和图 7-12(b)所示，其中用不同颜色表示不同的等值线电位，分别在距掘进断面 0 m、3 m 和 6 m 处进行切片，在切片图上，等值线电位沿掘进断面中心线对称分布，在 3 m 处的切片图上可以明显看出五路约束装置比三路约束装置的电位线明显要密，说明五路约束装置约束电极对主电极“包围”更加严密，在断面前方形成的探测电场“穿透性”更强，探测电场空间立体角 Ω 远小于三路约束装置，即五路约束装置空间探测电场具有较好的约束效应。

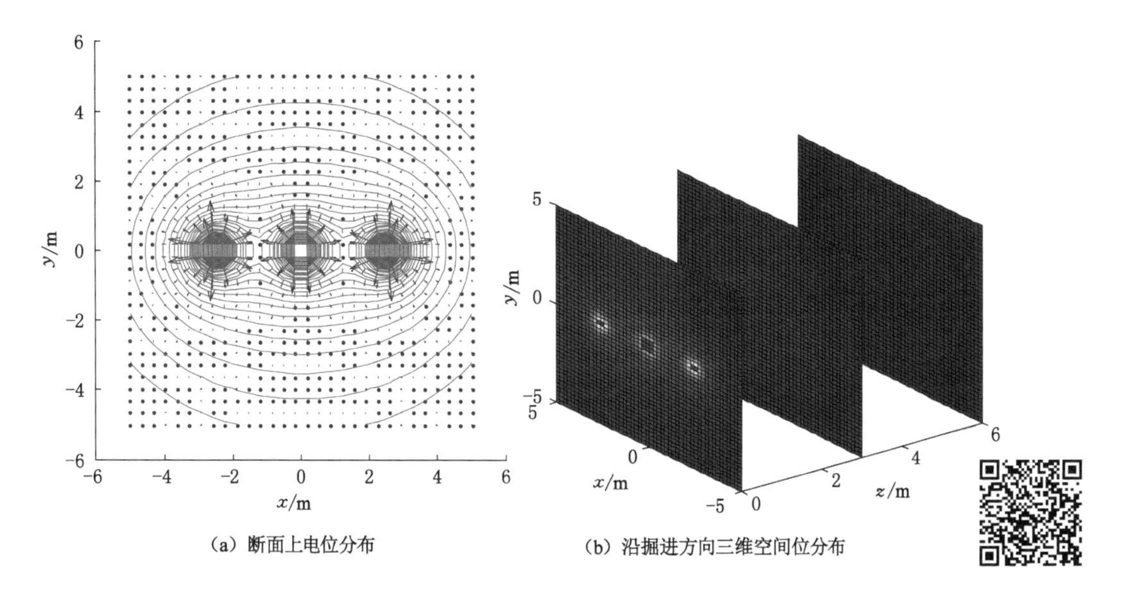

图 7-11　三路约束装置电位分布

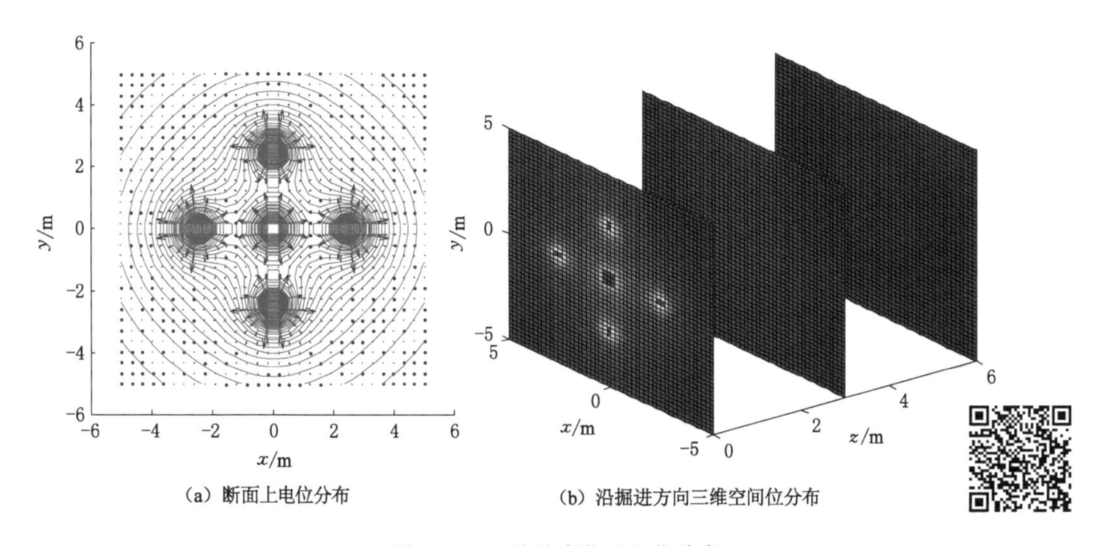

图 7-12　五路约束装置电位分布

因此，在煤巷超前探测时，选用五路约束五极布置装置或五路约束九极布置。在接地电阻不太大的情况下，为节省布极时间，提高探测效率，优先选用五路约束五极布置。当约束电极接地电阻过大时,可以考虑五路约束九极布置,且必须满足电极并联接地要求,即保持两并联约束电极间距为 1 m。

7.2.2 确定测量电极观测装置

掘进断面前方地质构造激电信息可通过测量电极检测电位或电位差来进行计算,以五路约束五极布置为例,测量电极布置在掘进断面上,可采用二极装置[图 7-13(a)]或三极装置[图 7-13(b)]进行观测。所谓二极装置是通过测量电极测量电位来计算视电阻率和视幅频率,测量电极一端 M 置于掘进断面上,另一端 N 和接地电极 B 一样置于巷道后方无穷远处;所谓三极观测装置是通过测量电极测量电位差来计算视电阻率和视幅频率,测量电极 M 和 N 均置于掘进断面上进行观测。

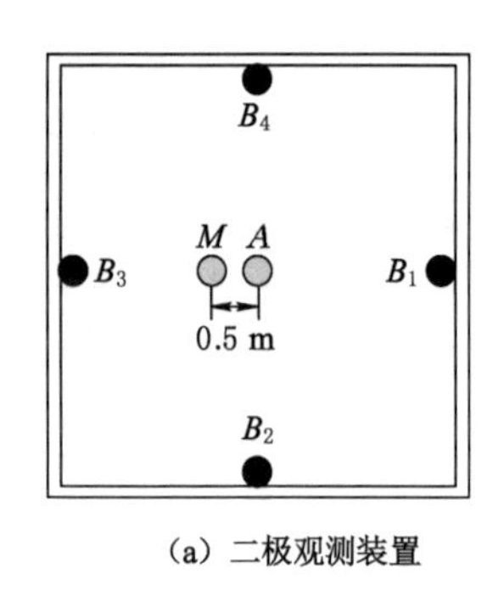

(a) 二极观测装置

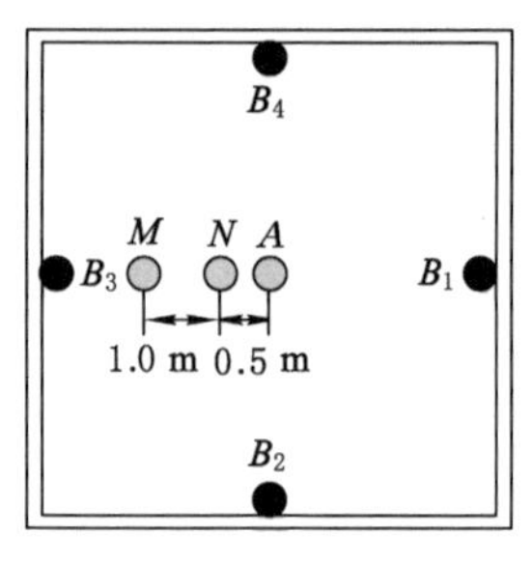

(b) 三极观测装置

图 7-13 断面上观测电极布置

现以图 7-4 所示的煤巷均质三维空间探测模型为例,改变主电极发射电流,使其在 10~100 mA 范围变化,频率 $f_H=1$ Hz,屏流比 $\lambda=1$,仍采用 60×60×30 网格单元进行剖分,对断面上电位分布进行数值模拟计算分析。分别采用二极观测装置和三极观测装置进行测量。在二极观测装置条件下,使测量电极 M 距断面中心距离分别为 $MA=0.5$ m 和 $MA=1.0$ m;在三极观测装置条件下,使测量电极间距分别为 $MN=1.0$ m 和 $MN=1.5$ m,得到不同情况下的电位和电位差随电流变化曲线如图 7-14 所示。从图中可以看出,当采用二极装置进行测量时,观测电位随电流的增加已远超过探测仪接收机测量上限 10 V,而采用三极装置进行测量时,观测到的电位差在发射电流达 100 mA 时,其最大值不超过 6 V,因此,煤巷实际探测时适合采用三极装置进行观测。

7.2.3 确定约束电极方位

约束电极所在平面与主电极所在平面可同时布置在掘进断面上,也可在不同平面上。当约束电极所在平面位于掘进断面前方时,主电极仍布置在掘进断面中心处,约束电极对称布置在巷道壁四周,布置方式如图 7-15(a)所示;当约束电极和主电极均在掘进断面上时,约束电极可布置在断面和巷道壁相交的四个顶角位置[图 7-15(c)],也可布置在断面四边的中点处,即沿着一个菱形轨迹边的顶点处[图 7-15(b)]。以图 7-6 所示的煤巷含水地质构造三维空间探测模型为例,分别分析三种约束电极布置方式异常激电效应约束探测效果。设主电极发射电流在 10~100 mA 范围变化,发射高低频率分别为 $f_H=1$ Hz、$f_L=\frac{1}{13}$Hz,屏流

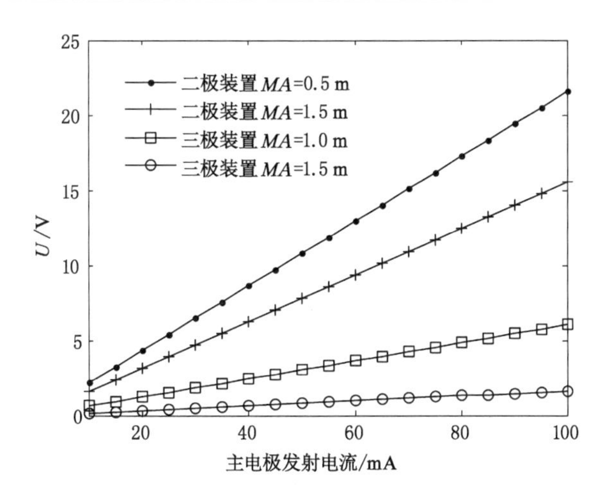

图 7-14　断面上观测电位及电位差随电流变化曲线

比 $\lambda=1$，以图 7-13(b)所示三极装置进行观测，使测量电极间距 $MN=1.0$ m，采用 60×60×30 个网格单元进行区域剖分，模拟计算不同电流激发时产生的高低频电位差值，得到的视电阻率和视幅频率随电流变化曲线如图 7-16 所示。

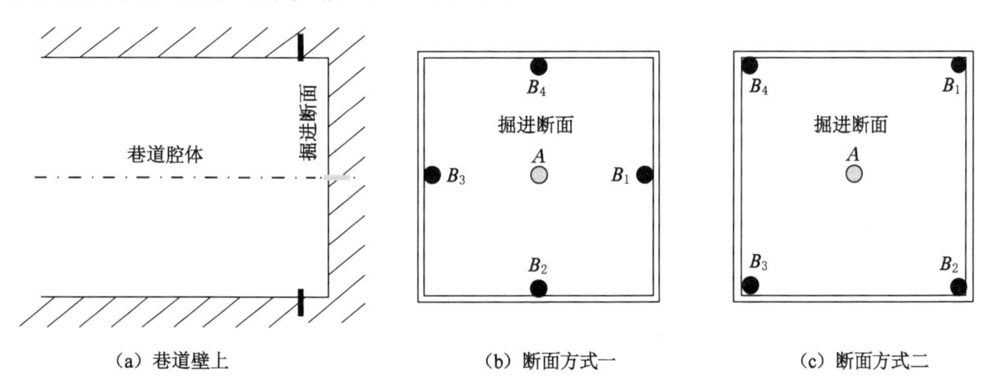

图 7-15　约束电极布置方位

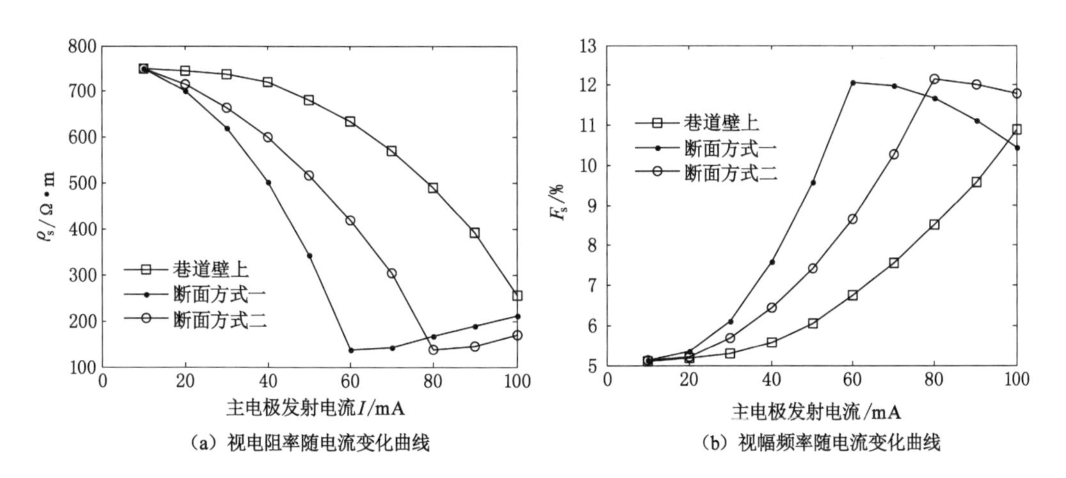

图 7-16　约束电极不同方位视电阻率和视幅频率随电流变化曲线

在图 7-16(a)所示的视电阻率变化曲线中，开始时三种约束电极布置方式视电阻率均随电流的增加而减小，说明随电流的增加，掘进断面前方空间探测电流场逐渐靠近含水异常体，即三种约束方式随电流的增加空间探测电流场的约束效应均有所增强，然而三种约束方式视电阻率下降梯度明显不同：断面方式一＞断面方式二＞巷道壁上。当发射电流达到 60 mA 时，按断面方式一布置的约束电极的视电阻率首先达到极小值，即此种约束方式探测电流场已接近含水异常体，且随电流的增加，视电阻率略有增加；当发射电流达到 80 mA 时，按断面方式二布置的约束电极的视电阻率达到极小值，且随电流的增加，视电阻率增加不明显；当发射电流达到 100 mA 时，按巷道壁上布置约束电极的视电阻率仍在减小，尚未达到极值点。这说明在发射电流强度相同情况下，按断面方式一布置约束电极的约束效果最好，探测电场可在断面前方形成较强的约束效应，其次是按断面方式二布置约束电极，按巷道壁上布置约束电极的约束效果最差。同时，从视电阻率曲线的极值点处还可以看出，当按断面方式一和断面方式二布置约束电极时，探测电流场均可穿过含水异常体，且视电阻率的极值近似相等，随发射电流的增加，约束效应增强，探测电流场已完全“跨过”含水异常体，此时越过极值点处的视电阻率增加幅度不明显，断面方式一视电阻率增加幅度略大于断面方式二，说明低阻体对探测电流具有屏蔽效应，这与低阻体对电流具有吸引作用的理论一致，同时也说明了按断面方式一布置约束电极相对断面方式二而言探测电流具有较强的穿透低阻体的能力，即按断面方式一布置约束电极能够形成较强的约束效应。

在图 7-16(b)所示的视幅频率变化曲线中，开始时三种约束电极布置方式视幅频率均随电流的增加而增加，且视幅频率幅值上升斜率：断面方式一＞断面方式二＞巷道壁上。当发射电流达到 60 mA 时，按断面方式一布置的约束电极视幅频率首先达到极值点；当发射电流继续增加到 80 mA 时，按断面方式二布置的约束电极刚开始达到极值点；当发射电流增加到 100 mA 时，按巷道壁上布置约束电极的视幅频率仍在增加，尚未达到极值点。这同样说明在发射电流强度相同情况下，按断面方式一布置约束电极的约束效果最好，其次是按断面方式二布置约束电极，按巷道壁上布置约束电极的约束效果最差。当探测电流场穿过含水异常体时，随电流的增加，视幅率从极值点处开始下降，但下降幅度不明显，且幅值下降梯度断面方式一略大于断面方式二，亦说明按断面方式一布置约束电极具有较强的穿透低阻体的能力，能够形成更好的约束效应。

综合比较上述三种约束电极布置方案，按断面方式一和断面方式二布置约束电极能够形成较好的约束效应，考虑按断面方式二布置约束电极时，掘进断面和巷道壁交角会对探测效果产生影响，且给实际布置电极带来困难，故优先选用断面方式一布置约束电极。

7.2.4 确定屏流比系数

主电极发射电流与约束电极发射电流之比称为屏流比 λ，屏流比不同，约束电极对主电极的约束作用不同，在断面前方形成的探测电流场的约束效果也就不同。因探测仪发送机发射电流幅值范围为 10～200 mA，故屏流比 λ 的取值范围不能太大，一般为 1/2～2，现分别取 λ 为 1∶2、1∶1、2∶1 三种情况时，以图 7-6 所示的煤巷含水地质构造三维空间探测模型为例，分析异常激电效应约束探测效果。设主电极发射电流在 10～100 mA 范围变化，发射频率分别为 $f_H=1$ Hz、$f_L=\frac{1}{13}$Hz，以图 7-13(b)所示三极装置进行观测，使测量电极间距

MN=1.0 m，仍采用 60×60×30 个网格单元进行区域剖分，模拟计算视电阻率和视幅频率随电流变化曲线，如图 7-17 所示。

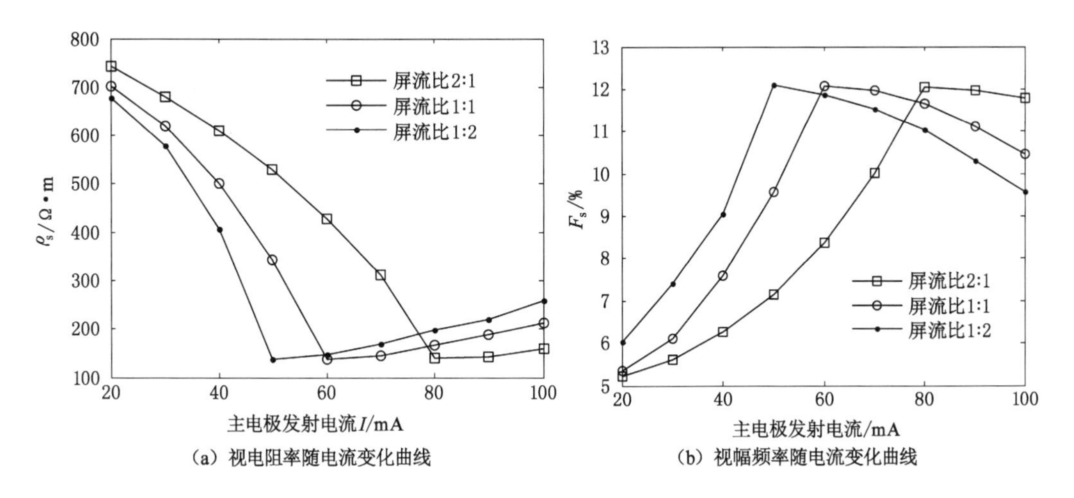

图 7-17　不同屏流比系数视电阻率和视幅频率随电流变化曲线

随发射电流的增加，在屏流比 λ 取不同值时，空间探测电流场约束效应显著增强，视电阻率逐渐减小，而视幅频率逐渐增加，当发射电流达 50 mA 时，屏流比为 1∶2 探测时视电阻率先达到极小值，相应视幅频率达到极大值；当发射电流达 60 mA 时，屏流比为 1∶1 探测时视电阻率达到极小值，相应视幅频率达到极大值；当发射电流达 80 mA 时，屏流比为 2∶1 探测时视电阻率刚开始达到极小值，相应视幅频率达到极大值。这说明屏流比为 1∶2 探测时约束效果优于屏流比为 1∶1 情况，屏流比为 2∶1 探测时约束效果相对较差。

由图 7-17(a)视电阻率和图 7-17(b)视幅频率随电流变化曲线还可以看出，在视电阻率达极值点前，相同电流条件下，三种屏流比探测时视电阻率下降梯度：屏流比 1∶2＞屏流比 1∶1＞屏流比 2∶1，相应视幅频率幅值上升斜率：屏流比 1∶2＞屏流比 1∶1＞屏流比 2∶1。随发射电流的增加，当探测电流“跨过”含水异常体后，视电阻率均略有上升，且视电阻率幅值上升斜率：屏流比 1∶2＞屏流比 1∶1＞屏流比 2∶1，相应视幅频率略有下降，且视幅频率下降梯度：屏流比 1∶2＞屏流比 1∶1＞屏流比 2∶1。这说明屏流比 1∶2 探测时具有较强的穿透低阻体的能力，能够形成良好的约束效应。因此，选用屏流比 1∶2 开展煤巷约束双频激电效应探测。

第8章　煤巷含水地质构造探测物理模型试验研究

8.1　煤巷含水地质构造探测阻容模型试验模拟

煤矿围岩地质工况复杂，常受强电磁干扰环境影响，现有的频域激电仪仅用于地面或隧道探测，尚未应用于煤矿井下。为弄清煤巷围岩介质及含水异常体的激发极化特性，验证约束双频激电法原理样机的准确性和可靠性，创设约束双频激电法煤巷综掘探测技术。本节基于阻容模型网络，针对煤巷含水地质构造开展约束双频激电效应探测试验模拟，进而得出含水地质构造激发极化特性变化规律。

8.1.1　构造含水地质构造物理模型

我国煤矿多为井工开采，存在多种自然灾害。在煤矿五大灾害中，水害成为威胁煤矿安全生产的重要因素。不同地区赋存的地质与水文地质条件不同，矿井水害类型差别较大，目前占主导位置的水害类型主要有4种：主采煤层底板高承压岩溶水突水水害、主采煤层顶板砂岩及其松散层孔隙水透水水害、废弃小煤窑及老空区水溃水水害与地表水倒灌充水水害。根据这几种地质灾害矿井突水特征，结合煤巷探测实际，设 S 为沿巷道探测有效断面积，煤巷掘进面大小一般为 3.5 m×4 m=14 m^2，考虑到探测断面积 S 应大于掘进断面积，取探测有效断面积为 5 m×5 m=25 m^2，构造典型含水构造理想物理模型，如图 8-1 所示。

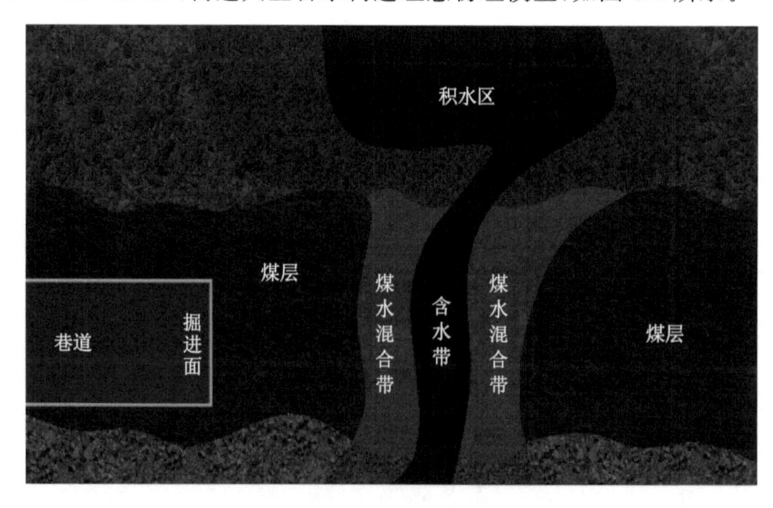

图 8-1　煤巷含水地质构造物理模型

8.1.2　有害地质构造等效阻容网络激电效应模拟测试方案设计

(1) 典型有害地质构造探测等效阻容网络模型

根据约束双频激电法超前探测机理，在电场约束效应下，与其他约束电法相类似，电流场像探照灯一样主要沿掘进断面正前方向传播，沿掘进面正前方电流密度远大于其四周围岩的电流密度。此时，试验模拟探测仅考虑沿掘进断面正前方的煤巷地质构造，而忽略其周围围岩的影响。

大量野外和室内观测资料表明，石墨和含碳岩石电子导体、地下水离子导体具有各不相同的激发极化性质和特点，从微观上看，都具有面极化特性，即把煤巷围岩介质的激发极化特性看作面极化。在阶跃电流激发下，面极化体有一个充电和放电过程，其阻抗是充电时间和放电时间的函数。面极化阻抗的复电阻率频率特性可表示为：

$$k(\mathrm{i}\omega) = \left[\frac{1}{k_0} + (\mathrm{i}\omega x)^c\right]^{-1} \tag{8-1}$$

式中，k_0 为充电达饱和时界面的面电阻，x 为界面的面电容，c 为频率相关系数。即面极化复阻抗可用一个面电阻 k_0 与面电抗$(\mathrm{i}\omega x)^{-c}$的并联来等效。

因面极化体的物理化学特性与双电层电容器的工作机理极其相似，掘进断面前方的煤巷围岩介质可看成无穷多个面极化体的串联组合，即无穷多个电阻与双电层电容的组合，且双电层电容串并联与传统静电电容串并联规律基本相同。

根据含水地质构造物理模型，搭建煤巷综掘探测地电测试模型，如图 8-2 所示。设距掘进断面正前方 50 m 处存在一定规模的含水异常体，采用电阻率剖面法(二极装置)进行测量。发射主电极 A 布置在掘进断面中心处，作为阻容模型的正向输入端，四周为约束电极；设约束探测电场能向掘进断面正前方传播 60 m 远，接地电极 $B(N)$ 位于巷道后方无穷远处，测量电极 M 可在掘进断面上或巷道后方移动。根据三维空间电流场电位分布性质，掘进断面前方 60 m 处方位的 $B'(N')$ 的电位可与无穷远处接地电极 $B(N)$ 等效，作为阻容模型的负向输入端(测量输出一端)；在掘进断面上或巷道后方某一方位处移动的测量电极 M 检测的电位总可以与掘进前方某一处 M' 的电位等效，作为阻容模型的输出另一端。通过移动测量电极 M，使其等效电位 M' 在 A 与 $B'(N')$ 两端移动，设测量电极 M 从距掘进断面(主电极 A)5 m 处开始测量，每隔 2～5 m 测量一次，则其等效电位 M' 逐渐靠近异常体，随等效电位 M' 的变化，AM' 段和 $M'N'$ 段煤层阻容值大小也随之发生变化，但异常体的阻性和容性保持不变，构造典型含水地质构造等效阻容网络模型如图 8-3(a)所示。按掘进断面正前方含水地质构造规模大小不同，常见典型异常体组合方式有水异常体和水＋煤组合异常体两种[图 8-3(b)和(c)]。

(2) 煤巷围岩介质阻容模型参量确定

等效阻容网络模型煤层和水异常体的等效电阻大小可按电阻公式定义来计算：

$$R = \rho \frac{L}{S} \tag{8-2}$$

取煤层电阻率 ρ_C 为 750 Ω·m，矿井水的电阻率 ρ_W 为 25 Ω·m。计算得到断面积 S 为 25 m^2、长 L 为 1 m 的煤层和水的电阻分别为 30 Ω 和 1 Ω。

等效阻容网络模型中煤层等效双电层电容器面电容大小可根据炭质及含碳岩石激发极

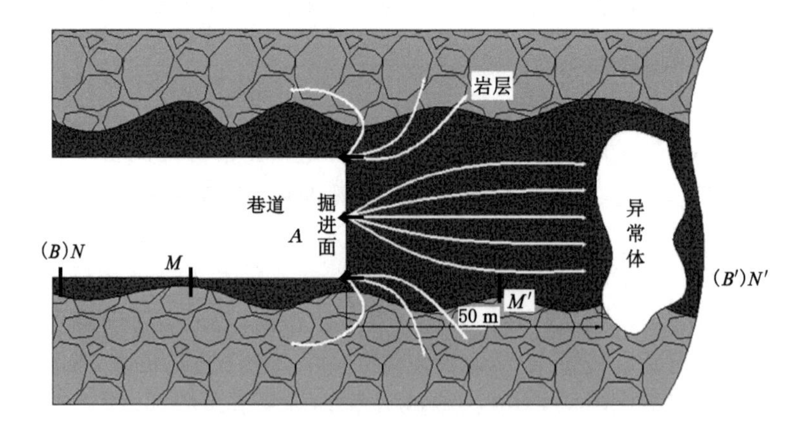

图 8-2 典型含水地质构造探测地电测试模型

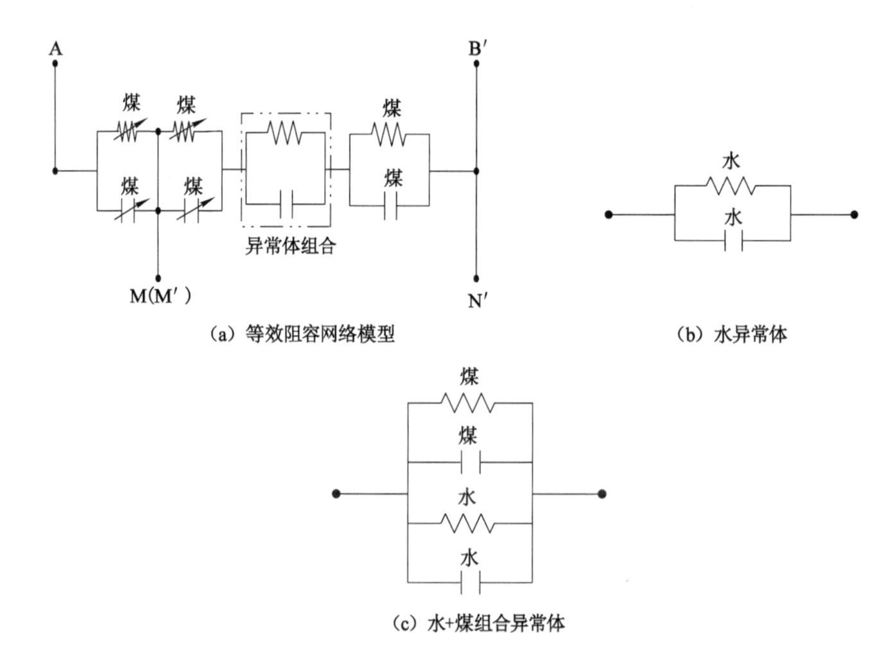

图 8-3 含水地质构造等效阻容网络模型

化效应视幅频率 F_s(FFE)值来估算。在式(8-1)中,面极化阻抗的幅值谱为:

$$|k(\omega)| = \frac{k_0}{\sqrt{1 + {k_0}^2(\omega x)^{2c} + 2k_0(\omega x)\cos\frac{\pi c}{2}}} \tag{8-3}$$

由视幅频率 F_s 的定义有:

$$F_s = \frac{V_L - V_H}{V_L} = \frac{I \times |k(\omega_L)| - I \times |k(\omega_H)|}{I \times |k(\omega_L)|} = \frac{|k(\omega_L)| - |k(\omega_H)|}{|k(\omega_L)|} \tag{8-4}$$

式中,V_L 为测量低频电位差,V_H 为测量高频电位差,I 为探测仪发射电流,$|k(\omega_L)|$ 为低频阻抗幅值,$|k(\omega_H)|$ 为高频阻抗幅值。

炭质及含碳岩石极化率可在 1%～10%数量级范围变化，且视幅频率 F_s 要小于视极化率。频率相关系数 c 值一般在 0.1 和 0.6 之间，而面极化体的频率相关系数 c 值相对较大，约在 0.5～1 范围内。现以断面积为 25 m^2、长为 1 m 的煤层为研究对象，设视幅频率 F_s 在 5%～6%范围变化，频率相关系数 c 取为 0.6，在频点 $f_L=\frac{1}{13}$ Hz、$f_H=13$ Hz 处通过公式(8-4)可估算出煤层等效双电层面电容为 13.5～21 μF。因矿井水的相对介电常数约为 80，一般煤层的相对介电常数约为 3，根据平行板电容器计算公式对含水地质构造与煤层进行类比，估算含水地质构造等效双电层面电容一般为 360～560 μF。因此，取断面积为 25 m^2、长为 1 m 的煤层、含水异常体的面电容分别为 15 μF、400 μF。

8.1.3　阻容网络模型激电效应试验与结果分析

(1) 算例 1

设在掘进断面正前方 50 m 处存在断面积为 25 m^2、长为 1 m 的含水地质构造(异常体 1)。根据含水地质构造等效阻容网络模型，搭建含水地质构造激电效应测试装置，测试原理如图 8-4 所示。以超前探测仪样机发送机发射幅值强度为 10 mA、频率为 1/13 Hz 和 1 Hz 调制方波电流为激励，由接收机进行数据采集与处理。试验从距掘进断面 5 m 处开始测量，移动测量电极 M，模拟测量电极远离掘进断面时(即靠近异常体)，使 AM 端煤层电阻 R1 线性增加，MN'端煤层电阻 R2 线性减小，相反使 AM 端煤层双电层电容 C1 线性减小，MN'端煤层双电层电容 C2 线性增加，含水异常体和异常体后方的煤层阻性和容性保持不变。每隔 2～5 m 测量一次，分别在不同测点处测量高低频电位差 V_H 和 V_L 值，计算视幅频率 F_s 和视电阻率 ρ_s，试验测量数据及处理结果如表 8-1 所列。野外实际测量时用高频电位差 V_H 计算视电阻率，因阻容网络模型试验模拟与电极排列形式(或电极装置)类型无关，故视电阻率 ρ_s 计算不考虑装置系数，按电阻定义计算：

$$\rho_s=\frac{R_c S}{l}=\frac{V_H\times\frac{13}{12}\times S}{Il} \tag{8-5}$$

式中，R_c 为 MN'两端的测量电阻，Ω；S 为掘进断面积，m^2；I 为方波电流幅值，mA；l 为测点 M 距异常体的距离，m；V_H 为高频电位差，mV。

表 8-1　算例 1 含水地质构造激电效应试验数据

距掘进断面距离/m	5	10	15	20	25	30	35	40	45	48
低频电位差 V_L/mV	9 541.7	8 481.5	7 421.3	6 361.1	5 300.9	4 240.7	3 180.6	2 120.3	1 060.1	424.1
高频电位差 V_H/mV	7 966.9	7 080.5	6 194.0	5 307.6	4 421.2	3 534.9	2 648.5	1 762.1	876.1	345.7
视幅频率 F_s/%	9.55	9.56	9.58	9.61	9.64	9.70	9.79	9.97	10.47	11.68
测量电阻 R_c/Ω	863.1	767.1	671.0	575.0	479.0	382.9	286.9	190.9	94.9	37.5
视电阻率 ρ_s/Ω·m	469.1	467.7	466.0	463.7	460.5	455.9	448.3	433.9	395.5	312.1

(2) 算例 2

现把含水地质构造规模变小，设掘进断面正前方 50 m 处存在断面积为 12.5 m^2、长为 1 m 的含水地质构造(异常体 2)，将图 8-4 水异常体变为水+煤异常组合体，重复上述试验。

此时含水异常体的电阻取为 2 Ω，面电容（双电层电容）取为 200 μF，试验测量数据及处理结果如表 8-2 所列。

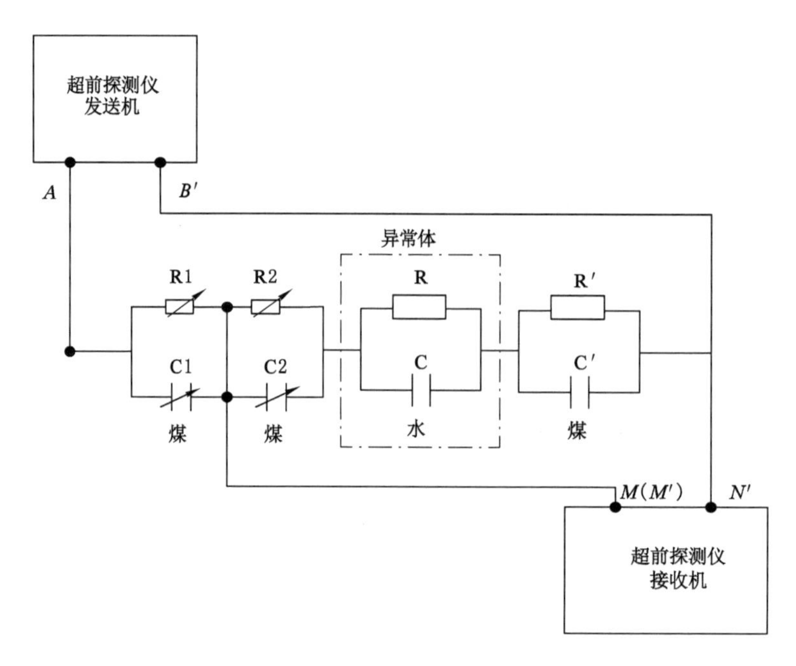

图 8-4　含水地质构造激电效应测试原理

表 8-2　算例 2 含水地质构造激电效应试验数据

距掘进断面距离/m	5	10	15	20	25	30	35	40	45	48
低频电位差 V_L/mV	9 542.9	8 482.7	7 422.3	6 362.0	5 301.7	4 241.2	3 181.0	2 120.7	1 060.4	424.1
高频电位差 V_H/mV	8 135.9	7 230.2	6 324.5	5 418.8	4513.0	3 607.4	2 702.0	1 796.8	892.9	354.9
视幅频率 F_s/%	7.64	7.66	7.69	7.73	7.78	7.86	7.98	8.21	8.78	9.35
测量电阻 R_c/Ω	881.4	783.3	685.2	587.0	488.9	390.8	292.7	194.7	96.7	38.4
视电阻率 ρ_s/Ω·m	479.0	477.6	475.8	473.4	470.1	465.2	457.4	442.4	403.0	320.4

在不同测点处，利用 Matlab 软件分别对两种不同规模含水地质构造（异常体 1 和异常体 2）的视幅频率 F_s 和视电阻率 ρ_s 值进行曲线拟合，如图 8-5 所示。从图 8-5 中可以看出，当掘进断面前方 50 m 处存在含水异常体时，视幅频率 F_s 值随测点距掘进断面距离的增加而增大，而视电阻率 ρ_s 值随测点距掘进断面距离的增加而减小，即测量电极越靠近含水异常体，视幅频率 F_s 值越大，视电阻率 ρ_s 值越小。当含水异常体的规模由大变小时，在相同测点处，视幅频率 F_s 值相对减小，而视电阻率 ρ_s 值相对变大，且视幅频率 F_s 值变化较为明显。在测点距异常体 2 m 处时，测得的视幅频率 F_s 值由 11.68%变为 9.35%，而视电阻率 ρ_s 值由 312.07 Ω·m 变为 320.37 Ω·m，即测量视幅频率 F_s 值对异常体规模大小变化较为敏感。

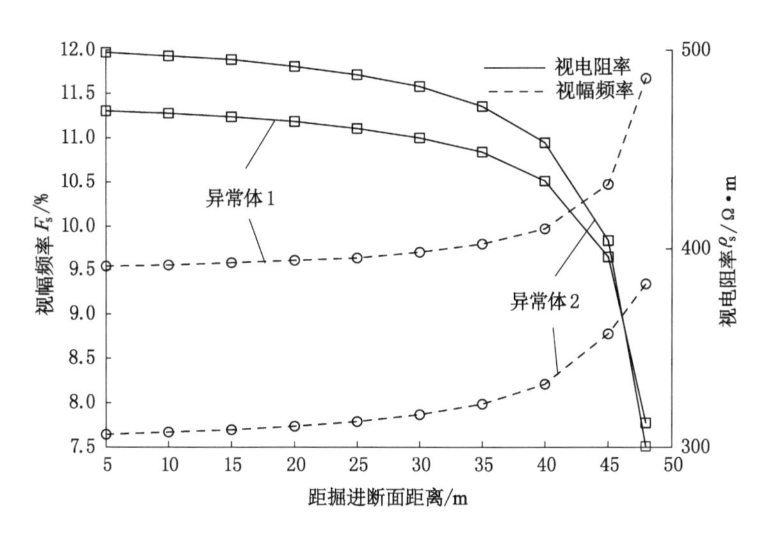

图 8-5　含水地质构造激电效应试验结果示意图

8.2　超前探测土槽物理模型试验模拟

土槽模型试验是超前探测正演较为有效的物理模拟方法之一，为进一步验证含水地质构造约束双频激电法超前探测机理的可行性，本书以物理现象相似性原理为理论基础，在平坦大地上开挖与煤巷激电效应探测相似的地电模型，分别开展无激电效应和激电效应试验探测模拟。

8.2.1　土槽物理模型试验设计

(1) 土槽试验场地设计

在平坦大地上开挖土槽模型相对比较方便，但需满足两个相似条件：几何尺寸相似和材料性状参数相似。几何尺寸相似要求模型与原型几何形状相似，对应长度尺寸比值处处相等，即长度比例尺 G 为一个无量纲常量，具体涉及巷道腔体长度、掘进断面尺寸、含水异常体大小、异常体距断面距离、电极间距等，选择长度比例尺 G 为 10，原型尺寸与模型尺寸对照表见表 8-3。材料性状参数相似要求各异常体电性参量与围岩介质的比值与实际地质条件保持一致，即$\frac{\rho_i}{\rho_0}(i=1,\cdots,n)$与煤巷工况条件一致，其中 ρ_0 为大地围岩介质电阻率，可用接地电阻测试仪直接测量，在所选择的大地范围内经多次不同方位测量，计算大地平均电阻率约为 18 Ω·m；ρ_i 为不同异常体的电阻率。试验以不同浓度的盐水作为异常体，在自来水中添加食盐，通过控制盐水的浓度来设定盐水的电阻率，其电阻率值随浓度变化如图 8-6 所示。随浓度的增加，盐水电阻率迅速减小，当浓度超过 0.2% 时，电阻率开始小于 1 Ω·m，本试验取异常体盐水的电阻率为 0.6 Ω·m，须控制盐水浓度为 0.5%左右。

表 8-3　模型与原型几何尺寸对照表

几何形状因素	原型尺寸/m	模型尺寸/m
巷道腔体长度	80	8
掘进断面宽度	5	0.5
掘进断面高度	5	0.5
含水异常体宽度	10	1
含水异常体长度	10	1
含水异常体厚度	3	0.3
异常体距断面距离	10/20	1/2
电极间距	2	0.2

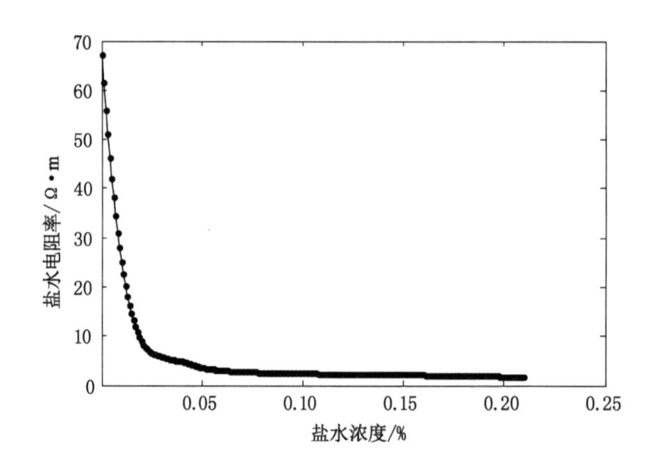

图 8-6　盐水电阻率随浓度变化曲线

在确定完相似条件后，按表 8-3 开挖巷道腔体和异常体腔体模型，如图 8-7 所示。使巷道腔体全长为 8 m，掘进断面尺寸为 0.5 m×0.5 m，为能够在断面上方（Y 向）安装约束电极，使掘进断面实际高为 0.7 m（高出模型尺寸 0.2 m）。在掘进断面正前方开挖含水异常体 1 和含水异常体 3 腔体模型，在掘进断面前方巷道旁侧挖含水异常体 2 腔体模型，异常体 1 距断面 1 m，异常体 3 距断面 2 m，异常体 2 距断面 1.5 m，且到巷道中心线垂直距离为 0 m，异常体 1、异常体 2 和异常体 3 尺寸大小相同，均为长 1 m×高 1 m×厚 0.3 m，内壁采用砂浆抹面。

（2）试验内容及步骤

完成土槽开挖准备工作后，分别开展无异常体激电效应试验、存在含水异常体无激电效应试验和存在含水异常体激电效应试验，实验步骤如下。

① 连接测试装置

分别按定点电源三极装置和约束探测装置布置测线，对探测仪发送机和接收机进行连线，送电系统进行自检，自检无误后设置系统参数（各电极发射电流幅值、系统工作频率），准备测量。

② 检查接地电阻

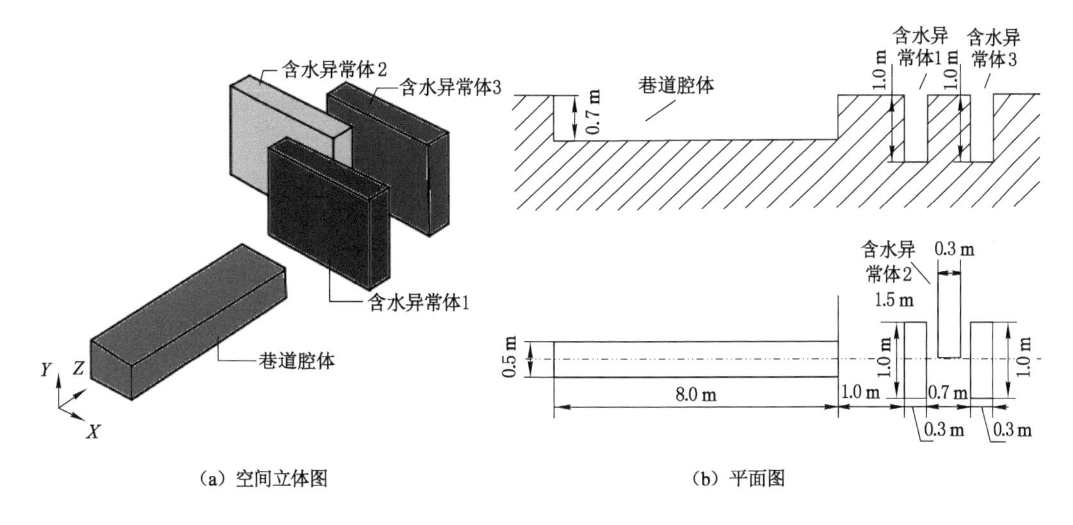

图 8-7　含水地质构造土槽模型示意图

通过发送机显示各路接地电阻大小,如发现接地电阻过大,向发射电极和接地电极浇适量水或盐水,以减小接地电阻。

③ 无异常体激电效应试验

分别按定点电源三极装置和约束探测装置开展无异常体激电效应试验,每完成一个测点,待测量数据(高低频电位差、视幅频率和视电阻率等)稳定后,存储数据,依次进行下一个点的测量,将所有测点数据分别作为定点电源三极装置和约束探测装置无异常体激电效应试验的背景值,以便与含水地质构造数据进行对比。

④ 存在一个含水异常体激电效应试验

将异常腔体 1 分步骤注入 0.1 m^3 和 0.2 m^3 的盐水,分别开展含水异常体无激电效应和激电效应试验,并对试验结果进行对比分析。

⑤ 存在两个含水异常体激电效应试验

使异常腔体 1 所含盐水量 0.2 m^3 保持不变,将异常体 3 注入 0.2 m^3 的盐水,分别开展含水异常体无激电效应和激电效应试验,并对试验结果进行对比分析。

⑥ 存在旁侧异常体激电效应试验

使异常腔体 1 和异常腔体 3 恢复大地原状,将旁侧异常腔体 2 注入 0.2 m^3 的盐水,分别开展含水异常体无激电效应和激电效应试验,并对试验结果进行对比分析。

8.2.2　无激电效应探测试验模拟与结果分析

采用电阻率剖面法定点电源三极装置开展无激电效应探测,在巷道腔体底板设置了三条平行测线,中间测线沿巷道中心线布置,其他两条测线对称于巷道中心线,且距巷道中心线各为 0.2 m,把每条测线供电主电极放在巷道掘进工作断面底板处,接地电极置于相对巷道无穷远地方(坑道上方),测量电极 M、N 在巷道腔体里移动,每隔 0.2 m 测量一次。测线布置如图 8-8 所示。

(1) 无异常体激电效应探测

在无异常体的情况下,通过约束双频激电仪发送机将主电极发射电流设为 20 mA,由

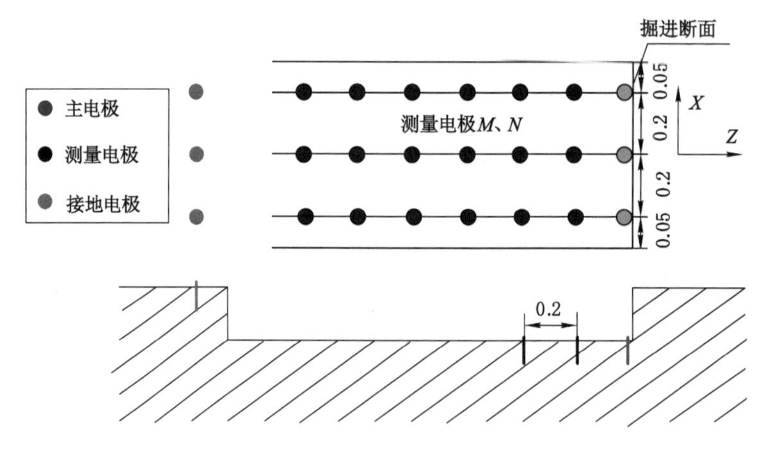

图 8-8　三极装置测线布置

接收机进行参数设置，选择测线号、测点号和测量频点$\left(1\ \text{Hz},\frac{1}{13}\text{Hz}\right)$，开始测量。为观测大地在双频调制方波电流激励下的时域激电响应特性，对发送机输出的方波电流经大地后由示波器进行观测，输出响应波形如图 8-9 所示，可以看到曲线充放电现象较为明显，即大地自身发生了明显的激发极化效应。

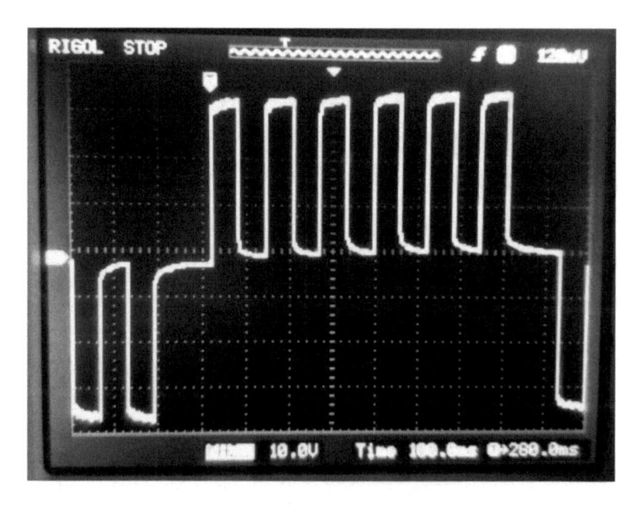

图 8-9　大地激电效应响应

每测量一个测点，通过接收机存储测量结果，移动测量电极，依次进行下一个测点的测量，完成三条测线测量后，导出试验数据，以测量电极距断面距离为横轴，利用 Matlab 软件绘制各条测线视电阻率变化曲线（图 8-10）和视幅频率变化曲线（图 8-11）。由视电阻率曲线和视幅频率曲线及对应的二维等值图可以看出，在同一条测线的不同测点处，视电阻率和视幅频率变化范围均较大，说明大地为非均匀介质；在距断面相同距离不同测线的相应测点处，视电阻率波动范围较小，而视幅频率波动范围较大，说明视幅频率的测量对介质特性变化更为敏感。本书把未注水前采集的三条测线数据，作为无异常体时的初始数据和背景值。

（2）存在一个含水异常体激电效应探测

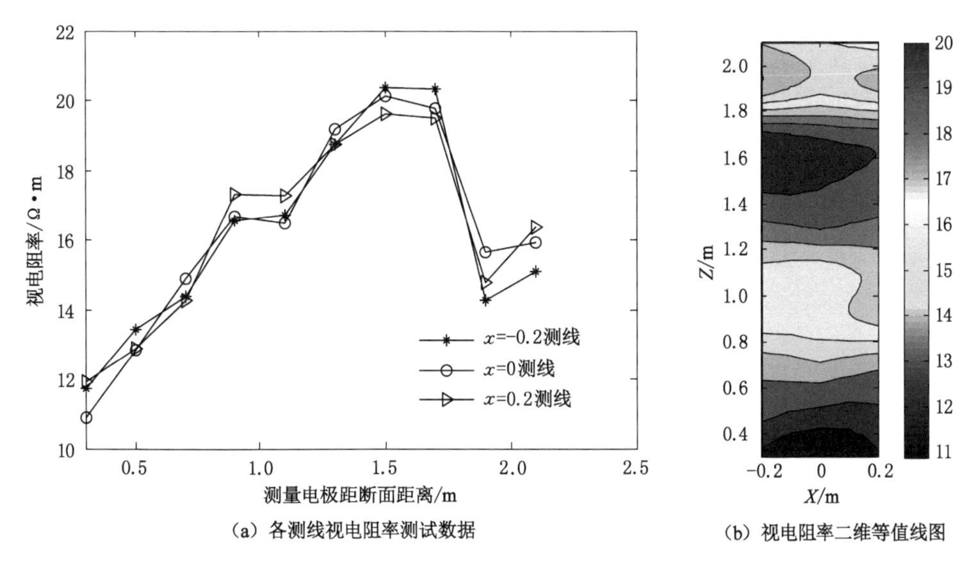

(a) 各测线视电阻率测试数据　　(b) 视电阻率二维等值线图

图 8-10　无异常体视电阻率测试数据

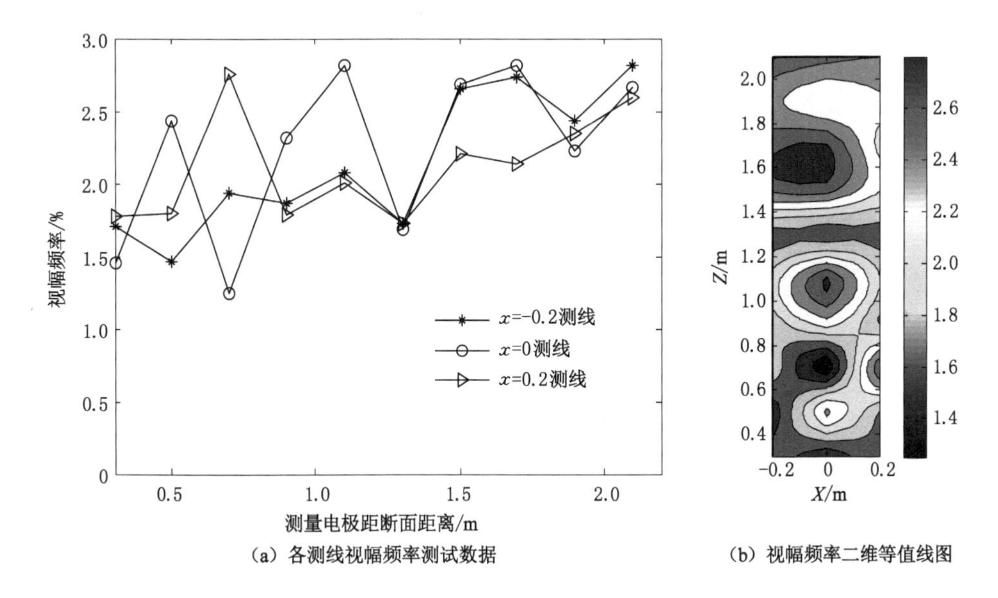

(a) 各测线视幅频率测试数据　　(b) 视幅频率二维等值线图

图 8-11　无异常体视幅频率测试数据

将异常腔体 1 分步骤注入不等量的盐水 0.1 m^3 和 0.2 m^3，主电极发射电流仍设为 20 mA，按上述过程分别进行测量，导出试验测量数据，利用 Matlab 软件绘制各条测线视电阻率变化曲线和视幅频率变化曲线。当含盐水量为 0.1 m^3 时，由视电阻率曲线[图 8-12(a)]和视幅频率曲线[图 8-13(a)]可以看出，由于异常体的存在，在距断面相同距离不同测线的相应测点处，视电阻率和视幅频率波动范围变小。与无异常体视电阻率均值相比，三条测线相应测点处的视电阻率均有所减小，当测点距断面距离为 0.3～1.5 m 时，视电阻率减小幅度逐渐增加，且在 1.5 m 处视电阻率达极小值[约在二维等值线图 8-12(b)1.4～1.6 m 处]，当距离超过 1.5 m 时，视电阻率减小幅度逐渐减小。与无异常体视幅频率均值相比，三条测线相应测点处的视幅频率明显增加，当测点距断面距离为 0.3～1.5 m 时，视幅频率增加幅度逐渐增大，且在 1.5 m 处，视幅频率达极大值[约在二维等值线图 8-13(b)1.4～1.6 m 处]。当距离超过 1.5 m 时，视幅频率增加幅度逐渐减小。

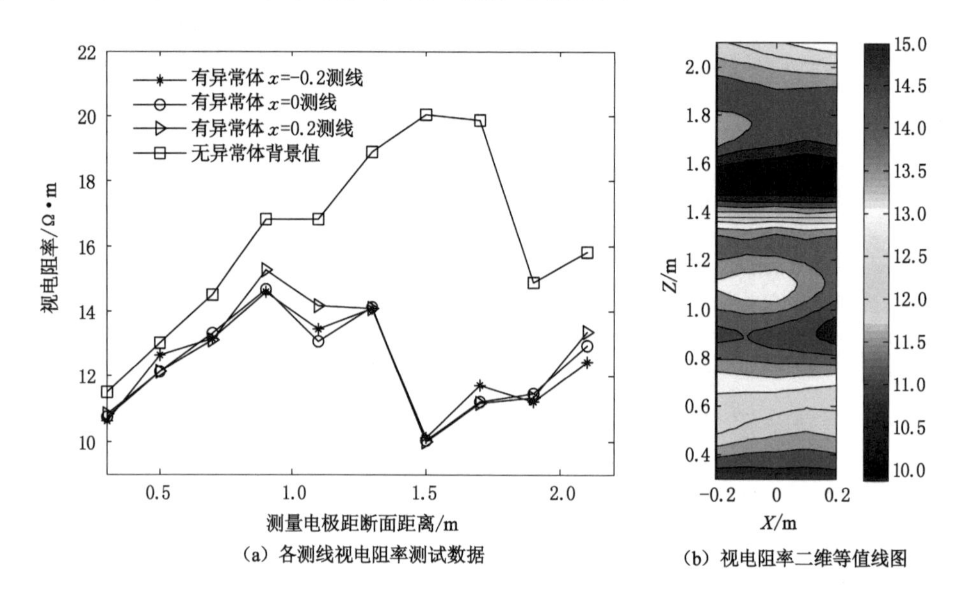

(a) 各测线视电阻率测试数据
(b) 视电阻率二维等值线图

图 8-12　含盐水 0.1 m^3 异常体视电阻率测试数据

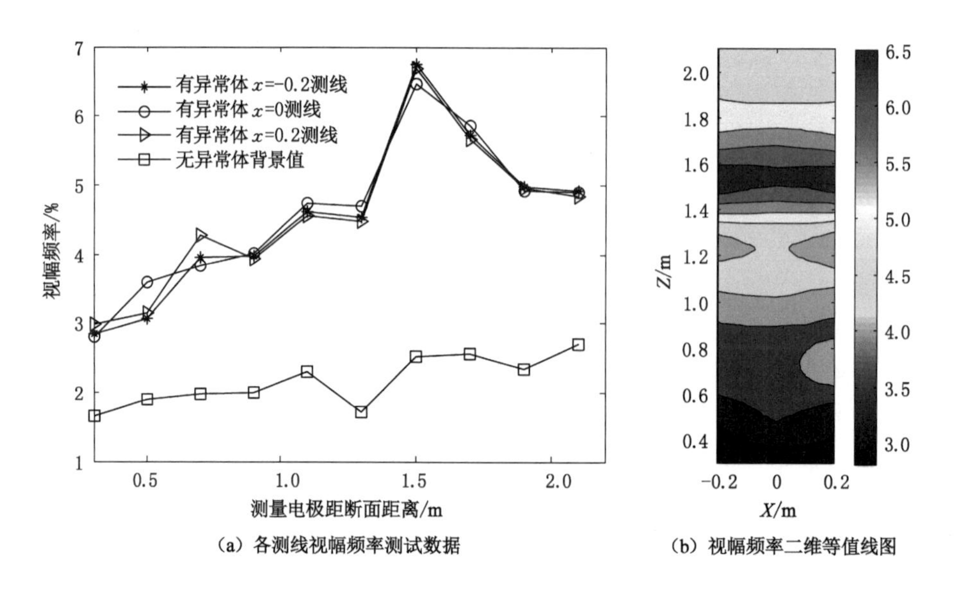

(a) 各测线视幅频率测试数据
(b) 视幅频率二维等值线图

图 8-13　含盐水 0.1 m^3 异常体视幅频率测试数据

这说明当有含水异常体在掘进断面正前方时，三条测线的测量结果大体一致，与无异常体相比，视电阻率和视幅频率均发生明显变化，且在某一方位处达到极值，然而实际异常体位于掘进断面正前方 1.0 m 处，即说明不能根据视电阻率和视幅频率极值点位置来判定异常体的实际方位。

当含盐水量为 0.2 m³ 时，得到的视电阻率曲线和视幅频率曲线分别如图 8-14 和图 8-15 所示。各测线视电阻率曲线[图 8-14(a)]和视幅频率曲线[图 8-15(a)]变化趋势与含盐水量为 0.1 m³ 时类似，三条测线在相应测点处的测量结果基本一致，与含盐水量为 0.1 m³ 相比，在测点距断面距离为 0.3～1.5 m 时，视电阻率减小幅度和视幅频率增加幅度更为明显，且在 1.5 m 处，视电阻率达极小值[约在二维等值线图 8-14(b)1.4～1.6 m 处]，视幅频率达极大值[约在二维等值线图 8-15(b)1.4～1.6 m 处]。当距离超过 1.5 m 时，视电阻率减小幅度和视幅频率增加幅度均开始减小。

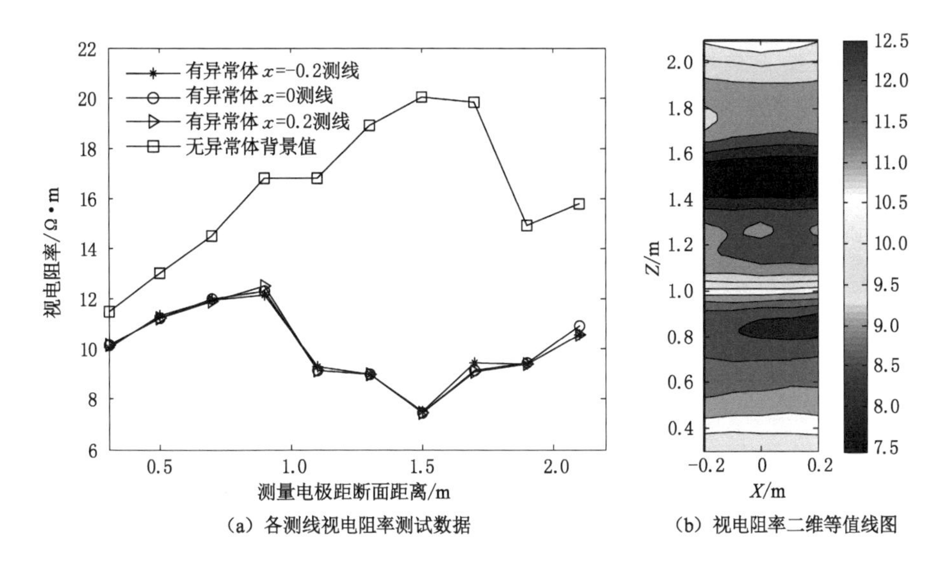

(a) 各测线视电阻率测试数据　　(b) 视电阻率二维等值线图

图 8-14　含盐水 0.2 m³ 异常体视电阻率测试数据

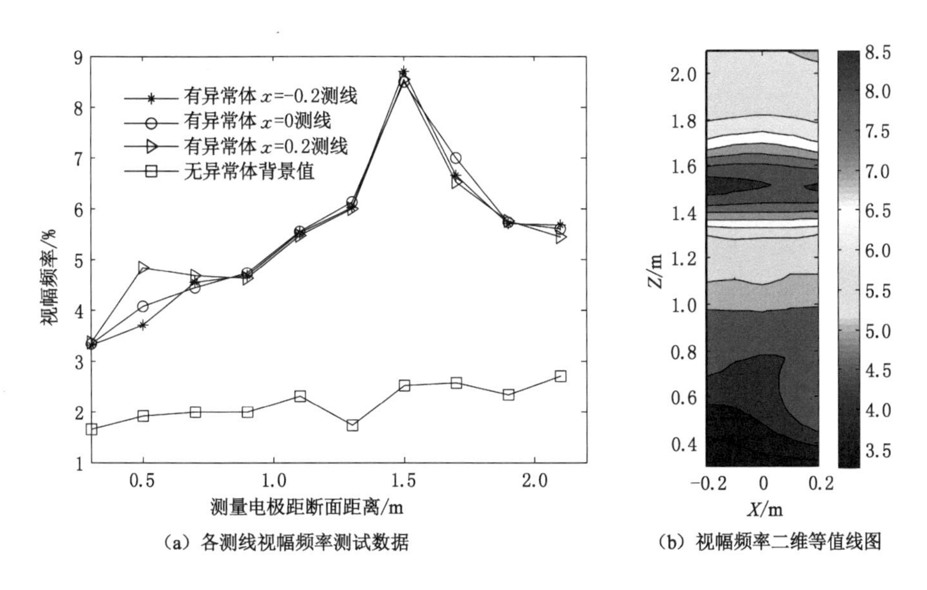

(a) 各测线视幅频率测试数据　　(b) 视幅频率二维等值线图

图 8-15　含盐水 0.2 m³ 异常体视幅频率测试数据

这说明在异常体方位不变的情况下，对于相同参数的含水构造(盐水浓度不变)，当含盐水量增加时，视电阻率和视幅频率异常幅度变化更为明显，即异常规模越大，相应测点处的直线斜率越大，由于异常体距掘进断面位置(距掘进断面正前方 1.0 m 处)不变，因此视电阻率和视幅频率的极值点位置(距掘进断面正前方 1.5 m 处)并没有改变，同样，根据其极值点的位置也不能判定异常体的实际方位。

(3) 存在两个含水异常体激电效应探测

将异常腔体 1 注入 0.2 m^3 的盐水，异常体 3 也注入 0.2 m^3 的盐水，按上述方法沿三条测线分别进行测量，得到的视电阻率曲线和视幅频率曲线分别如图 8-16 和图 8-17 所示。由各测线的视电阻率曲线[图 8-16(a)]和视幅频率曲线[图 8-17(a)]可以看出，三条测线在相应测点处的测量结果基本一致，其波动范围非常小；在测点距断面距离为 0.3～1.5 m 时，视电阻率和视幅频率增加幅度明显增加；当测点超过 1.5 m，在 1.5～1.9 m 时，视电阻率继续减小，而视幅频率继续增加，且在 1.9 m 处，视电阻率达极小值[约在二维等值线图 8-16(b)1.8～2.0 m 处]，视幅频率达极大值[约在二维等值线图 8-17(b)1.8～2.0 m 处]，与仅有一个异常体 1(含盐水量为 0.2 m^3)相比，视电阻率的极值略有减小，视幅频率的极值略有增加，且极值点对应测点位置已向后延伸；当测点距离超过 1.9 m 时，视电阻率逐渐增大而视幅频率均开始减小。

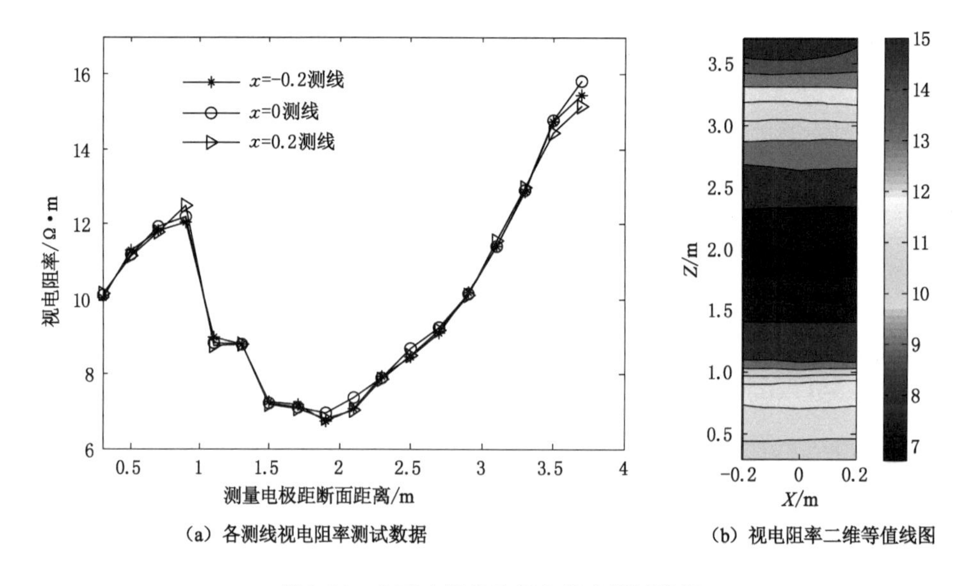

(a) 各测线视电阻率测试数据　(b) 视电阻率二维等值线图

图 8-16　含两个异常体视电阻率测试数据

两个含水异常体激电响应测试结果表明：距离断面较近的含水异常体 1 对视电阻率和视幅频率的测量结果起主要影响，视电阻率和视幅频率的极值点仅有一个，未出现两个极值点；在二维等值线图的后半段，两个含水异常体的视电阻率和视幅频率的幅值明显区别于一个含水异常体情况，且在相应测点处视电阻率幅值略有减小，视幅频率幅值略有增加，此结果是第二个含水异常体存在的典型响应特征；与仅有一个含水异常体情况一样，根据视电阻率和视幅频率极值点的位置尚不能判定异常体的实际方位。

(4) 存在旁侧异常体激电效应探测

使异常体 1 和异常体 3 恢复大地原状，并分层夯实，将旁侧异常腔体 2 注入 0.2 m^3 的

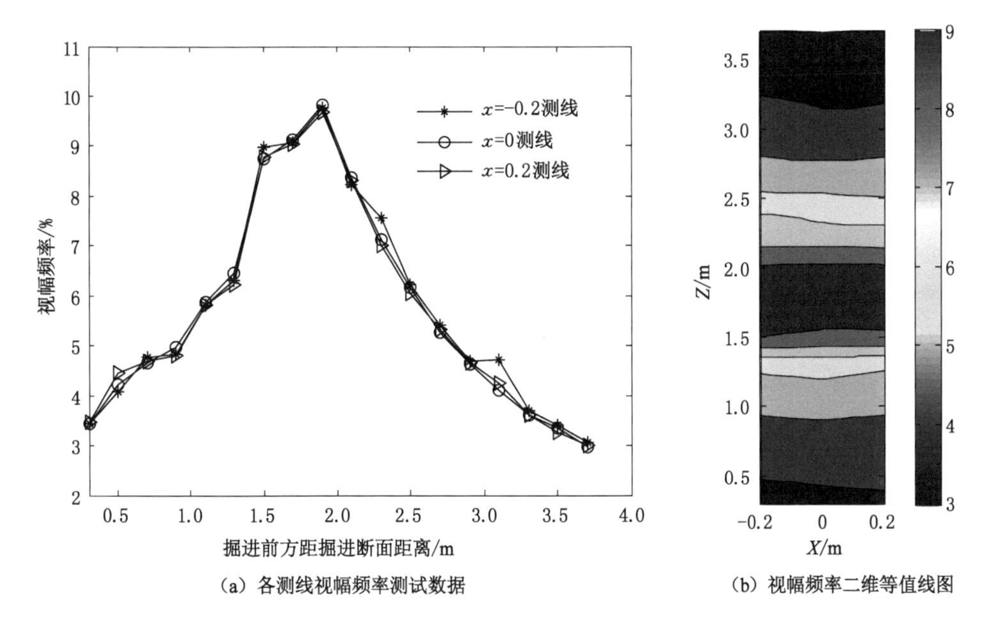

(a) 各测线视幅频率测试数据　　(b) 视幅频率二维等值线图

图 8-17　含两个异常体视幅频率测试数据

盐水，按上述方法沿三条测线分别进行测量，得到的视电阻率曲线和视幅频率曲线分别如图 8-18 和图 8-19 所示。由各测线的视电阻率曲线[图 8-18(a)]和视幅频率曲线[图 8-19(a)]可以看出，三条测线在相应测点处的测量结果大体一致；与无异常体相比，在测点距离掘进断面 0.3～2.1 m 处，视电阻率幅值逐渐减小，视幅频率幅值逐渐增大，而与含水异常体 1 和含水异常体 2 情况对比，视电阻率和视幅频率幅值变化幅度相对平缓，在 2.1 m 处，视电阻率幅值达极小值[约在二维等值线图 8-18(b)2.0～2.2 m 处]，视幅频率幅值达极大值[约在二维等值线图 8-19(b)2.0～2.2 m 处]；当测点距离超过 2.1 m 时，视电阻率减小幅度和视幅频率增加幅度均开始减小，且随测点离断面距离越远，越逐渐接近无异常体时对应测点处的视电阻率和视幅频率幅值。这说明巷道中心附近有旁侧异常体存在时，对视电阻率和视幅频率测量均会造成一定的影响，在相应测点处三条测线的测量结果没有太大差别，同样，根据视电阻率和视幅频率极值点的位置不能判定异常体的具体实际方位。

采用电阻率剖面法三极装置进行无激电效应探测，试验测试结果与分析总结如下：

① 移动电极测量时间相对较长。若设一个测点布极和测量时间约为 5 min，按十个测点三条测线计算，需 2.5 h 完成整个测量，实际煤巷探测时测点较多，布极相对也比较困难，需花费更长时间完成测量。

② 异常体的激电效应特征比较明显。在掘进断面正前方或掘进断面前方距巷道中心附近旁侧存在含水异常体时，视电阻率和视幅频率激电参量异常幅度变化较为明显，可根据激电异常和异常幅度的大小粗略判断有无异常体及其规模的大小。

③ 当在掘进断面前方有异常体存在时，三条测线的测量结果大体一致，波动范围较小。

④ 异常体的方位不能准确判定，资料解释可靠性差。根据视电阻率和视幅频率幅值变化规律，不能准确确定异常体距掘进断面的距离和方向，即在同一等势面上，异常体可位于掘进断面正前方、巷道左右帮侧、巷道顶底板处等各个方位，现有的点源三极法探测技术虽

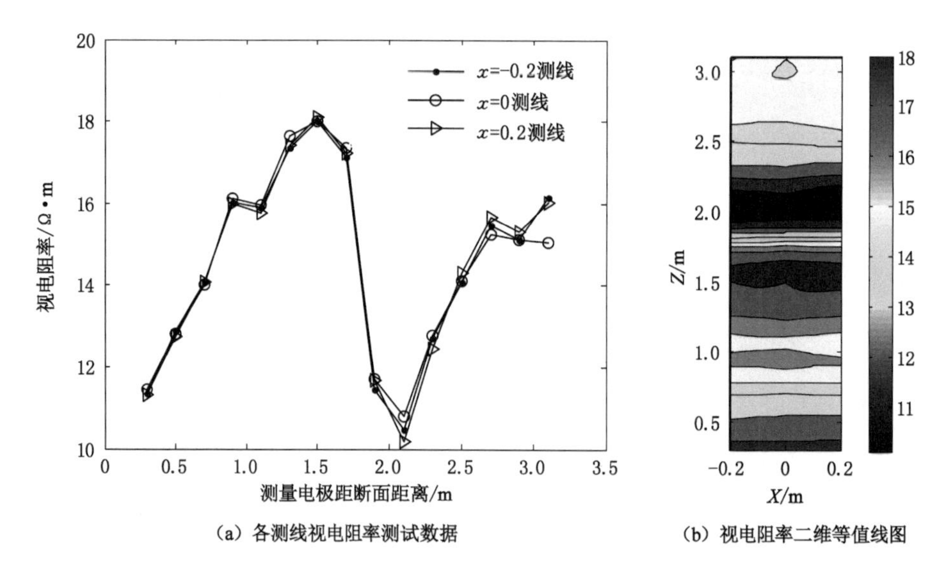

(a) 各测线视电阻率测试数据　　(b) 视电阻率二维等值线图

图 8-18　旁侧异常体视电阻率测试数据

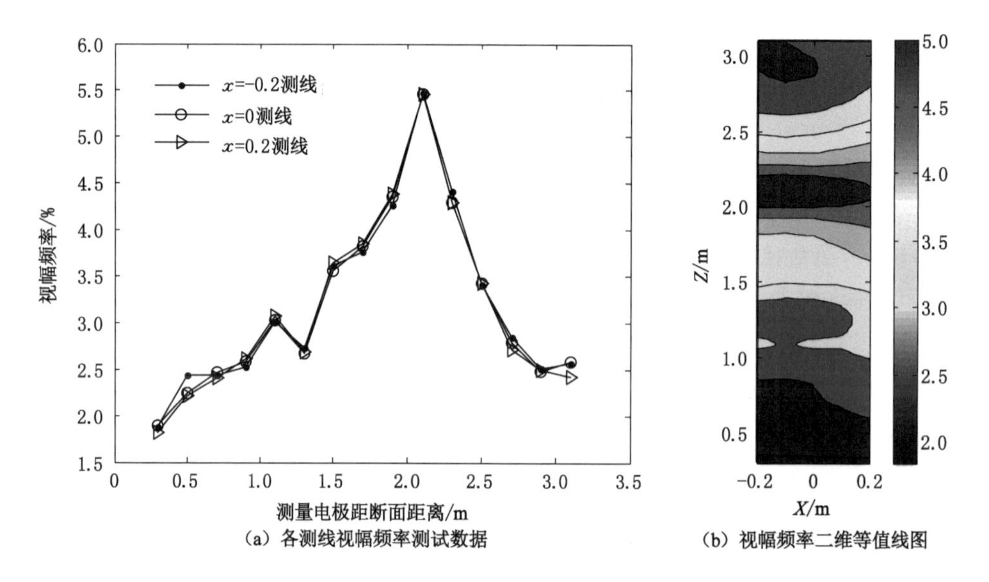

(a) 各测线视幅频率测试数据　　(b) 视幅频率二维等值线图

图 8-19　旁侧异常体视幅频率测试数据

能粗略估算异常体的方位，但其所需探测时间更长。

8.2.3　双频激电效应探测试验模拟与结果分析

选用五路五极约束装置，开展激电效应探测，主电极 A 位于掘进断面中心处，四路约束电极 B_i(i=1,…,4)布置在断面四边的中点处，测量电极对称布置在主电极四周，成对使用进行同步观测，本次试验模拟采用测量电极 M、N 和 M'、N'，使其对称布置在主电极左右两边，并使 $MN=M'N'=10$ cm、$MO=M'O=5$ cm。主电极发射电流设置在 10～25 mA 范围变化，每增加 1 mA 进行一次测量，屏流比取 2∶1，测线布置与试验场地如图 8-20 所示。

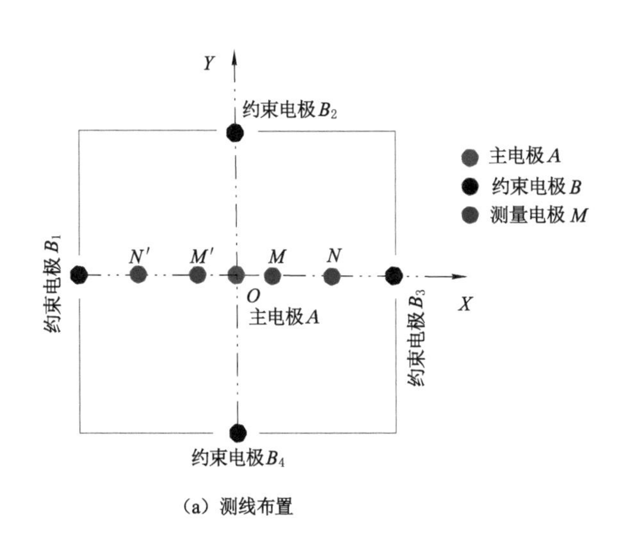

(a) 测线布置

(b) 试验测试场地

图 8-20　测线布置与试验场地

(1) 存在一个含水异常体激电效应探测

首先开展无异常体激电效应探测，通过接收机进行参数设置，选择测量频点$\left(1\ \text{Hz}, \frac{1}{13}\text{Hz}\right)$，将主电极发射电流设为 10 mA，四路约束电极发射电流设为 20 mA，由发送机观测五路接地电阻大小，若接地电阻过大，采取措施减小接地电阻，然后开始测量。由接收机依次检测测量电极 M、N 和 M'、N'的高低频电位差、视电阻率和视幅频率，待测量数据稳定后进行存储。改变主电极和约束电极发射电流强度，主电极电流每增加 1 mA 进行一次测量，待主电极电流强度增加到 25 mA 时完成试验测试，导出测量数据，作为无异常体激电效应探测时的初始数据和背景值。

将异常腔体 1 分步骤注入不等量的盐水 0.1 m^3 和 0.2 m^3，开展一个含水异常体激电效应探测试验，按上述过程分别进行重复测量。以主电极发射电流为横轴，利用 Matlab 软件绘制无异常体和含水异常体时视电阻率和视幅频率随电流变化曲线，分别如图 8-21(a)和图 8-21(b)所示。当无异常体存在时，视电阻率随电流的变化波动范围较大，视幅频率波动范围相对较小，这与大地自身地质构造特性有关，在同一发射电流处，通过 M、N 和 M'、N'测得的视电阻率和视幅频率幅值大体一致，个别电流处略有波动。当存在一个含水异常体(盐水量为 0.1 m^3 和 0.2 m^3)时，在同一发射电流处，通过 M、N 和 M'、N'测得的视电阻率和视幅频率幅值基本一致，当发射电流为 10～11 mA 时，与无异常体相比，视电阻率幅值基本保持不变，视幅频率幅值略有减小；随发射电流的增加，约束效应增强，在 12～15 mA 时，视电阻率幅值随电流的增加而减小，视幅频率幅值随电流的增加而增大，且含盐水量为 0.2 m^3 的曲线斜率大于含盐水量为 0.1 m^3 的曲线斜率；在电流为 15 mA 时，视电阻率幅值均达到极小值，视幅频率幅值均达到极大值，与含盐水量为 0.1 m^3 时相比，含盐水量为 0.2 m^3 时的视电阻率极值更小，而视幅频率极值相对更大，说明发射电流达 15 mA 时，探测电流场已完全穿过低阻异常体；在发射电流大等于 16 mA 时，视电阻率幅值略有上升，视幅频率幅值略有下降，随电流的继续增加，视电阻率上升幅度和视幅频率下降幅度变大，说明低阻体具

有一定的屏蔽效应特性，可吸收探测电流场。

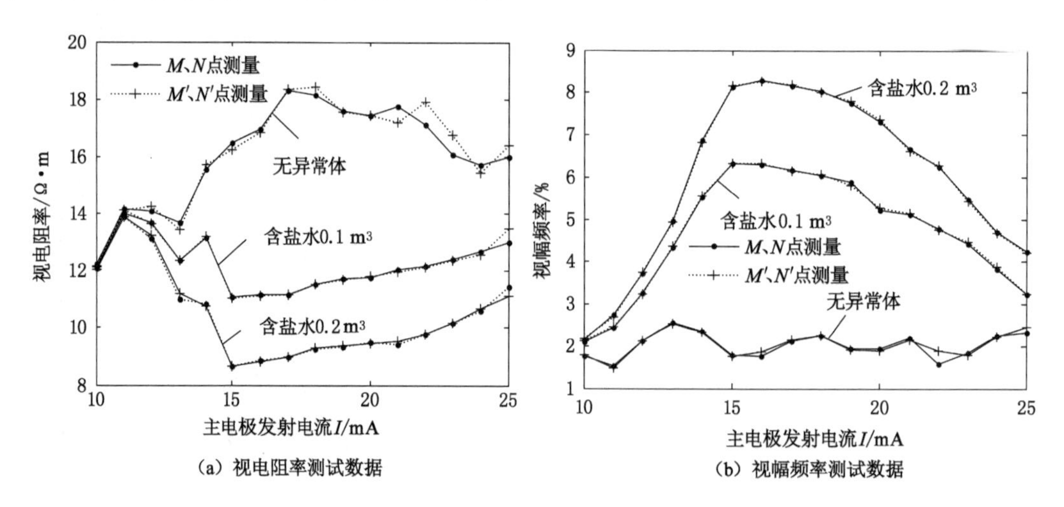

图 8-21　一个异常体激电效应测试数据

（2）存在两个含水异常体激电效应探测

将异常腔体 1 注入 0.2 m^3 的盐水，异常体 3 也注入 0.2 m^3 的盐水，开展两个含水异常体激电效应探测试验，按上述过程分别进行重复测量，得到视电阻率和视幅频率随电流变化曲线分别如图 8-22(a)和图 8-22(b)所示。从总体上看，在相同发射电流处通过 M、N 和 M'、N'测得的视电阻率和视幅频率幅值基本一致；在发射电流为 10～15 mA 时，与仅有一个含水异常体(盐水量为 0.2 m^3)相比，在相同发射电流处视电阻率幅值略有减小，视幅频率幅值略有增加；当发射电流大于 16 mA 时，视电阻率幅值仍继续减小，视幅频率幅值仍继续增加，在电流等于 18 mA 时，视电阻率达极小值，视幅频率达极大值；在电流为 18～20 mA 时，视电阻率幅值略有上升，视幅频率幅值略有减小；随发射电流的继续增加，视电阻率幅值逐渐增加，视幅频率幅值逐渐减小。这说明存在两个含水异常体时，距离断面较近的含水异常体 1 对激电效应测量影响起主导作用，视电阻率和视幅频率的极值点仅有一个，相对一个异常体而言，极值点处所对应的发射电流值变大，且越过极值点后，含有两个异常体时视电阻率和视幅频率曲线幅值明显区别于一个异常体时的幅值，此异常特征可以反映第二个含水异常体的存在。

（3）存在旁侧异常体激电效应探测

使异常体 1 和异常体 3 恢复大地原状，将旁侧异常腔体 2 注入 0.2 m^3 的盐水，开展掘进断面前方旁侧异常体激电效应探测试验，按上述方法进行重复测量，得到视电阻率和视幅频率随电流变化曲线分别如图 8-23(a)和图 8-23(b)所示。从总体上看，视电阻率和视幅频率随电流的变化趋势与掘进断面正前方存在含水异常体时类似，视电阻率幅值随电流增加先减小后增大，视幅频率幅值随电流增加先增大后减小，在电流为 17 mA 时，视电阻率达到极小值，视幅频率达到极大值，然而发射电流在 14～22 mA 范围内，通过 M、N 和 M'、N'在相同电流处测得的视电阻率和视幅频率的幅值出现明显不同，与 M、N 测得的结果相比，由 M'、N'测得的视电阻率极值变小，测得的视幅频率极值变大，相应的视电阻率和视幅频率幅值曲线斜率也变大。

上述探测结果表明：当掘进断面前方旁侧(左帮侧)存在含水异常体时，通过对称于断面

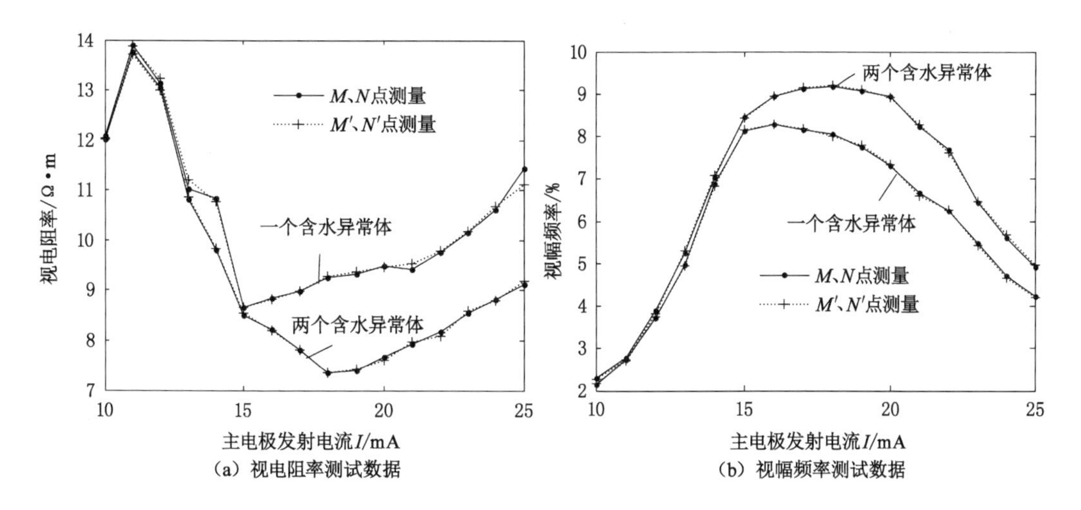

(a) 视电阻率测试数据　(b) 视幅频率测试数据

图 8-22　两个异常体激电效应测试数据

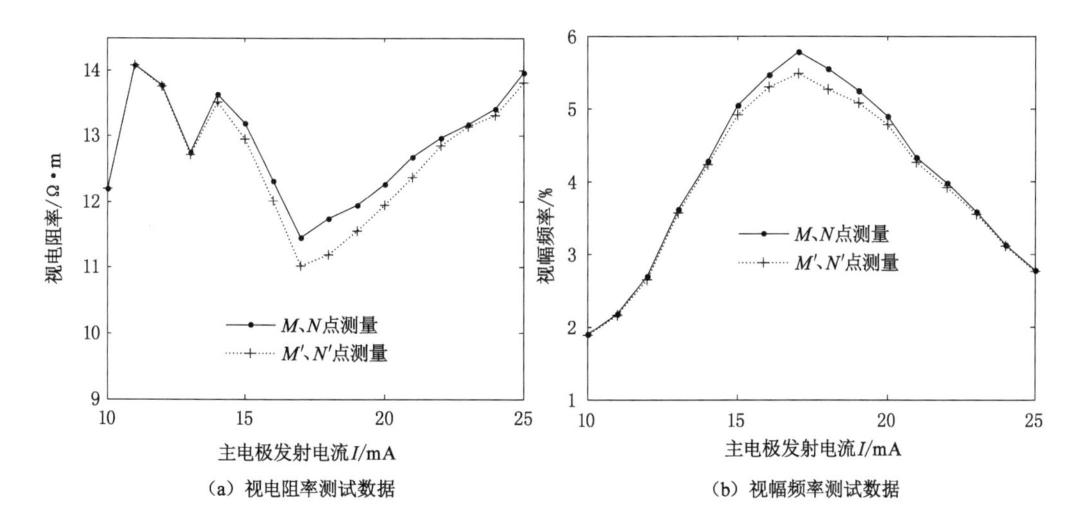

(a) 视电阻率测试数据　(b) 视幅频率测试数据

图 8-23　旁侧异常体激电效应测试数据

中心的左右两侧测量电极 M、N 和 M'、N'测量得到的视电阻率和视幅频率幅值曲线存在明显差异，异常幅度越明显的一侧，则异常体越靠近该测量一侧，本次左侧测量电极 M'、N'视电阻率和视幅频率幅值异常较为明显，即说明掘进断面前方左帮侧存在含水异常体，相反则是右帮侧存在含水异常体；同理，在断面中心上下两侧对称布置成对测量电极可对掘进断面前方顶底板处的异常体方向做出准确判断。

采用约束双频激电法进行激电效应探测，试验测试与结果分析总结如下：

① 大大缩短了测量时间。采用约束双频激电法进行探测，测量电极不再移动，仅需改变发射电极电流，在不同电流点处进行测量，若按十个测点计算，所花时间最多不超过 0.5 h 便可完成全部测量。

② 能够确定异常体在掘进断面前方的具体方向。因约束双频激电法探测电流场像探照灯一样约束向前扫描探测，对断面正前方或断面前方左右帮侧、顶底板处的异常体探测更

为敏感。沿掘进断面中心处左右和上下两侧分别对称布置测量电极，比较视电阻率和视幅频率随电流变化规律，若各测量电极所得异常测量结果大体一致，则异常体位于断面正前方，若某一侧异常幅度较为明显，则异常体靠近该测量一侧，即可根据各测量电极的测量结果差异判断断面前方异常体的存在方向。

③ 能够估算异常体距掘进断面的距离。实际煤巷综掘超前探测时，随断面的不断向前推进，可根据断面与断面之间的距离 $l_j(j=1,\cdots,n)$，以及不同断面上激电异常参量（视电阻率和视幅频率）极值点处对应的发射电流 $I_j(j=1,\cdots,n)$ 幅值，计算异常体距掘进断面的实际距离，本书提出了如下一种判别模型估算方法。

异常体距掘进断面距离越远，要探测到明显的激电异常所需发射电流强度就越大，结合三维空间场电流密度计算公式，可知在某一位置探测时，异常体距掘进断面的距离 d 与激电异常参量极值点处的电流强度(i)有如下关系：

$$d = k\sqrt{i} \tag{8-6}$$

式中，k 为比例系数，若能计算出比例系数 k，根据式(8-6)便可得出异常体距掘进断面的实际距离。在煤巷综掘过程中，随掘进工作面不断向前推进，在断面所处不同位置开展约束双频激电法激电效应探测，记录相邻两断面间距离 $l_j=d_j-d_{j+1}(j=1,\cdots,n)$ 和各自激电异常参量极值点处的电流强度 $I_j(j=1,\cdots,n)$，根据多组测量数据，利用最小二乘法理论计算回归系数 k。由式(8-6)，相邻两断面间距离与各自激电异常参量极值点处的电流强度关系可表示为：

$$l_j = d_j - d_{j+1} = k(\sqrt{i_j} - \sqrt{i_{j+1}}) \tag{8-7}$$

根据测量数据，将上式表示成测量误差的矩阵形式有：

$$\boldsymbol{V} = \boldsymbol{L} - \boldsymbol{A}\widehat{\boldsymbol{X}} \tag{8-8}$$

式中，$\boldsymbol{V}$ 为测量误差列向量，$\boldsymbol{V}=[v_1,\cdots,v_n]^{\mathrm{T}}$；$\boldsymbol{L}$ 为相邻两断面间距离构成的列向量，$\boldsymbol{L}=[l_1,\cdots,l_n]^{\mathrm{T}}$；$\boldsymbol{A}$ 为系数矩阵，$\boldsymbol{A}=[\sqrt{i_1-i_2},\cdots,\sqrt{i_n-i_{n+1}}]^{\mathrm{T}}$；$\widehat{\boldsymbol{X}}$ 为待估计参量矩阵，$\widehat{\boldsymbol{X}}=[k]$。

利用最小二乘法理论，对式(8-8)进行运算，计算待估计参量 $\widehat{\boldsymbol{X}}$ 为：

$$\widehat{\boldsymbol{X}} = (\boldsymbol{A}^{\mathrm{T}}\boldsymbol{A})^{-1}\boldsymbol{A}^{\mathrm{T}}\boldsymbol{L} = k \tag{8-9}$$

将比例系数 k 代入式(8-6)，便可计算出当前异常体距掘进断面的实际距离。

第 9 章　超前探测仪发送机研制

9.1　超前探测系统结构组成

动态电场激励法煤巷综掘探测系统由电源、超前探测仪发送机、超前探测仪接收机、电极及配套的解释软件等组成，如图 9-1 所示。

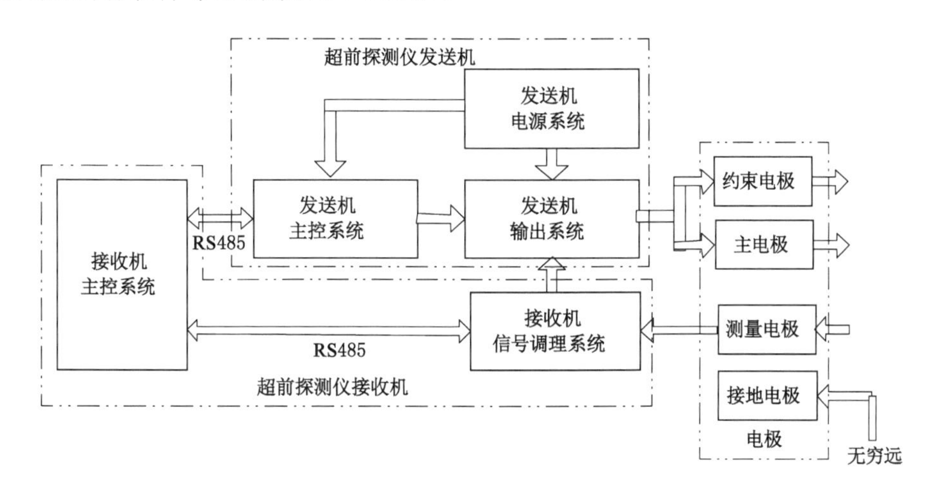

图 9-1　超前探测系统结构组成

超前探测仪发送机由电源、主控系统和输出系统等组成，其基本功能是通过主电极和约束电极向掘进断面前方围岩介质同时发射 5 路极性相同、幅值强度不同、高低频率组合的双频交流调制方波电流。方波电流的工作频率有四种：1 Hz 及 1/13 Hz、2 Hz 及 2/13 Hz、4 Hz 及4/13 Hz、8 Hz 及 8/13 Hz。通过发送机调节主电极和约束电极屏流比大小，使探测电场在掘进面前方发生不同程度的聚焦效应。

超前探测仪接收机由接收机主控系统、信号调理系统并组成，其基本功能为：通过测量电极接收围岩介质激电信号，对激电信号进行数据处理、计算与显示；同时可产生 2 路数字方波控制信号，对发送机发射电流频率进行同步性控制；能与发送机实施通信，通过 RS485 总体实现发送机与接收机的数据传输。

超前探测仪接收机和发送机供电电源由掘进机提供，以为语音报警器、电铃、瓦斯断电仪提供的 AC 127 V 电源作为发送机的输入电源，以为显示屏、温度变送器、电压表、电流表提供的 DC 24 V 电源作为接收机的输入电源。

超前探测系统的电极由发射电极（包括主电极和约束电极）、测量电极和接地电极组成。电极布置方式如图 9-2 所示。主电极布置在掘进断面中心处，四路约束电极对称布置在主电极四周，测量电极 M、N 在掘进断面上，接地电极布置在巷道后方数百米位置，与发射电极形成空间闭合回路电场。

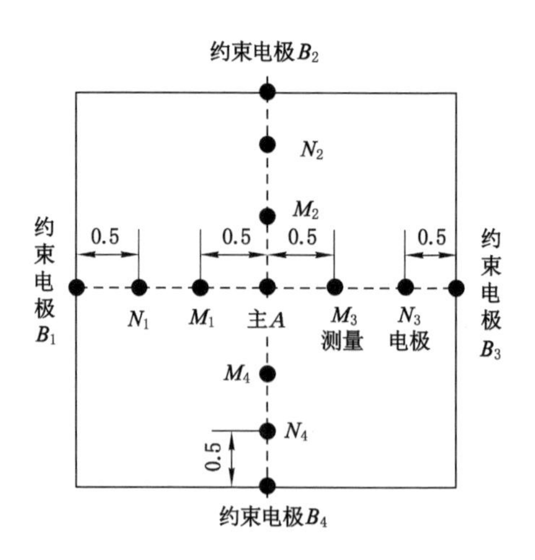

图 9-2　超前探测电极布置方式(单位:m)

9.2　探测仪发送机样机设计

9.2.1　发送机系统功能及总体结构

根据双频激电法超前探测机理，要求超前探测仪发送机应具备以下功能：

(1) 输入电压为交流 127 V，可同时输出 5 路频率和相位相同、电流幅值单路可调的双频调制电流方波(图 9-3)，电流幅值在 10～100 mA 连续可调，分辨率达 0.1 mA，且输出电压上限不超过 80 V。

(2) 显示各路输出的电流幅值 I_i、电压值 V_i 和接地电阻值 R_i。

(3) 与接收装置进行通信，将各路输出的电流幅值传送给接收装置。

(4) 接收装置四路控制信号通过隔离控制五路输出方波电流波形的频率和相位。

由发送机功能要求，设计系统总体结构如图 9-4 所示。发送机由主控板和输出板组成。主控板由微处理器、键盘、显示器、通信模块、电压电流 A/D 转换模块、电流控制模块、主板电源模块等组成。键盘和显示器构成人机交互系统，由微处理器完成数据和命令处理，通过显示器显示发送机输出电压、电流和接地电阻；通信模块按 Modbus 协议与接收机进行通信，将发送机实际输出电流值实时传给接收机；电压电流 A/D 转换模块将模拟量转换成微处理器能够处理的数字量；主板电源模块为主板各个模块供电。

发送机输出板包括：整流隔离开关电源恒流模块(整流隔离模块和稳流模块)、辅助电源模块、逆变模块、电流电压采样隔离模块、控制信号隔离模块等组成。整流隔离开关电源模块将交流 127 V 输入电压转成相互隔离的 5 路直流输出；稳流模块每路均采用电压和电流双反馈控制，电压反馈控制使开关电源输出电压不超过 80 V，电流反馈控制使开关电源输出电流在 10～100 mA 之间且连续稳定可调；辅助电源模块为主控板和输出板各模块供电；

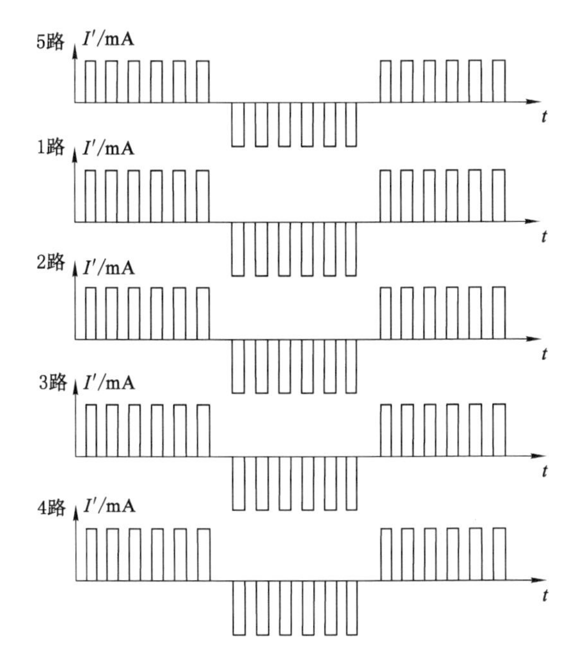

图 9-3　输出电流波形示意图

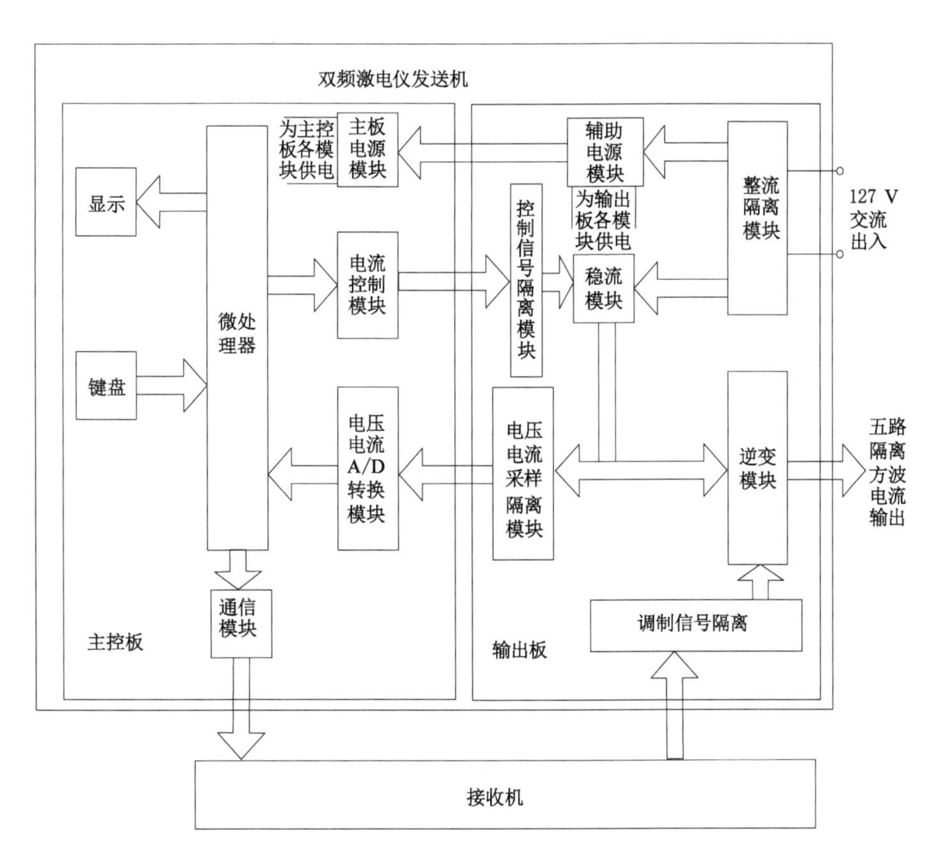

图 9-4　发送机系统总体结构

电流电压采样隔离模块对发送机输出电流、电压信号做采样处理;逆变模块是由四个 MOS 管(金氧半场效晶体管)组成的全桥逆变电路,将稳流模块输出的恒流逆变成调制方波电流。

9.2.2 主控系统

主控系统微处理器选用中等容量增强型 STM32F103C8T6 型芯片。A/D 转换芯片采用 2 片 16 位模数转换器 AD7656 型,分别用于电压和电流采样信号的 A/D 转换。D/A 转换芯片采用 12 位的 DAC7568 型。显示屏选用中显液晶公司的 ZX240160M1A 型,用于显示输出激励信号的电流设定值和电压、电流采样值及接地电阻值。键盘用于键入输出激励方波电流信号幅值的设定值。

考虑 A/D、D/A 转换和线性电路工作电压的有效范围,主控系统输出 0～2.5 V 控制信号,对应仪器发送机信号电流幅值为 0～100 mA。同样激励信号电压幅值在 0～80 V 范围变化,对应的电压采样信号的变化范围也为 0～2.5 V。

9.3 整流隔离开关电源恒流模块

为保证五路探测信号的同步性,整流隔离开关电源恒流模块由五个完全相同的子电路组成,且每个子电路分别包含自身具有隔离作用的开关电源恒流电路和二次恒流电路两部分。

整流隔离开关电源恒流模块电路结构见图 9-5,其中开关电源恒流电路中 EMI-RFI 滤波和整流滤波为输入级,输出滤波是输出级,其他除功率开关器件和变压器外都属于反馈控制级。输入级电路原理拓扑见图 9-6,其余电路原理拓扑见图 9-7。

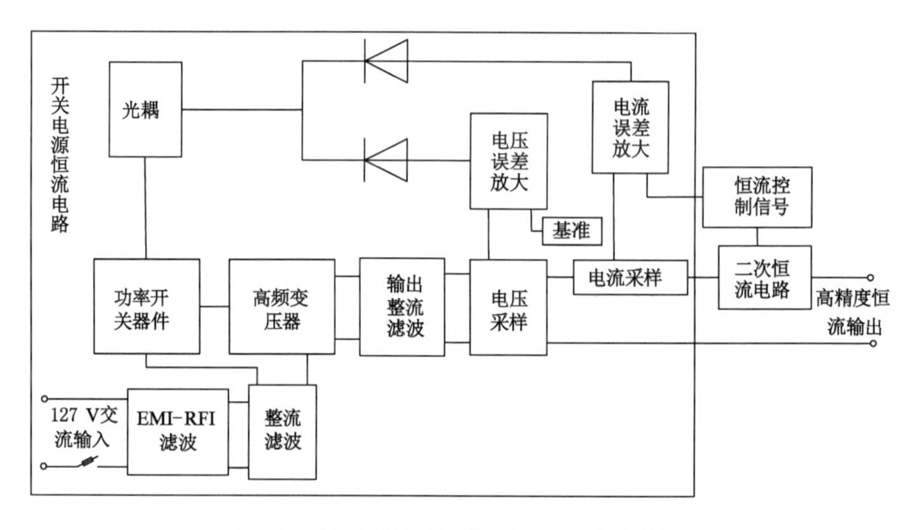

图 9-5 整流隔离开关电源恒流模块电路结构

9.3.1 输入级设计

输入级电路原理拓扑见图 9-6,开关电源在上电时,滤波电容充电会引起极高的浪涌电流。本电路串联热敏电阻(NTC)限制浪涌电流。

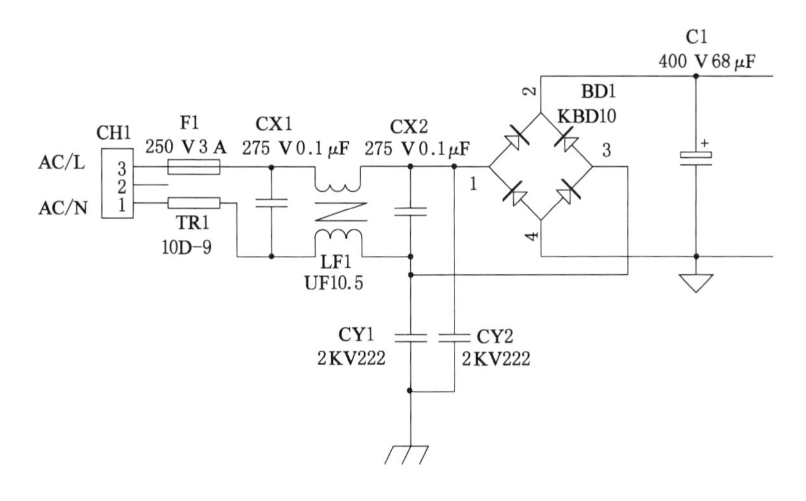

图 9-6　输入级电路原理拓扑

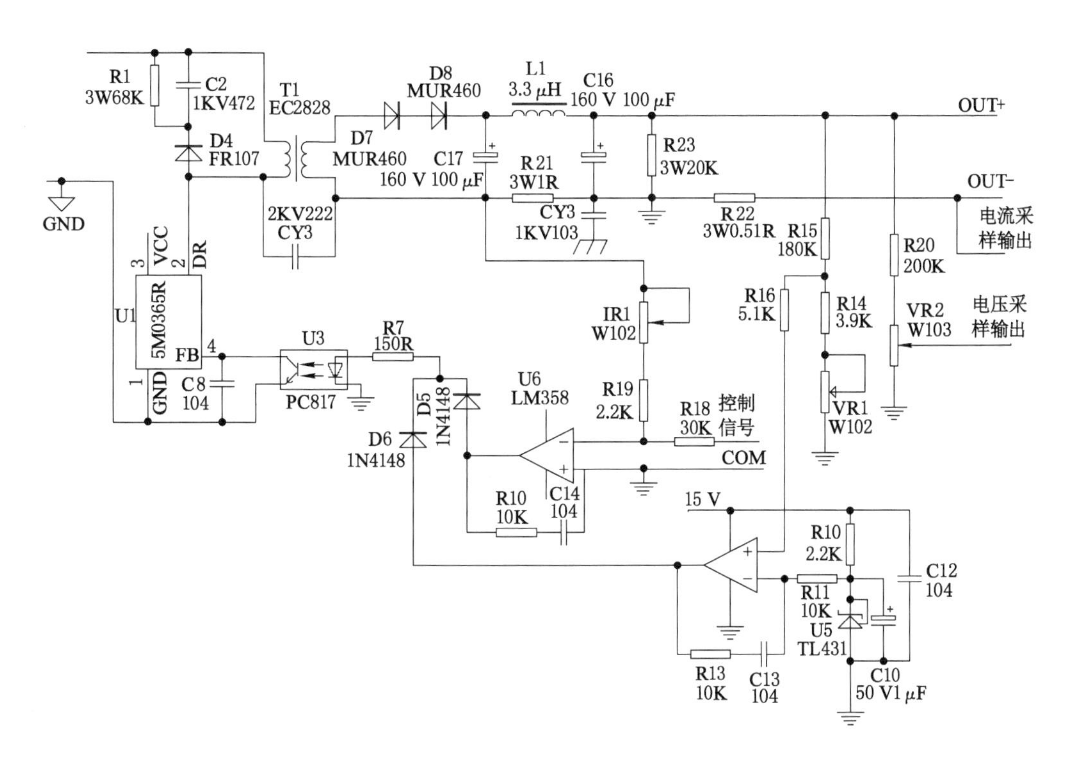

图 9-7　RCD 输出级和控制级电路原理拓扑

通常开关电源中抑制 EMI-RFI 噪声的方法是在交流线路上串入一对电感 L，其两端并联两个电容（X 电容），并在交流线两端对大地各接一个电容（Y 电容）。本电路中 X 电容选用 275 V，0.1 μF 的电解电容；Y 电容选用 2 kV，222 的瓷片电容；共模电感选用 UF10.5。整流桥选用 KBD10，其最大重复反向峰值电压（VRRM）为 1 000 V，输入最大均方根电压（VRMS）为 700 V，最大直流阻断电压（VDC）为 1 000 V，最大正向整流电流（IAV）为 1.5 A，所能承受的正向浪涌电流为 50 A。选输入滤波电容 C1 的标称电压为

400 V，电容值为 68 μF。

9.3.2 功率开关管选型

功率开关管选用仙童的 KA5M0365 型，其工作频率是 67 kHz，供电电压为 30 V，内部集成过压过流保护。另外，KA5M0365 可控性高，有四个引脚，通过调节第 4 引脚和第 1 引脚之间的电位即可调节 2、1 引脚之间 PWM 波的占空比。最大漏极电压 650 V，常温下最大漏极电流为 3 A。

9.3.3 高频变压器设计

隔离恒流系统的输入工作电压为 AC 127 V，取 20%的浮动范围，那么输出工作电压范围为 100～150 V。输出电流范围是 0～200 mA，电压范围为 0～100 V，即最大输出功率为 20 W。

(1) 计算变压器初级峰值电流

假设恒流模块变压器工作的最大占空比 $\delta_{max}=0.45$，由于最小的交流输入电压是 100 V，那么最小直流电压为 $V_{inmin}=100\times\sqrt{2}-20=121.42(V)$，其中的 20 V 是直流纹波电压和整流二极管的压降。此时变压器初级峰值电流 $I_{P\text{-peak}}$ 为：

$$I_{P\text{-peak}}=\frac{2P_{out}}{V_{inmin}\cdot\delta_{max}}=0.73\ A \tag{9-1}$$

式中，P_{out} 为输出功率。

(2) 计算最小占空比

经过整流后的最大直流输入电压 $V_{inmax}=150\times\sqrt{2}-0=212.13(V)$，输入电压的比例因子($K$)为：

$$K=\frac{V_{inmax}}{V_{inmin}}=1.75 \tag{9-2}$$

此时最小占空比为：

$$\delta_{min}=\frac{\delta_{max}}{K(1-\delta_{max})+\delta_{max}}=0.32 \tag{9-3}$$

因此，对于输入电压范围为 100～150 V 的变压器，占空比的变化范围就是 0.32～0.45。

(3) 计算变压器初级电感量

由式(9-4)可得初级电感量：

$$L_P=\frac{V_{inmin}\delta_{max}}{I_{P\text{-peak}}f}=1.12\ mH \tag{9-4}$$

式中，f 为电流频率。

(4) 磁芯和骨架选型

取恒流开关电源正常工作的效率为 85%，那么变压器在输入电压 $V_{in}=127\times\sqrt{2}-20=159.61(V)$ 的情况下，输入电流为：

$$I_P=\frac{20}{159.61\times 85\%}=0.15(A) \tag{9-5}$$

计算线圈磁导线直径：

$$\frac{I_P}{3} = \frac{1}{4}\pi D^2, \quad D = \sqrt{\frac{4I_P}{3\pi}} = 0.25\ \text{mm} \tag{9-6}$$

式中　D——线圈磁导线直径，mm。

考虑本电路的功率只有 20 W，属于小功率开关电源，因此，选用铁氧体磁芯，一般情况下铁氧体磁芯的饱和磁通为 $B_{sat}=4\ 000\times10^{-4}$ T，选取 B_{max} 为：

$$B_{max} = 1\ 800 \times 10^{-4}\ \text{T} \tag{9-7}$$

磁芯有效面积按式(9-8)计算：

$$A_e = 0.15\sqrt{P_t} = 0.75\ \text{cm}^2 \tag{9-8}$$

式中　P_t——变压器输入输出功率的平均值，W；

　　A_e——磁芯有效面积，cm^2。

查相关技术资料选用 EC2828 型磁芯，其 $A_e=0.838\ \text{cm}^2>0.75\ \text{cm}^2$，符合要求。

(5) 计算磁芯空气隙长度

为避免变压器磁芯进入饱和状态，给磁芯的磁通通路开一个空气隙，空气隙的长度由式(9-9)给出：

$$L_g = \frac{0.4\pi L_P I_{P\text{-peak}}^2}{A_e B_{max}^2} = 0.028\ \text{cm} \tag{9-9}$$

(6) 计算变压器线圈匝数

为达到设计的电感量，用式(9-10)计算初级线圈匝数：

$$N_P = = \frac{L_P I_{P\text{-peak}} \times 10^4}{A_e B_{max}} \approx 55.00\ \text{匝} \tag{9-10}$$

变压器电压和匝数的关系式(9-11)可得：

$$V_{out} + V_D = V_{inmin} \frac{\delta_{max}}{1-\delta_{max}} \frac{N_S}{N_P} \tag{9-11}$$

式中　V_D——输出整流二极管压降，一般选 1 V；

　　N_P——变压器次级匝数，匝。

整理得变压器次级匝数为：

$$N_S = \frac{(V_{out} + V_D)(1-\delta_{max})}{V_{inmin}\delta_{max}} N_P \approx 56\ \text{匝} \tag{9-12}$$

9.3.4　RCD 吸收电路设计

引入 RCD 吸收电路的目的有两个：一是吸收漏感中储存的能量；二是在开关管由关断到开通过程中，钳制变压器源边电压不低于副边反射电压。

本电路中，由 R1、C2、D4 组成 RCD 吸收电路。取 C2 标称值为 472 μF/1 000 V，R2 的标称值为 5.1 kΩ/2 W。D4 选用快恢复二极管 FR107，其最大可重复峰值反向电压为 1 kV，最大阻断电压为 1 kV，最大正向平均整流电流为 1 A，最大反向恢复时间 300 ns。

9.3.5　输出电路设计

开关电源的大多数输出电路，都是对高频变压器次级的高频方波电压进行整流滤波。功率二极管 D7(D8)和电容 C17 组成输出整流滤波网络。

为使输出的电压或电流更加平稳，本电路加入了由 L1 和 C16 组成的滤波网络。另外开关电源一般输出端都要加一个 5～10 mA 的“死负载”，本电路中最大输出电压为 100 V，故死负载 R23 选用标称值为 20 K/3 W 的金属膜电阻。

9.3.6 反馈控制电路

反馈控制电路包括电压和电流双反馈控制。反馈信号经运放 LM358 后，通过光耦 PC817 隔离控制 KA5M0365 的控制端 4 引脚和接地端 1 引脚之间的电位，调节变压器源边 PWM 波的占空比实现对输出的电压和电流值的调控。

（1）电压反馈设计

电压反馈网络中选用 TL431 提供 2.5 V 的基准电压，接入运放的反相输入端，电压采样值接入运放的同相输入端。电阻 R14、R15 以及电位器 VR1 组成输出电压采样网络。其作用是对输出端电压进行 1/40 分压。当输出端电压≥100 V 时，运放的正向输入端的电压≥2.5 V，此时运放的输出端是高电平，二极管 D6 导通、D5 截止，电流反馈失效，电压反馈起主导作用。电压反馈信号经光耦 PC817 通过 KA5M0365 压缩变压器源边 PWM 波的占空比，从而减小电路输出端的电压。当输出端电压≤100 V 时，二极管 D6 反向截止，电压反馈失效，电流反馈起主导作用。

（2）电流反馈设计

本反馈控制的设计功能要求是电流控制端加 0～2.5 V 的控制电压 $U_{控制}$，对应电路输出 0～200 mA 的恒定电流 I_{out}，即

$$I_{out} = KU_{控制}, \quad K = \frac{I_{out\max}}{U_{控制\max}} = 0.08 \tag{9-13}$$

电流反馈网络中的基准接地。因为基准电压为 0 V，所以控制信号给定且电路相应的输出电流稳定后接入运放反相输入端的电流采样信号电压必须为 0 V。

根据基尔霍夫定律知，加在电流控制端的电压与模块输出的电流之间有如下对应关系：

$$U_{控制} = \frac{R_{21}R_{18}}{R_{19}R_{IR1}} I_{out} \tag{9-14}$$

故知：

$$\frac{R_{21}R_{18}}{R_{19}R_{IR1}} = \frac{1}{K} = 12.5 \tag{9-15}$$

本电路中电阻 R21、R19、R18 以及电位器 IR1 的标称值分别为：1 Ω、2.2 kΩ、30 kΩ 和 102 Ω。另外，电阻 R22 为模块输出电流采样电阻，且该采样值传送给主控板，用于显示实时输出电流值；电阻 R20 和电位器 VR2 组成模块输出电压实时采样网络，并将采样值传送给主控板，用于显示实时输出电压。

9.3.7 二次恒流电路

如果将恒流开关电源的恒流输出直接接入逆变系统，那么，元器件寄生电容的存在，会使系统输出方波信号的上升沿产生很大的冲击，这种信号波形不符合探测要求。因此，加入二次恒流电路来消除冲击。二次恒流电路原理拓扑见图 9-8，其中 K2161 为高速开关管，AD8031 是高速轨对轨输入/输出高速运放，标称 2 W/1 R 的电阻为电流采样电阻。电流采样信号和控制信号经 AD8031 进行高速误差放大后，调节 K2161 来快速抑制电流突变，进而消除方波信号上升沿的冲击。

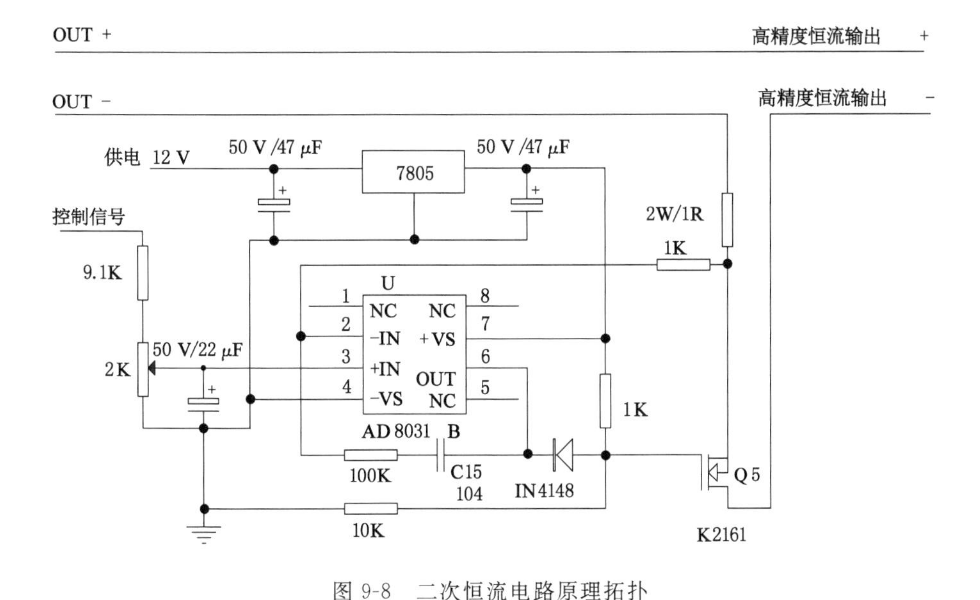

图 9-8　二次恒流电路原理拓扑

9.4　电流电压采样及电流控制隔离电路设计

发送机由 1 块主控板和 5 块相互隔离的输出板组成，每块输出板电压和电流幅值采样均通过线性光耦电路来实现，设计电压电流采样隔离电路系统结构如图 9-9 所示，包括 5 路电压及 5 路电流采样。采样值分别通过 10 路 A/D 转换模块传输给主控板，经主控板显示器分别读出各路电压和电流幅值。

同理，电流控制隔离电路系统结构如图 9-10 所示。由微处理器设定的数字电压控制信号，通过 5 路 D/A 模块，经线性光耦隔离分别对 5 路输出板稳流模块进行独立控制。

选用高精度线性光耦 HCNR201 器件，对电压电流采样及电流幅值控制隔离电路进行设计。HCNR201 模拟光电耦合器主要包括发光二极管 LED、反馈光电二极管 PD1 和输出光电二极管 PD2。当电流 I_F 流过 LED 时，LED 产生伺服光通量耦合到 PD1 和 PD2 上，分别由 PD1 和 PD2 产生等量的光电流 I_{PD1} 和 I_{PD2}，从而在器件输出端产生与光强成正比的输出电流，原理如图 9-11 所示。因 PD1 与 PD2 制造时高度匹配，消除了 LED 的非线性和漂移特性所带来的误差，实现了高线性度信号隔离。采用 HCNR201 芯片手册资料中的电路，经过测试，可以实现 0～2.5 V 电压信号的高精度传输。

(1) 运算放大器选型

运算放大器选用 TI 公司的 OP07CP 型，OP07CP 是一款低噪声、非斩波稳零的双极性放大器，可满足设计要求。当供电电压为±15 V 时，其主要技术参数如表 9-1 所列。

表 9-1　OP07CP 技术参数

项目	输入失调电压	输入失调电流	开环输出电压	共模抑制比
参数值	85～250 μV	1.6～8 nA	13.5 V	97～120 dB

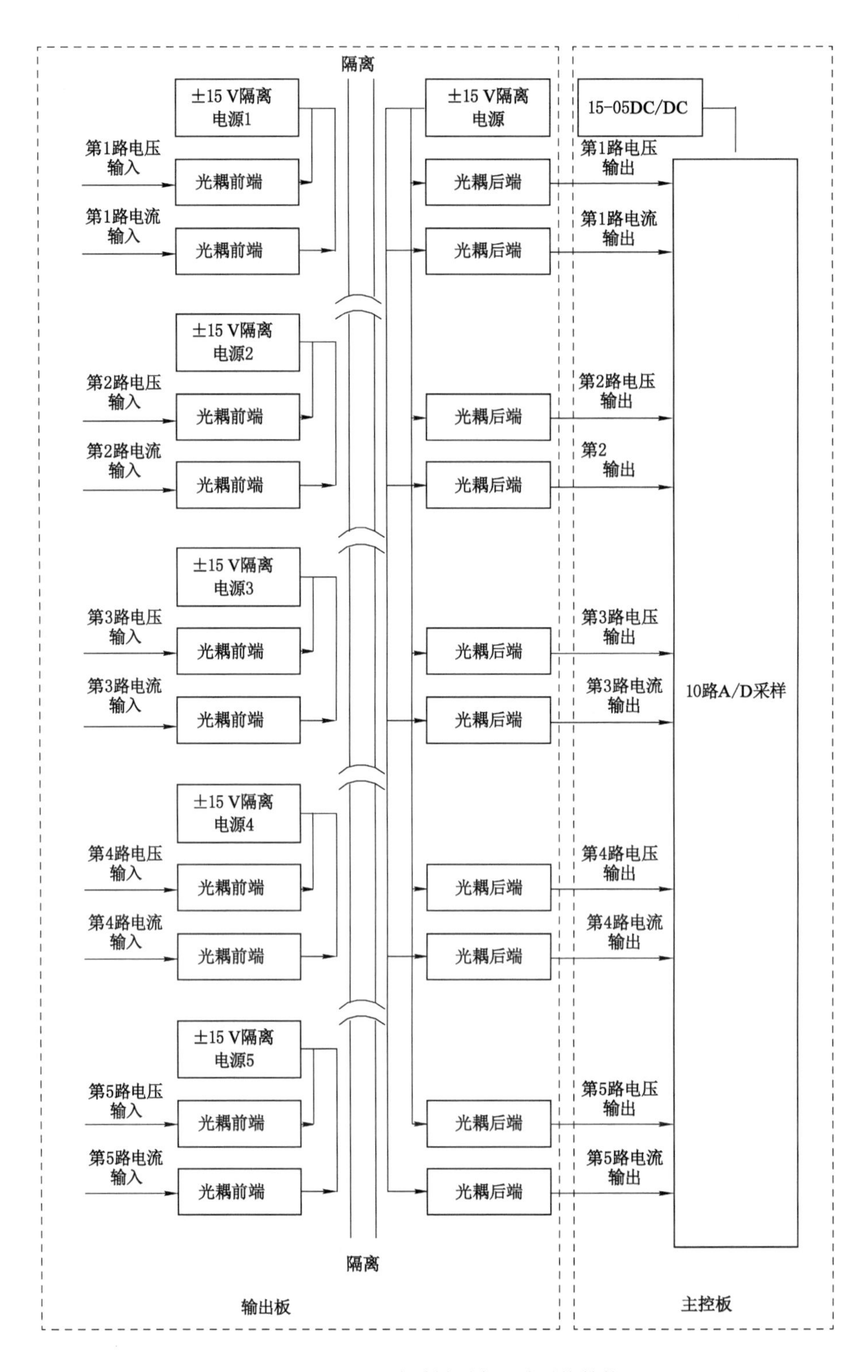

图 9-9　电压电流采样隔离电路系统结构

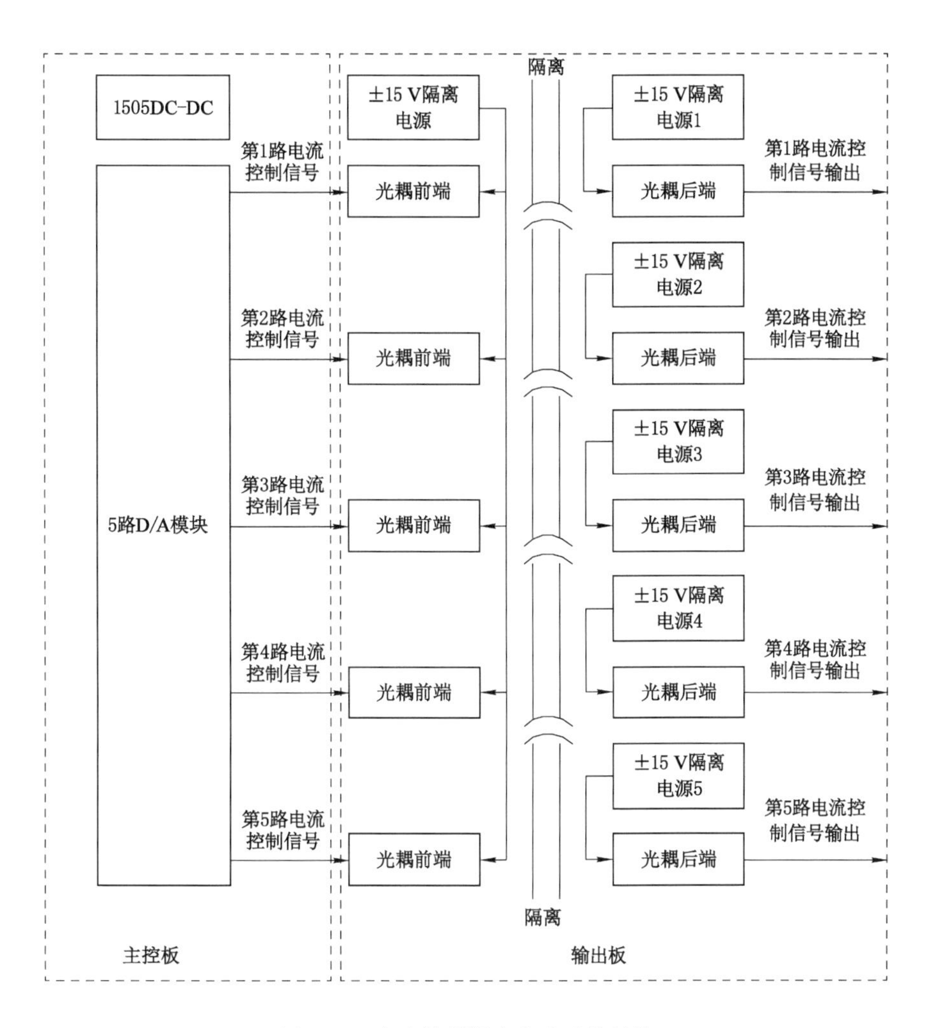

图 9-10　电流控制隔离电路系统结构

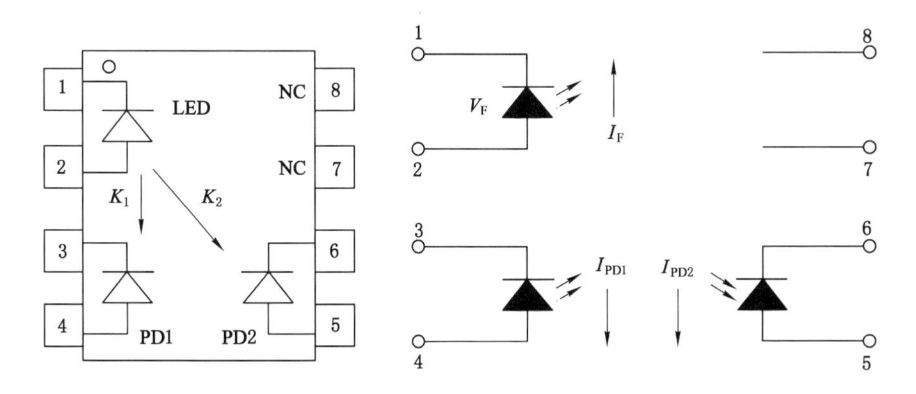

图 9-11　HCNR201 电路原理图

（2）电阻参数确定

根据线性光耦 HCNR201 隔离放大电路原理（图 9-12），设该电路输入端电压为 V_{in}，输出端电压为 V_{out}，K_1 和 K_2 为电流 I_{PD1} 和 I_{PD2} 的传递系数，定义 $K_1=I_{PD1}/I_F$，$K_2=I_{PD2}/I_F$，当忽略运放反向输入端的电流时，则通过 R_1 的电流为 I_{P1}，根据欧姆定律可得：

$$I_{P1}=\frac{V_{in}-V_{out}}{R_1} \tag{9-16}$$

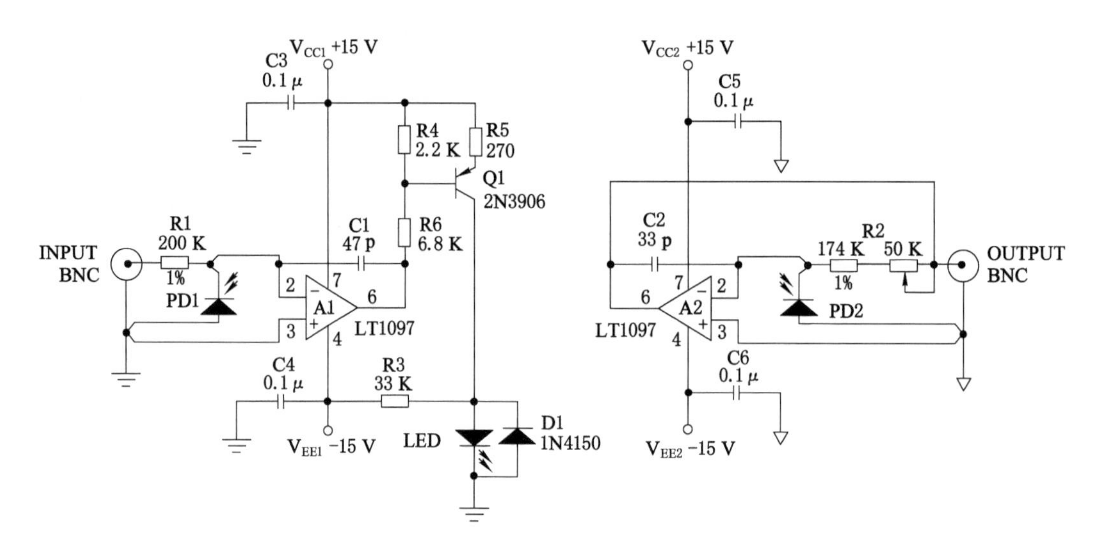

图 9-12　高精度模拟隔离放大器

当 $V_{in}=0$ 时，有 $I_{P1}=0$，$V_{out}=0$。

经理论推导有：

$$\begin{aligned}I_F&=\frac{\beta}{\beta+1}\times\frac{R_4(V_{cc1}-V_o)-(R_4+R_6)V_{be}}{R_5(R_4+R_6)}-\frac{V_F-V_{cc2}}{R_3}\\&\approx\frac{R_4(15\ \mathrm{V}-V_{out})-(R_4+R_6)0.7\ \mathrm{V}}{200\ \Omega(R_4+R_6)}-\frac{1.6\ \mathrm{V}-(-15\ \mathrm{V})}{33\ \mathrm{k}\Omega}\end{aligned} \tag{9-17}$$

式中，I_F 为流过 LED 的电流；放大倍数 $\beta=100\sim400$；$V_{cc1}=15$ V；$V_{cc2}=-15$ V；LED 两端电压 $V_F=1.3\sim1.85$ V（取典型值为 1.6 V）；三极管基极对发射极电压 $V_{be}=0.65\sim0.85$ V（取典型值为 0.7 V）；取 $R_3=33$ kΩ；取 $R_5=200$ Ω。

查 HCNR201 芯片手册，当 $I_F\in[1\ \mathrm{mA},20\ \mathrm{mA}]$ 时，HCNR201 处于线性状态。为使输入电压在 $V_{in}\in[0\ \mathrm{V},2.5\ \mathrm{V}]$ 时达到最佳线性隔离目的，令 $V_o=13$ V 时，$I_F=1$ mA，此时有：

$$\frac{R_4(15\ \mathrm{V}-13\ \mathrm{V})-(R_4+R_6)0.7\ \mathrm{V}}{200\ \Omega(R_4+R_6)}-\frac{1.6\ \mathrm{V}-(-15\ \mathrm{V})}{33\ \mathrm{k}\Omega}=1\ \mathrm{mA} \tag{9-18}$$

求解式（9-18）可得 $R_4=R_6$。实际电路设计时，取 $R_4=R_6=5$ kΩ。

（3）隔离电路设计

根据确定的电阻参量，完成电流控制隔离电路设计，如图 9-13 所示；对于电压电流隔离采样，需采集采样电阻两端差分电压信号，本书通过仪表放大器 AD620 将差分信号转换为单端信号。设计完成的电压隔离采样电路如图 9-14 所示，电流隔离采样电路与之相同。

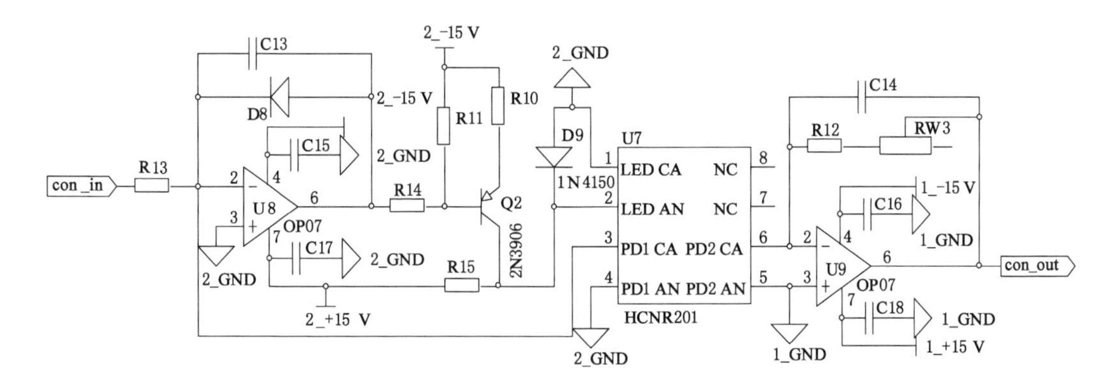

图 9-13　电流控制隔离电路

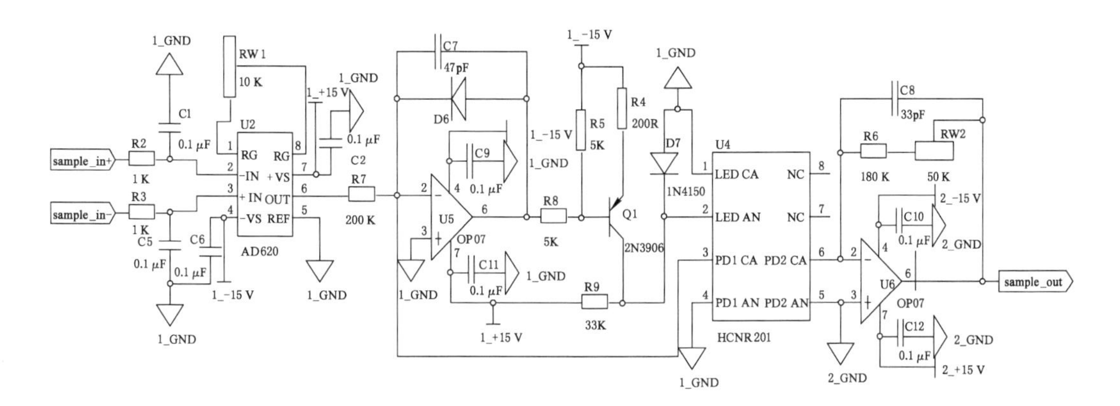

图 9-14　电压隔离采样电路

9.5　逆变采样模块设计

逆变系统由五个完全相同且相互独立的逆变电路组成。逆变电路是由四个 MOS 管组成的全桥逆变,且 MOS 管利用光耦直接驱动,不仅实现了对驱动信号的隔离,而且降低了自身功耗,减小了电路的体积,其原理示意见图 9-15(a)。

其中 MOS 管 1、4 为一组,MOS 管 2、3 为另一组。根据微处理器产生的驱动信号[图 9-15(b)],控制逆变器电桥相对的两组"臂"按相同频率依次通断,可将直流电转换成所需频率的交流探测电流。为保证五路探测信号的同步性,五个逆变电路使用同一调制信号。为避免调制信号对五路输出产生影响,逆变系统中的每一个 MOS 管都采用光耦 TLP250 进行隔离,驱动电路见图 9-15(c)。

电压电流采样模块主要完成对当前各路输出的电压、电流值的采集,处理及显示等功能。本发射装置在进行设计时主要通过若干采样电阻将当前输出电流或电压转换为电压信号,之后送入低通滤波电路,滤掉不必要的高频干扰使输出更为准确。将转换后的电压通过隔离变送器送入程控放大器,通过两级放大,使输出电压达到 A/D 转换的量程范围内,达到精确测量的目的。完成设计的逆变采样电路如图 9-16 所示。

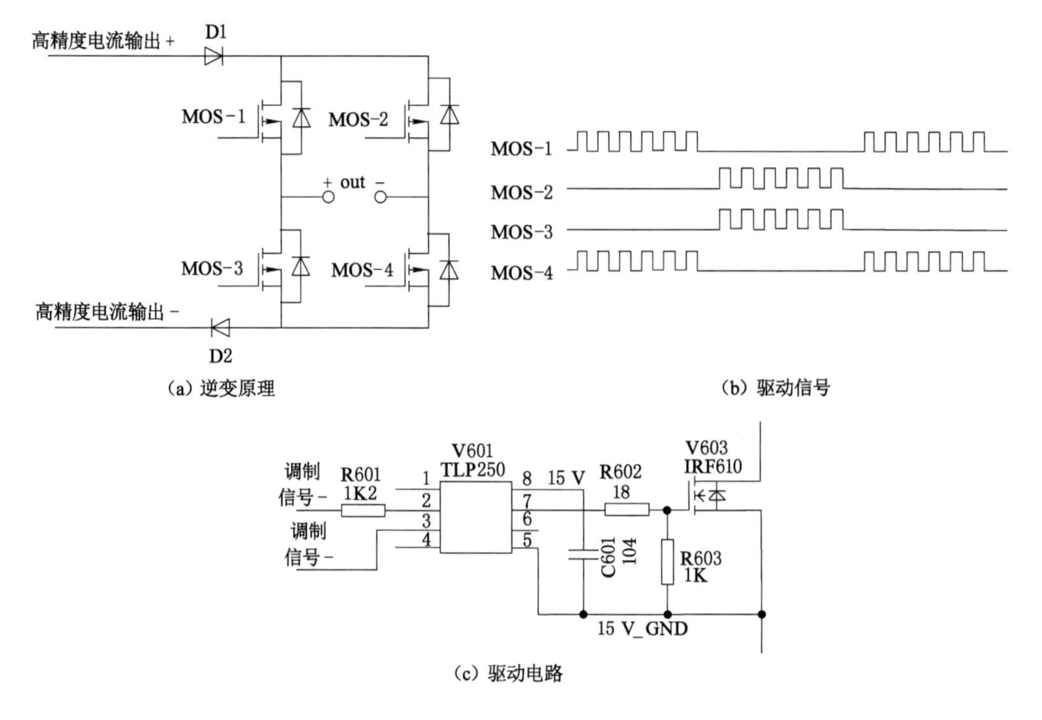

图 9-15 逆变原理及驱动信号

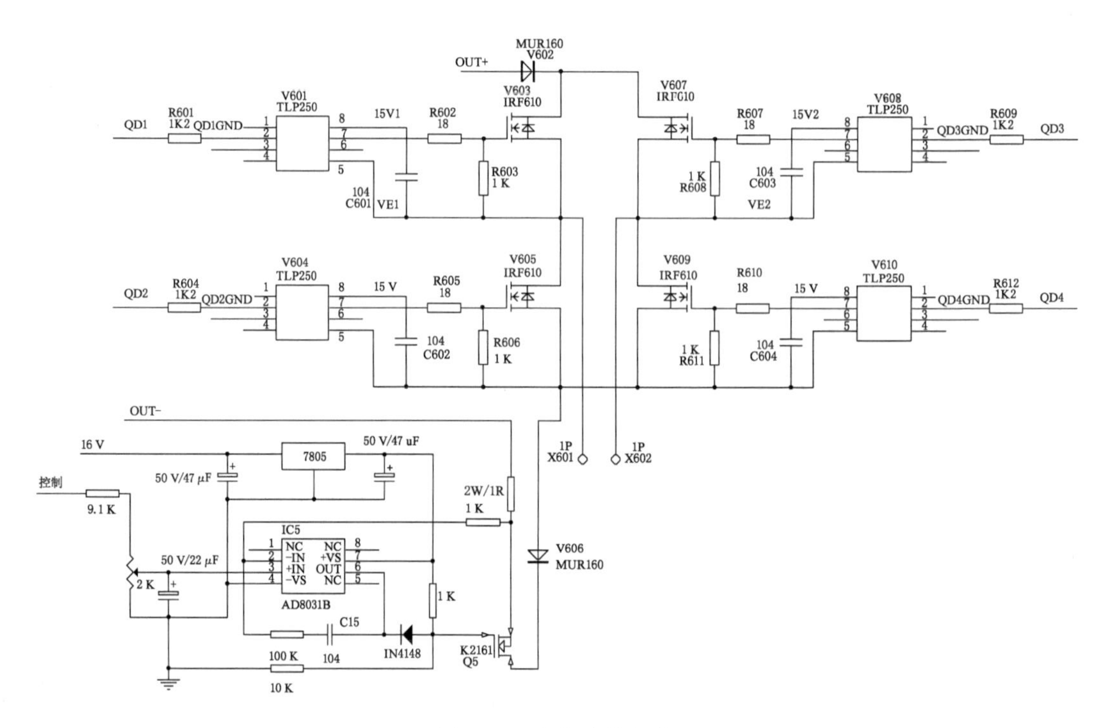

图 9-16 逆变采样电路

9.6　发送机软件系统功能设计

探测仪发送机软件系统(图 9-17)主要包括主界面程序、开机自检程序、电流设置程序、数据处理程序、测量显示程序、通信程序。主界面及开机自检程序:开机后,信号灯显示,系统进行自检,自检无误后,进入主界面。电流设置程序:根据超前探测原理,对各路输出电流幅值进行设定,控制探测电场的传播方向和距离。数据处理程序:完成电压、电流采样及接地电阻计算。测量显示程序:将当前输出电压、电流、接地电阻实时显示到显示屏上。通信程序:通过 RS485 将输出电流值传给接收机。

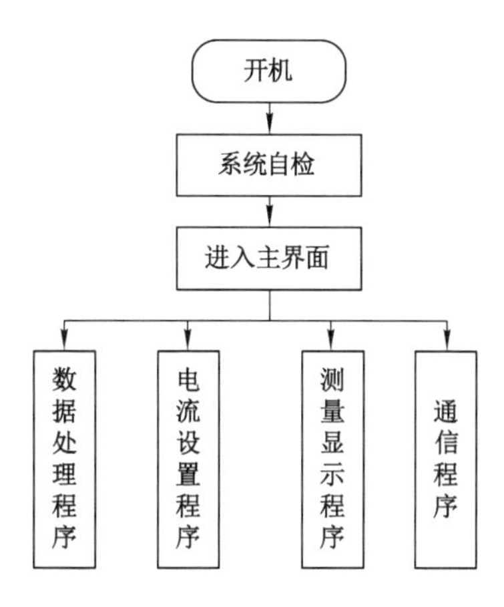

图 9-17　发送机软件系统结构

界面由设定区和显示区两部分组成,如图 9-18 所示。其中“设定 I”列为设定当前选定的工作组的电流值,通过键盘可改变其数值,其余部分为显示值,不可更改,随系统的工作情况实时变化。

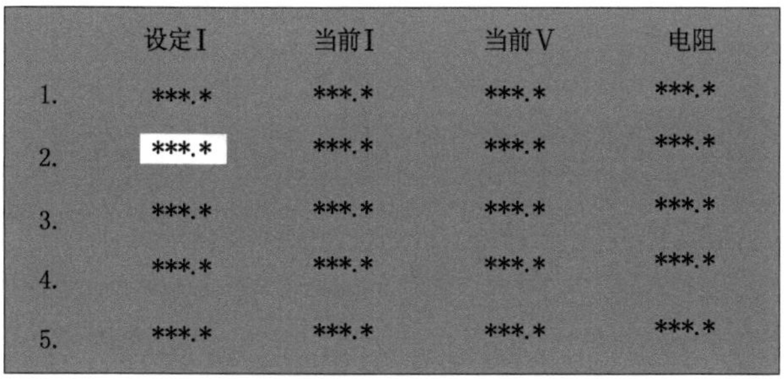

	设定I	当前I	当前V	电阻
1.	***.*	***.*	***.*	***.*
2.	***.*	***.*	***.*	***.*
3.	***.*	***.*	***.*	***.*
4.	***.*	***.*	***.*	***.*
5.	***.*	***.*	***.*	***.*

图 9-18　发送机界面显示

探测仪发送机样机采用模块化设计和制作(共由 1 个主控板模块和 5 个输出板模块拼接构成)。各硬件模块之间保持相对独立,当某个硬件模块出现故障时,系统会对其进行自检,各模块插拔、更换工作都极为方便。对各模块进行组装,完成发送机样机如图 9-19 所示。

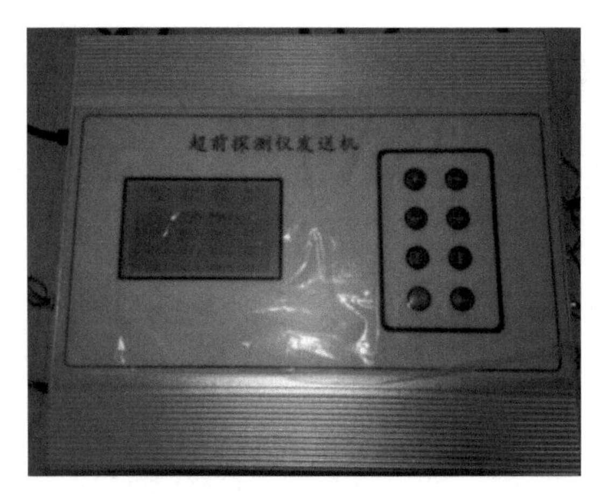

图 9-19　发送机样机

9.7　探测仪发送机性能测试

(1) 发送机双频调制方波信号性能测试

试验以超低频信号发生器产生的单频方波信号为驱动(频点选为 1 Hz 和 13 Hz,可以任意设定),经发送机样机控制接口驱动逆变模块,使其产生双频调制方波电流信号,通过阻容性或纯阻性模型网络,由示波器进行波形显示。阻容模型网络测试电路及测试装置如图 9-20(a)和图 9-20(b)所示。

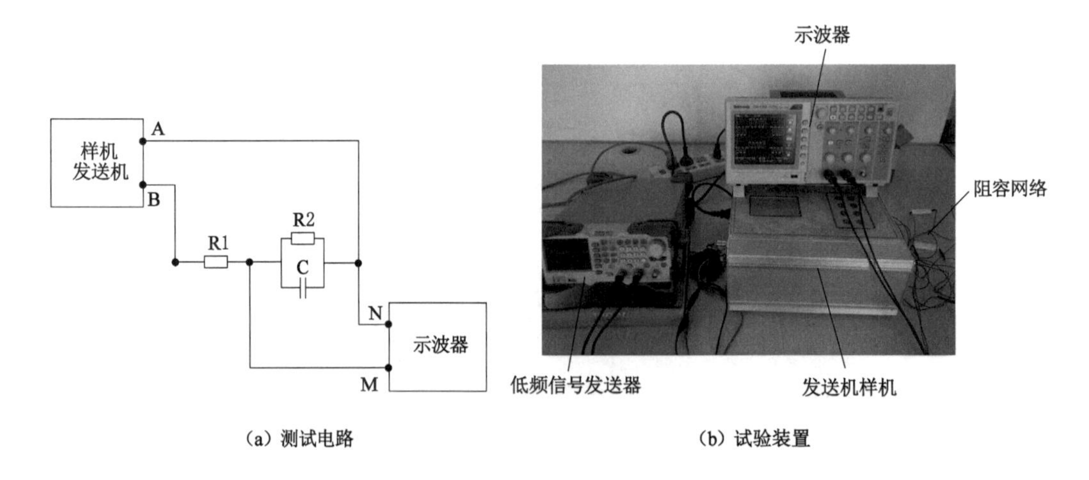

(a) 测试电路　　(b) 试验装置

图 9-20　阻容模型网络测试装置

对发送机 5 路中任意一路输出进行测试,设定电流在 10～100 mA 范围变化,使其通过纯阻性模型网络,输出的方波电压波形如图 9-21 所示,可以看出,输出的双频调制方波符合设计要求。

(2) 发送机单路充放电激电效应性能测试

阻容模型测试方案,以发送机发射 1 路(其他 4 路可分别单独进行测试)幅值为 60 mA、

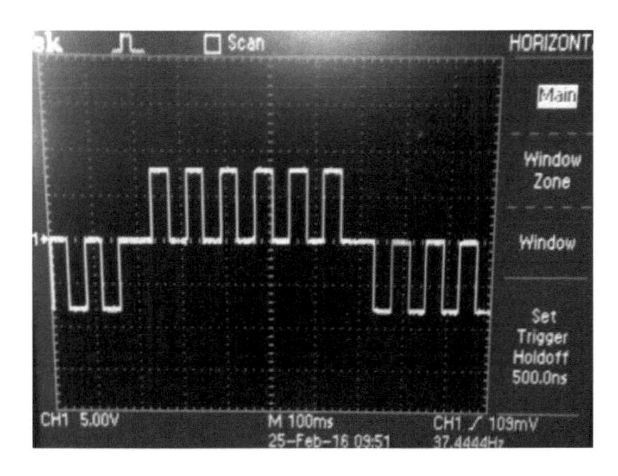

图 9-21　输出双频调制方波电压信号

相位差为 π 的高低频组合的调制方波电流为激励，经阻容模型 RC 网络，由显示器进行时域波形显示。取电阻 $R_1=1$ kΩ、$R_2=1$ kΩ、电容 $C=20$ μF，通过低频信号发生器选择不同频点分别进行性能试验测试。在 BM 两端和 MN 两端测量的时域波形如图 9-22 所示，其时域波形变化趋势与电路理论计算分析一致。BM 两端为纯电阻性元件，输出曲线为双频调制方波电压信号[图 9-22(a)]；MN 两端为阻容性元件，输出曲线为具有激发极化现象的电压信号[图 9-22(b)]。

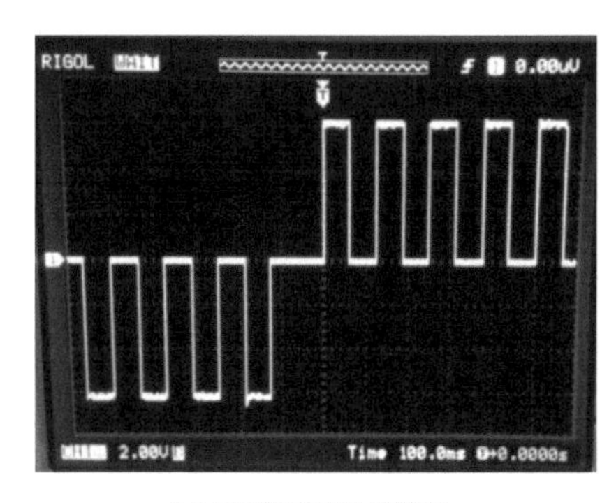

(a) BM端测量时域波形

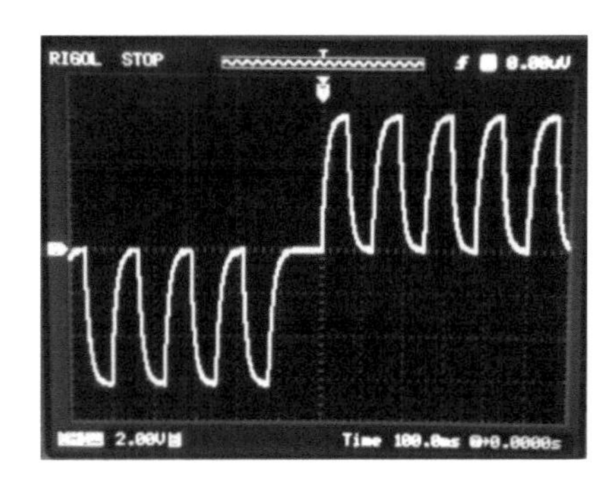

(b) MN端测量时域波形

图 9-22　单路充放电激电效应性能测试

(3) 发送机恒流限压性能测试

以发送机发射 1 路(其他 4 路可分别单独进行测试)幅值为 70 mA、相位差为 π 的高低频组合的双频调制方波电流为激励，经纯阻性模型网络，取电阻 $R_1=1$ kΩ、$R_2=1$ kΩ，电容断开，由示波器显示的电压约为 70 V，与电路理论计算一致，电压波形曲线如图 9-23(a)所示。将发射电流分别设定为 85 mA 和 100 mA，重复上述试验，显示电压均为 100 V，即上限电压不超过 100 V，满足设计要求，波形曲线如图 9-23(b)所示。

(4) 控制及输出性能测试

发送机的控制和输出性能包含电压电流控制精度、限压精度和恒流精度，下面针对改进后发送机试验样机进行电流控制精度、限压精度和恒流精度的测试。

① 电流控制精度测试

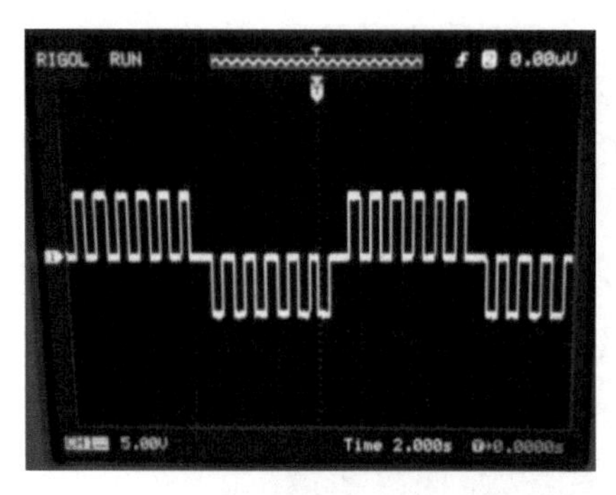

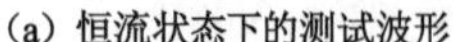
(a) 恒流状态下的测试波形

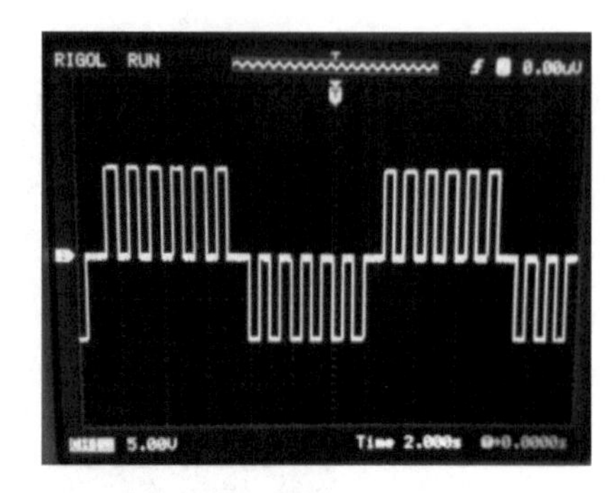

(b) 限压状态下测试波形

图 9-23 恒流限压性能测试

改进后的电流控制电路能根据输出信号 0～0.75 V,线性对应输出电流 0～60 mA。为避免在电流控制精度测试过程中,系统进入限压状态,所选负载需为较低的电阻,本试验中选用标称值 100 Ω 的电阻。误差 $\hat{E}_I$ 为:

$$\hat{E}_I = \frac{\hat{I}_{实测} - I_{理论}}{\hat{I}_{实测}} \times 100\% = \frac{\hat{I}_{实测} - 80 \times U_{控制}}{\hat{I}_{实测}} \times 100\% \tag{9-19}$$

式中 $\hat{I}_{实测}$——不同控制信号下实际测得的输出电流值,mA;

$I_{理论}$——根据控制信号电压计算的理论输出电流值,mA;

$U_{控制}$——电流恒定值大小控制信号,V。

从图 9-24 中可以看出电流控制误差低于 2.5%,可以满足发送机的设计要求。

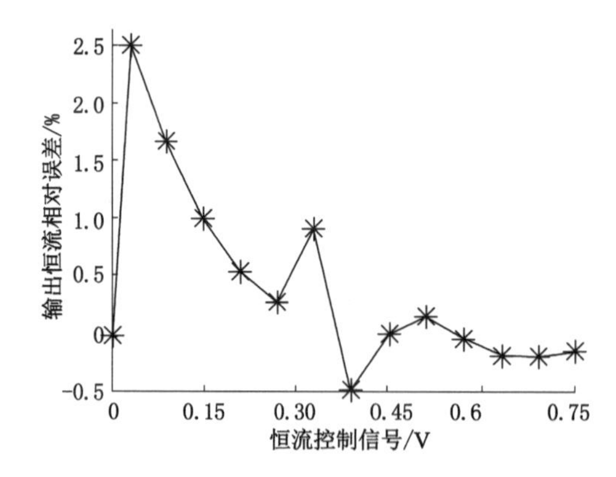

图 9-24 控制精度测试结果

② 限压精度测试

因每路输出限压为 70 V,实际使用时,根据接地电阻的不同,设定适当的电流输出值。在限压精度测试时,测试电路所选的负载为标称值为 3.5 kΩ 的电阻,所以:

$$I = \frac{U}{R} = \frac{70}{3.5 \times 10^3} = 20(\text{mA}) \tag{9-20}$$

当测试路输出电流大于或等于 20 mA 时,该路将进入限压状态,即使设置该路电流值大于 20 mA，因输出限压为 70 V，该路实际输出电流仍是 20 mA，因此该路电流实际输出值最大为 20 mA。从图 9-25 中可以看出，限压工作状态和预期结果完全一致。测试结果中电压为 70 V 时，所对应的电流稍小于 20 mA，为 19.9 mA，这是负载阻值误差引起的。

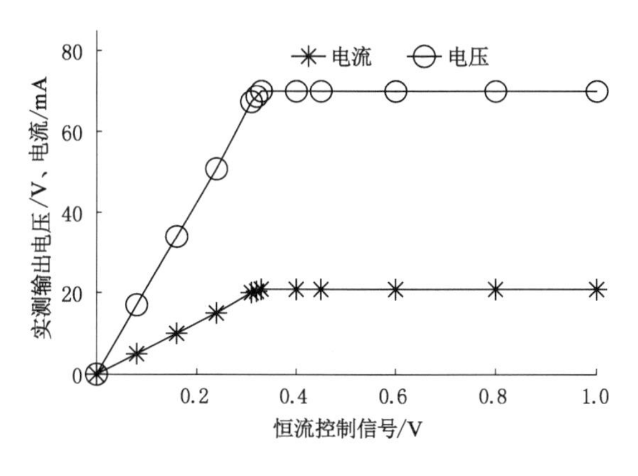

图 9-25　限压精度测试结果

③ 恒流精度测试

恒流精度测试时任选 5 路中的一路，将该路电流设定为 0～60 mA 的任意值，根据所设定的电流值，变换不同阻值的负载，实时监测在不同阻值负载下，所选定一路的实际输出电流值。恒定电流值的误差 $\widetilde{E}_I$ 计算方法如式(9-21)所示。

$$\widetilde{E}_I = \frac{\widetilde{I}_{实测} - I_{设定}}{I_{设定}} \times 100\% \tag{9-21}$$

式中　$\widetilde{I}_{实测}$——不同阻值负载情况下测得的实际输出电流值，mA；

$I_{设定}$——设定的电流输出值，mA。

从图 9-26 中可以看出恒流误差低于 0.6%，满足发送机对输出恒流精度的要求。

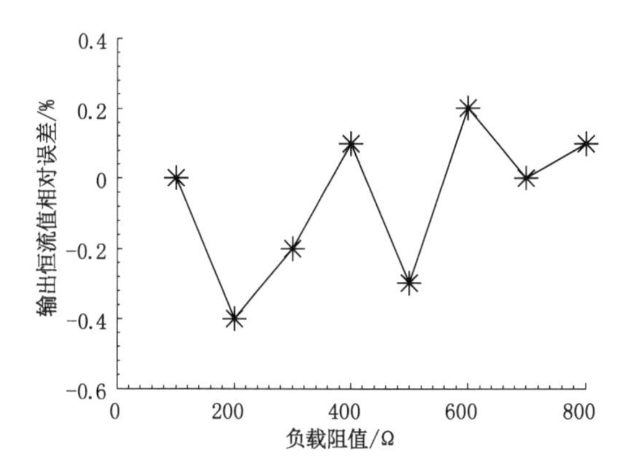

图 9-26　恒流精度相对误差

第10章　超前探测仪接收机关键技术研制

超前探测仪工程样机要用于煤矿井下巷道的超前探测，因此需要满足仪器功能使用要求以及煤矿井下环境要求。在原理样机和试验样机的基础上，通过系统分析探测仪工作原理，按照矿用电气产品相关规定和要求，提出了解决接收机工程样机的多项关键技术，最后实现了接收机工程样机的总体设计和各个子系统设计。

10.1　接收机系统设计

10.1.1　设计方案

(1) 设计要求

动态电场激励法超前探测仪器接收机需满足以下几方面基本要求：

① 煤矿安全要求

根据矿用电气设备使用要求，煤矿井下使用的电气设备需满足GB/T 3836系列防爆电气设备国家标准。矿用聚焦双频激电仪必须取得煤矿安全认证中心防爆认证，才能用于煤矿井下环境。因此，在进行接收机方案制定及具体设计时，必须充分考虑仪器功耗、温度等各方面要求。

② 准确性与可靠性

煤矿井下产生电磁干扰的机电设备包括电力电缆、电力变频器、电气控制柜和电动机、架线机车以及接地网等，其电磁干扰按照频率分为高频电磁干扰、工频干扰以及各种低频干扰等[70-71]。接收机作为精密仪器设备，必须具有较强的抗电磁干扰性能以及准确性。此外，煤矿井下环境恶劣，掘进机截割以及钻孔机械打孔时会产生大量粉尘，空气湿度较大，从长期使用角度考虑，接收机须具备优良的可靠性。

③ 操作简便

在煤矿井下，探测仪器和相关设备的体积应尽量小、质量轻、便于搬运。此外，探测仪接收机应具有直观的操作界面，操作简便。

(2) 设计功能

接收机在具备煤矿安全要求、满足准确性和可靠性以及操作简便的基础上，应满足如下功能：

① 产生双频PWM驱动控制信号，信号频率为8 Hz及8/13 Hz、4 Hz及4/13 Hz、2 Hz及2/13 Hz、1 Hz及1/13 Hz四组中的任意一组，控制发送机产生双频调制方波电流。

② 获取激电电压信号并经过数字化处理，求得高低频幅值及相位，经过数据解算获得视电阻率、视幅频率、视相频率等激电参数。

③ 发送机电流数据及接收机探测数据及图像的实时显示，以及对整个系统的控制。

(3) 设计方案

接收机总体结构如图 10-1 所示，根据设计要求，接收机主要由主控系统、信号调理系统、电源及接口电路等 4 个子系统组成。主控系统实现发送机电流数据及接收机探测数据及图像的实时显示，以及对整个系统的控制；信号调理系统产生双频 PWM 驱动控制信号以及实现对激电电压信号的处理及解算；电源及接口电路实现电源转换及接收机内部与外部的电气隔离。接收机通信方式为主机＋从机方式，采用 RS485 方式进行通信。

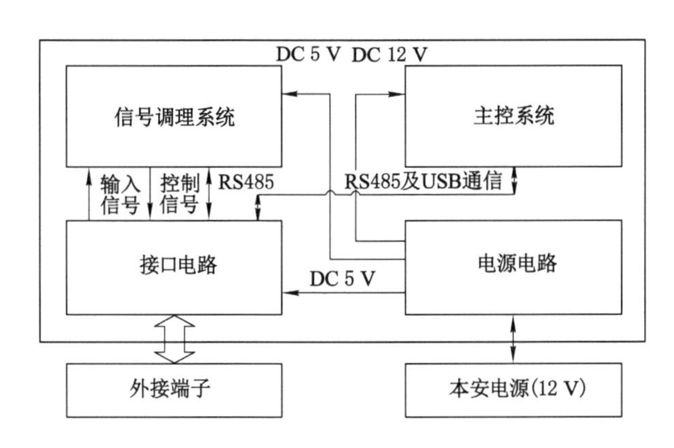

图 10-1　系统总体结构

10.1.2　主控系统

主控系统硬件部分选用维控科技生产的 KC01-43T 型矿用本安型人机界面设备，防爆证书编号为 1124334U，本安参数为 U_i:24.5 V，I_i:90 mA，C_i:0 μF，L_i:0 mH，适用于煤矿井下有瓦斯和煤尘爆炸的危险环境。该产品带有 RS485 通信接口及 USB 通信接口，便于实现主控系统与信号调理系统的数据通信及数据存储。RS485 通信采用 Modbus 协议，波特率设为 9 600 b/s。

软件部分采用维控 Levi Studio 进行编写，主要由参数设置程序、系统校验程序、测量显示程序及数据查询程序等四个子程序组成。参数设置程序主要涉及测区参数、测量方法及装置、信号调理系统设置及时间和日期设置等；系统校验包括自校验和外校验；测量显示包括发送机电流数据及接收机探测数据及图像的实时显示；数据查询可以实现历史记录的查询。程序流程图如图 10-2 所示。

10.1.3　信号调理系统

对于接收机，信号调理系统是设计的重点和难点，煤矿井下电磁干扰抑制是信号调理系统设计的关键。接收机电磁干扰主要包括动力电缆浪涌干扰、电动机及其他电气设备辐射干扰、工频干扰及高频谐波成分以及机器振动产生的低频干扰。

信号调理系统电路结构见图 10-3。输入激电电压信号依次经过输入级、滤波级及单端转差分电路实现对模拟信号的处理，经过模数转换电路转换为数字量后，由数字处理电路进行数字相敏检波处理，探测数据由单片机电路以 RS485 通信方式传输给主控系统，另外，数

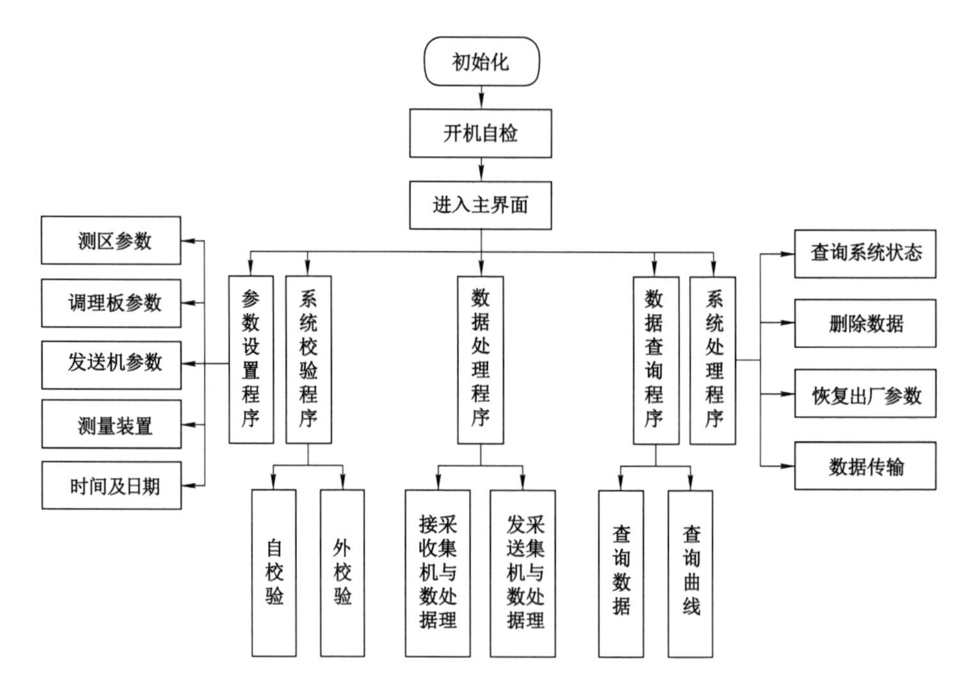

图 10-2　主控系统程序流程图

字处理电路控制驱动控制电路产生两路双频 PWM 驱动控制信号。

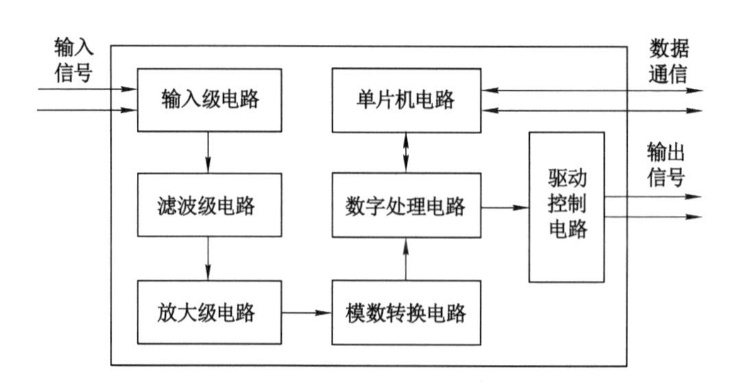

图 10-3　信号调理系统结构

（1）输入级电路设计

输入级电路依次为浪涌保护电路、共模抑制电路、50 Hz 陷波电路、高通滤波电路及高精度仪表放大器，如图 10-4 所示。浪涌保护电路主要由三个双向 15 V TVS 管构成，保护后端电路免于浪涌电压的损坏。共模抑制电路可抑制煤矿井下高频电磁干扰。50 Hz 陷波电路采用平衡式无源双 T 陷波电路，可有效抑制 50 Hz 工频干扰。高通滤波电路可滤除温度漂移及 $1/f$ 噪声等低频噪声。

（2）滤波级电路设计

滤波级电路主要包括 50 Hz、100 Hz、150 Hz 三级陷波电路，电路如图 10-5 所示。各级陷波电路结构相同，均采用有源双 T 陷波形式，电路中的信号流向顺序为：PGAOUT—VIN4—VIN5—VIN6，三级陷波之后的信号经过电阻分压，产生信号 VIP1IN。利用电路仿

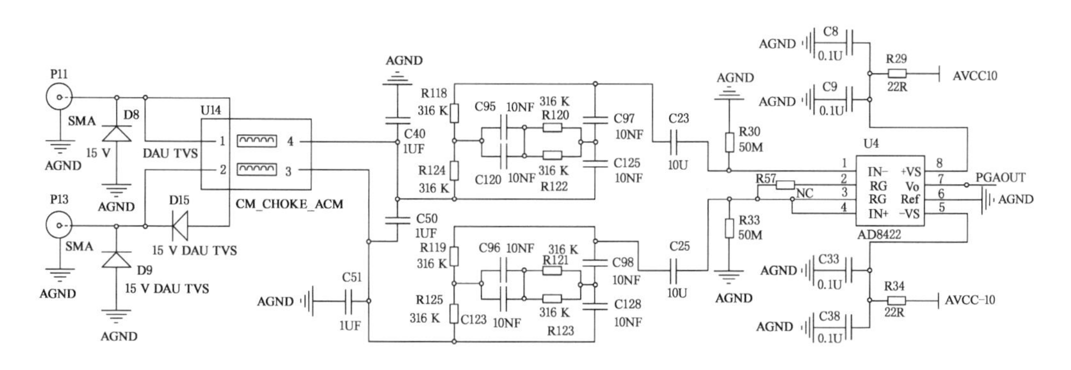

图 10-4　信号调理系统结构

真软件 Multisim 对该电路进行仿真分析,可求得在三个频点的陷波深度均大于 30 dB。

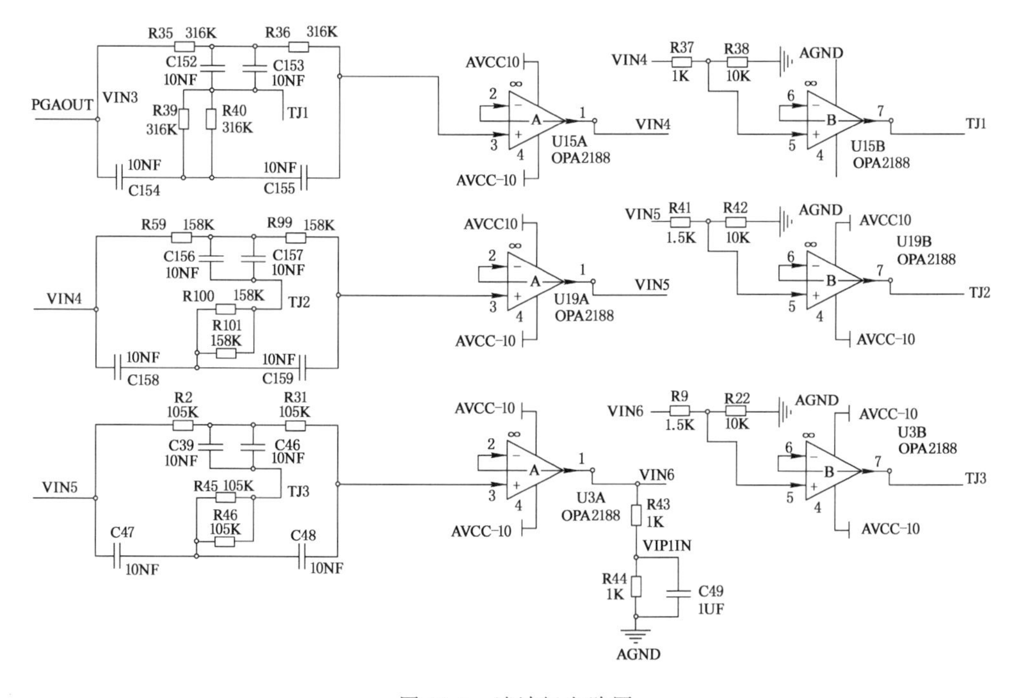

图 10-5　滤波级电路图

(3) 数字处理电路设计

数字处理电路采用 Altera 公司生产的 FPGA 芯片 EP2C35F484C8N,芯片内部包括同步时钟模块、数字正弦参考信号发生模块、4 路 PSD 模块、4 路可编程 FIR 数字滤波器组、2 路矢量运算模块以及数字调制方波控制信号发生模块等,如图 10-6 所示。

数字处理电路工作原理如下:数字调制方波控制信号发生模块产生前面所述的 PWM 驱动控制信号 V_{con1}、V_{con2}。在时钟管理模块的统一时钟下,数字正弦参考信号发生模块产生 4 路与 V_{con1}、V_{con2} 具有相同基波频率的数字正弦参考信号 $V_{\mathrm{ref1}} \sim V_{\mathrm{ref4}}$。4 路 PSD 模块的作用是将经过前级信号处理过的激电电压信号分别与 4 路参考信号相乘,即实现相敏检波。4 路可编程 FIR 数字滤波器组的作用是滤除交流信号成分,输出直流信号。经过对该直流信

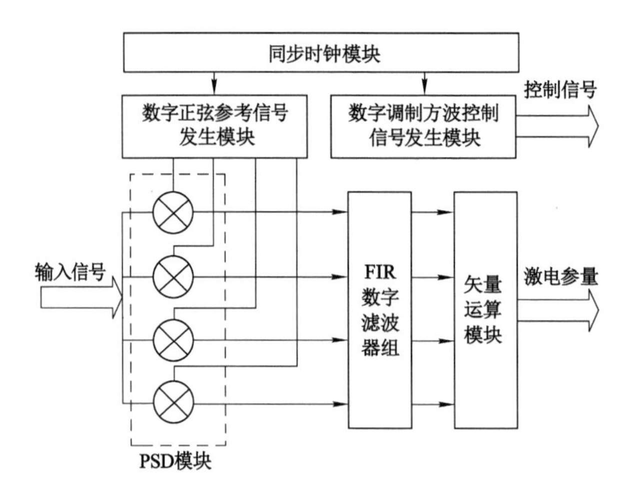

图 10-6　数字处理电路结构

号的解算，可求得激电电压幅值 DVL 和 DVH 及相位差 j_L 和 j_H。基于 FPGA 的数字化处理技术，克服了模拟信号系统结构复杂，易受温度漂移、时间漂移、环境噪声等影响，增强了接收机的抗干扰能力。

10.1.4　电源及接口电路

（1）电源电路设计

本安电源选用北京和利时公司生产的 MKC598xi 型本质安全型电源，证书编号：320150133U，本安参数为 U_i：265 V，U_o：12.7 V，I_o：1.92 A，L_o：0.1 mH，C_o：22 μF。该电源最大输出功率 $P=U_o \times I_o=24(\mathrm{W})$，而接收系统整机功耗约为 8 W，因此满足设计要求。

电源电路的作用是实现对接收系统的供电，如图 10-7 所示，即电源电路要求给主控系统供电 DC 12 V，给信号调理系统供电 DC 5 V，给接口电路供电 2 路隔离 DC 5 V。图 10-7(a) 所示为过压过流电路及 MOS 管构成的防反接保护电路；图 10-7(b)的 DC 12 V 电源给主控系统供电，经过隔离 DC-DC 模块 WRB1205MD-10W 产生隔离 DC 5 V 电源给信号调理系统供电；图 10-7(c)及图 10-7(d)为 DC 5 V 电源通过 2 个 DC-DC 模块 B0505s-1W 分别给接口电路的隔离两侧供电。

（2）接口电路设计

接口电路的作用是实现接收机内部与外部的隔离及保护，主要包括输入信号保护电路、隔离驱动控制电路、RS485 隔离保护电路、USB 通信保护电路。输入信号保护电路及 USB 通信保护电路主要通过过压过流保护限制外界能量进入接收机内部。

煤矿井下通信要求具有本安特性，一般设备输出的 RS485 信号不能满足煤矿井下的要求，因此需要进行设备间隔离。隔离 RS485 通信电路设计时采用 ADI 公司生产的基于磁耦隔离技术的增强型 RS485 收发器 ADM2483。为增强接收机的抗干扰能力，在驱动控制信号输出之前增加一级隔离驱动控制电路，设计时选用东芝公司生产的双光耦芯片 TLP521-2，该芯片可提供超过 10 mA 的驱动电流，实现对发送机的驱动。

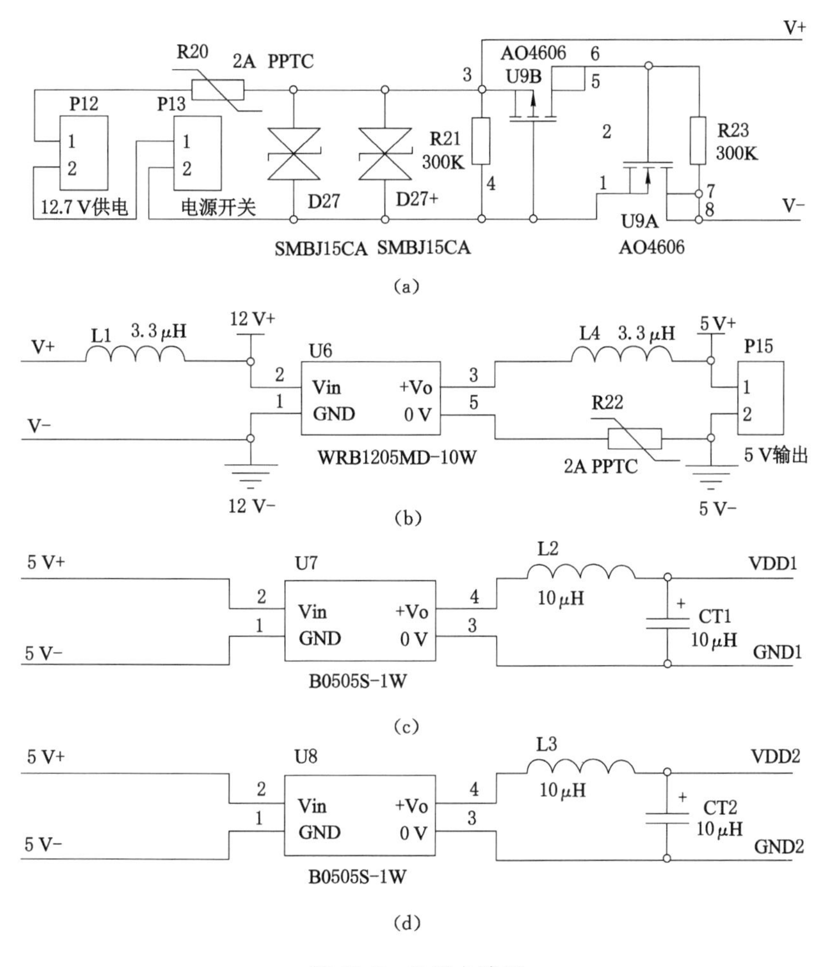

图 10-7　电源电路图

10.2　接收机关键技术研究

在接收机工程样机的研制过程中，根据实际需要提出了接收机关键技术，主要包括同步隔离驱动控制技术、自动增益控制技术以及 RS485 隔离通信技术。

10.2.1　同步隔离驱动控制技术

(1) 工作原理

发送机采用全桥逆变电路产生双频调制方波电流，如图 10-8 所示。在该电路中，Q1～Q4 为 4 个场效应管，Drive1～Drive4 分别为对应的 4 路驱动控制信号。当 $j=0$ 时，驱动控制信号波形见图 10-9(a)；当 $j=\pi$时，驱动控制信号波形见图 10-9(b)。当 Drive1 与 Drive4 为图 10-9(a1)所示驱动控制信号，Drive2 与 Drive3 为图 10-9(a2)所示驱动控制信号时，逆变输出双频电流波形如图 10-9(a3)所示；当 Drive1 与 Drive4 为图 10-9(b1)所示驱动控制信号，Drive2 与 Drive3 为图 10-9(b2)所示驱动控制信号时，逆变输出双频电流波形如图 10-9(b3)所示。

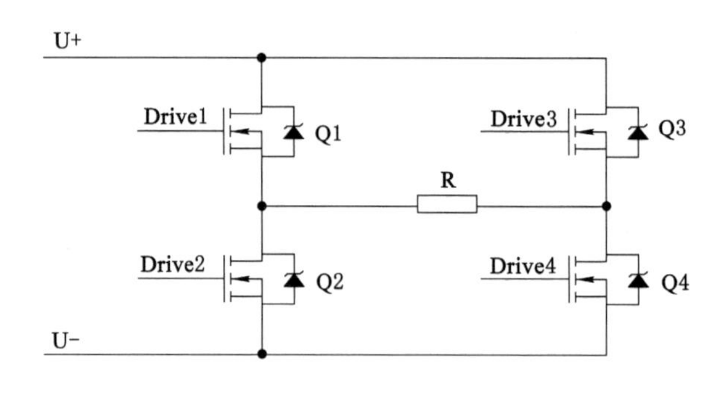

图 10-8　全桥逆变电路图

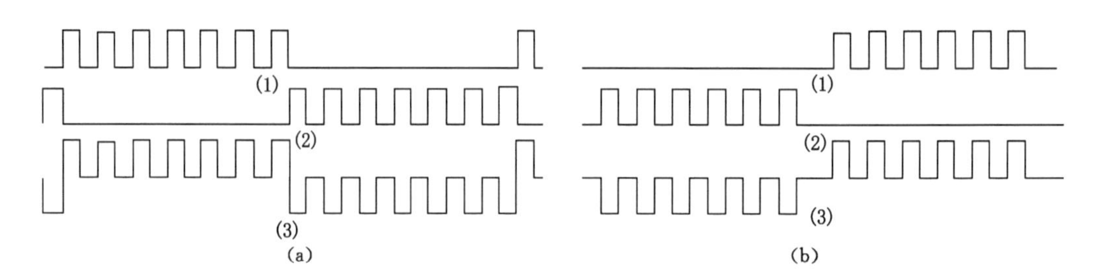

图 10-9　驱动控制信号波形

(2) 电路设计

动态电场激励法超前探测仪的隔离驱动控制电路结构如图 10-10 所示，该电路包括比较电路、与门电路、选通电路、扩流电路、隔离输出电路、分压电路及隔离电源，其中比较电路、与门电路、选通电路、扩流电路、隔离输出电路顺次连接，隔离电源分别向隔离输出电路前端和后端提供隔离电压，而且通过分压电路向比较电路提供基准比较电压。

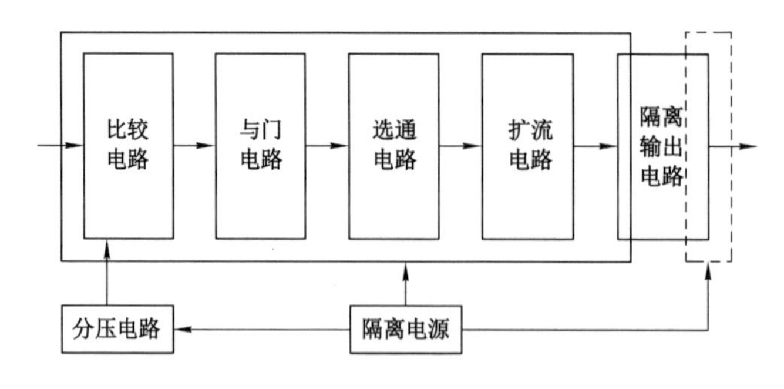

图 10-10　隔离驱动控制电路结构框图

根据分析，设 LCLK1、LCLK2、HCLK1、HCLK2 为比较电路[图 10-11(a)]输出信号，其波形如图 10-11(b)所示。

设 OUT1～OUT4 为与门电路输出信号，当满足式(10-1)时，可知 OUT1 输出波形如图 10-9(a2)所示，OUT2 输出波形如图 10-9(a1)所示，OUT3 输出波形如图 10-9(b1)所示，

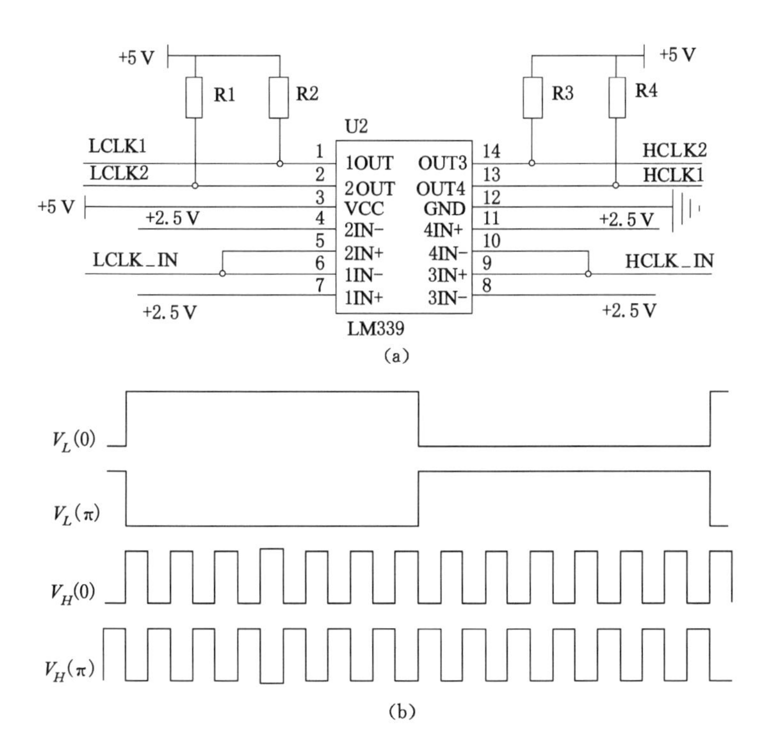

图 10-11　比较电路及输出波形

OUT4 输出波形如图 10-9(b2)所示。

$$\begin{bmatrix} OUT1 \\ OUT2 \\ OUT3 \\ OUT4 \end{bmatrix} = \begin{bmatrix} LCLK1 \cap HCLK1 \\ LCLK2 \cap HCLK2 \\ LCLK1 \cap HCLK2 \\ LCLK2 \cap HCLK1 \end{bmatrix} = \begin{bmatrix} V_L(\pi) \times V_H(\pi) \\ V_L(0) \times V_H(0) \\ V_L(\pi) \times V_H(0) \\ V_L(0) \times V_H(\pi) \end{bmatrix} \tag{10-1}$$

实际工作时,2 对波形输出 OUT1 与 OUT2、OUT3 与 OUT4 通过选通电路选择 1 对进行输出。当选择 OUT1 与 OUT2 输出时,输出相位差为 0 rad 双频驱动控制信号,当选择 OUT3 与 OUT4 输出时,输出相位差为 π rad 双频驱动控制信号。

10.2.2　自动增益控制技术

在电法勘探中,电法勘探信号接收机采集的电压信号具有动态范围大的特点,通常情况下,电压信号幅值的动态范围为±1 mV～±10 V。为了实现对各种信号进行有效放大,接收机应具有自动增益控制功能。

自动增益控制电路包括正峰值检波电路、基准电压电路、信号放大电路、电压比较电路、放大电路Ⅰ、滤波电路Ⅰ、放大电路Ⅱ、滤波电路Ⅱ,如图 10-12 所示。被测激电电压信号经过前级信号处理后,进入自动增益控制电路。输入信号经过正峰值检波电路后分为两路,第一路直接与电压比较电路比较端连接,第二路通过信号放大电路后与电压比较电路比较端连接,基准电压电路与电压比较电路另一比较端连接,电压比较电路的输出端与放大电路Ⅰ及放大电路Ⅱ的控制端连接,电压比较电路产生数字控制信号实现对放大电路Ⅰ及放大电路Ⅱ放大倍数的控制。

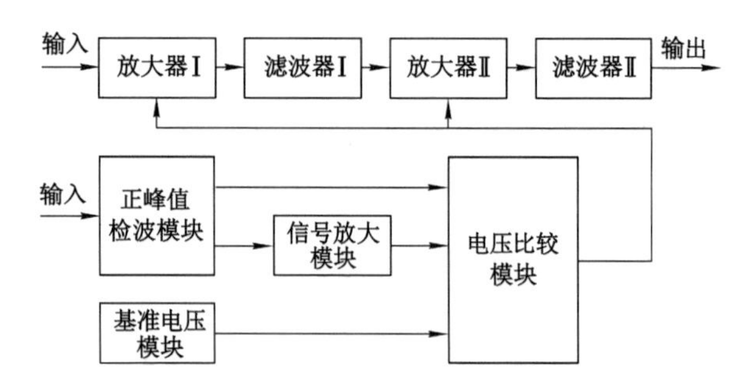

图 10-12　自动增益控制电路框图

本例将±1 mV～±10 V电压峰值范围分为四组，分别是0～±10 mV，±10～±100 mV，±100～±1 000 mV，±1～±10 V。考虑电压比较电路的分辨率，通过信号放大电路将0～±100 mV的激电电压信号放大10倍。因此，电压比较电路的四组门限电压分别为0～100 mV，10～100 mV，100～1 000 mV，1～10 V，如表10-1所示。

表 10-1　放大电路放大倍数

输入范围	放大电路Ⅰ增益	放大电路Ⅱ增益	总增益	输出范围
0～±10 mV	100	10	1 000	0～±10 V
±10～±100 mV	10	10	100	±1～±10 V
±100～±1 000 mV	10	1	10	±1～±10 V
±1～±10 V	1	1	1	±1～±10 V

电压比较电路的门限电压分别为REF0＝0 V，REF1＝100 mV，REF2＝1 V，REF3＝10 V，经过正峰值检波电路的输出信号为VPP OUT，VPP OUT经过信号放大电路放大后输出为VPP AMP，VPP OUT或VPP AMP在电压比较电路中与四组门限电压比较，产生逻辑控制信号，最终通过控制与门电路实现对放大倍数的控制。具体如表10-2所示。

表 10-2　电压比较电路比较功能

组别	比较器输入	比较器输出1	比较器输出2	与门输出
第一组	REF0＜VPP AMP＜REF1	1OUT＝1	2OUT＝1	CON1＝1
	VPP AMP＞REF1	1OUT＝0	2OUT＝1	CON1＝0
	VPP AMP＜REF0	1OUT＝1	2OUT＝0	CON1＝0
第二组	REF1＜VPP AMP＜REF2	3OUT＝1	4OUT＝1	CON2＝1
	VPP AMP＞REF2	3OUT＝1	4OUT＝0	CON2＝0
	VPP AMP＜REF1	3OUT＝0	4OUT＝1	CON2＝0
第三组	REF1＜VPP OUT＜REF2	5OUT＝1	6OUT＝1	CON3＝1
	VPP OUT＞REF2	5OUT＝0	6OUT＝1	CON3＝0
	VPP OUT＜REF1	5OUT＝1	6OUT＝0	CON3＝0

表 10-2(续)

组别	比较器输入	比较器输出 1	比较器输出 2	与门输出
第四组	REF2＜VPP OUT＜REF3	7OUT=1	8OUT=1	CON4=1
	VPP OUT＞REF3	7OUT=1	8OUT=0	CON4=0
	VPP OUT＜REF2	7OUT=0	8OUT=1	CON4=0

10.2.3　RS485 隔离通信技术

煤矿井下通信系统要求具有本安特性，一般设备输出的 RS485 信号不能满足煤矿井下的要求，需采用隔离装置对非本安 485 设备与本安 485 设备之间的通信进行隔离。为解决传统 RS485 隔离中继器存在的问题，针对煤矿井下应用特点，研制了一种基于磁隔离技术及收发自动转换控制技术的低功耗、抗干扰能力强、高稳定性及可靠性的 RS485 隔离中继器。

(1) 磁隔离原理

ADM2483 是 ADI 公司生产的一种基于磁隔离技术的增强型 RS485 收发器，其结构框图如图 10-13 所示，它包括一个三通道隔离器、一个带三态输出的差分驱动器和一个带三态输入的差分接收器，工作时，发送端、接收端及控制端的信号通过通道隔离器实现隔离。

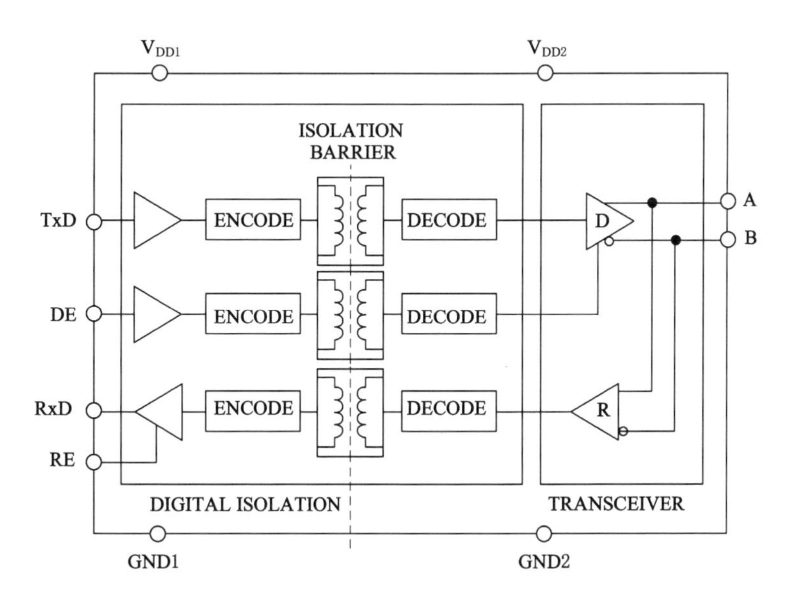

图 10-13　7ADM2483 结构框图

(2) 电路设计

① 总体方案

所设计的 RS485 隔离中继器电路结构如图 10-14 所示，包括非隔离收发端 U1、隔离收发端 U2、自动收发转换电路 U3 和 U4 及隔离电源，U1 的发送端 TXD1 引脚和 U2 的接收端 RXD2 引脚连接，U1 的接收端 RXD1 引脚和 U2 的发送端 TXD2 引脚连接，自动收发转换电路 U3 连接 U1 的 RE1/DE1 引脚与 U2 的接收端 RXD2 引脚，自动收发转换电路 U4

连接 U2 的 RE2/DE2 引脚与 U1 的接收端 RXD1 引脚，RXD2 引脚通过 U3 控制 U1 的数据传输方向，RXD1 引脚通过 U4 控制 U2 的数据传输方向，隔离电源为系统提供电源。

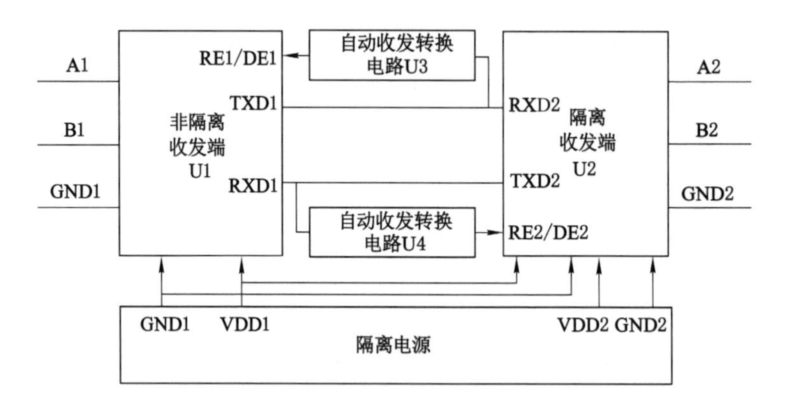

图 10-14　RS485 隔离中继器电路结构图

② 收发端电路设计

非隔离收发端 U1 设计时采用 Sipex 公司生产的增强型低功耗 RS485 收发器 SP485EEN，外围电路包括浪涌保护电路及抗干扰电路等。隔离收发端 U2 设计时采用 ADI 公司 RS485 收发器 ADM2483，外围电路包括浪涌保护电路、限流保护电路及抗干扰电路等。

③ 自动收发转换电路设计

自动收发转换电路 U3 及 U4 的电路图分别如图 10-15(a)及图 10-15(b)所示，包括反相器 74AHC1G04、电阻、电容及二极管等。自动收发转换电路的工作原理是 RXD 引脚由高电平变为低电平时，RE/DE 引脚瞬间由低电平跳变为高电平；RXD 引脚由低电平变为高电平时，RE/DE 引脚延时后由高电平跳变为低电平，从而避免了数据传输的高阻态，实现了自动收发转换。

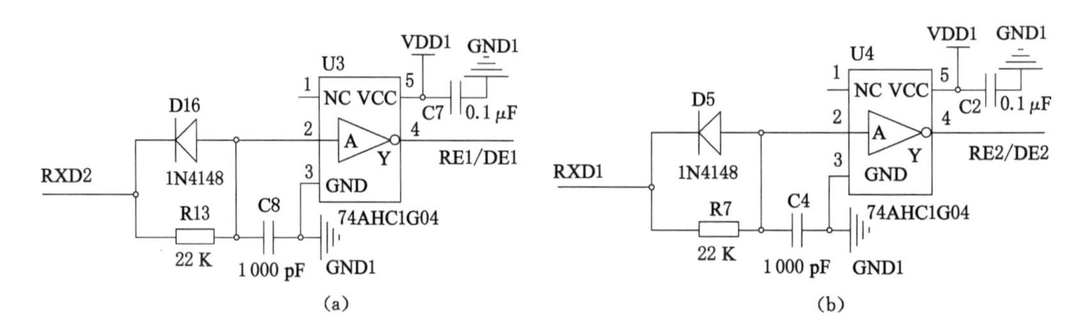

图 10-15　自动收发转换电路

(3) 工作原理分析

RS485 隔离中继器进行数据传输时，按照数据的流向可分为由非隔离收发端 U1 一侧到隔离收发端 U2 一侧(规定为数据右传)和由隔离收发端 U2 一侧到非隔离收发端 U1 一侧(规定为数据左传)两种情况，由于传输原理基本相同，此处以数据右传为例进行解释。

数据传输原理如图 10-16 所示，其中(a)所示为低频传输，(b)所示为高频传输。

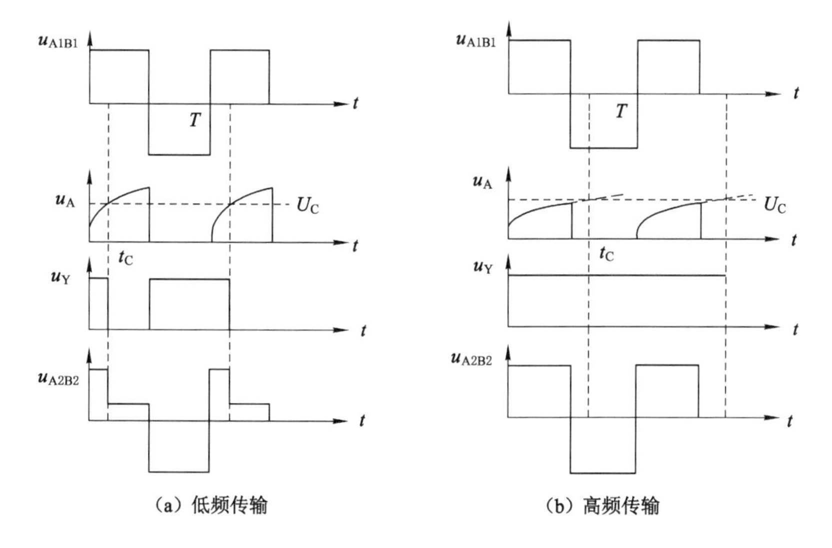

图 10-16　中继器数据传输工作原理图

其中，非隔离收发端 U1 的输入信号为占空比为 50%、周期为 T 的正负对称方波 u_{A1B1}，反相器 U4 输入端即 RXD1 端电压为 u_A，U_C 和 t_C 分别为 U4 识别高电平的门限电压及充电时间，反相器 U4 输出端电压为 u_Y，隔离收发端 U2 的输出信号为 u_{A2B2}。

当 u_{A1B1} 由负电压变为正电压时，图 10-15(b)所示阻容网络中的电容 C4 充电，其表达式如式(10-2)所示：

$$u_A(t) = V_H + (V_L - V_H)e^{-t/\tau_1} \tag{10-2}$$

其中，充电时间常数 $\tau_1 = \dfrac{R \times R_{D-}}{R - R_{D-}} \times C = \dfrac{R}{1 + R/R_{D-}} \times C \approx RC = 22\ \mu s$，$R_{D-}$ 为二极管 D5 的反向导通电阻。

当 u_{A1B1} 由正电压变为负电压时，图 10-15(b)所示阻容网络中的电容 C4 放电，其表达式如式(10-3)所示：

$$u_A(t) = V_L + (V_H - V_{HL})e^{-t/\tau_2} \tag{10-3}$$

其中，充电时间常数 $\tau_2 = \dfrac{R \times R_{D+}}{R + R_{D+}} \times C = \dfrac{R}{1 + R/R_{D+}} \times C \approx 0$，$R_{D+}$ 为二极管 $D5$ 的正向导通电阻。

下面根据通信信号频率分两种情况进行讨论。

① 低频传输：$t_C < T/2$

当 $nT \leqslant t < nT + t_C$ 时，由图可知 $u_A < U_C$，u_A 为低电平，经过反相器 U4 后，u_Y 为高电平，即隔离收发端 U2 处于数据发送状态，可差分输出正电压。

当 $nT + t_C \leqslant t < nT + T/2$ 时，由图可知 $u_A \geqslant U_C$，u_A 为高电平，经过反相器 U4 后，u_Y 为低电平，即隔离收发端 U2 处于数据接收状态，故连线处于高阻状态。

当 $nT + T/2 \leqslant t < nT + T$ 时，u_A 为低电平，经过反相器 U4 后，u_Y 为高电平，即隔离收发端 U2 处于数据发送状态，可差分输出负电压。

② 高频传输：$t_C \geqslant T/2$

当 $nT \leqslant t < nT + T/2$ 时，由图可知 $u_A < U_C$，u_A 为低电平，经过反相器 U4 后，u_Y 为高电平，即隔离收发端 U2 处于数据发送状态，可差分输出正电压。

当 $nT + T/2 \leqslant t < nT + T$ 时，u_A 为低电平，经过反相器 U4 后，u_Y 为高电平，即隔离收发端 U2 处于数据发送状态，可差分输出负电压。

综上所述，可得到如下结论：

① 高电平数据传输时，对于低频传输，即 $t_C < T/2$ 时，隔离收发端 U2 会产生高阻状态；对于高频传输，即 $t_C \geqslant T/2$ 时，U2 无高阻状态。

② 低电平数据传输时，无论低频还是高频传输，隔离收发端 U2 都不会产生高阻状态。

③ 数据传输过程中，输入信号与输出信号的上升沿不会有延迟，实现了通信数据的零延时传输。

10.3　接收机系统测试

10.3.1　驱动控制信号测试

完成同步隔离驱动控制电路的设计后，为深入研究其特性，搭建了性能测试平台，如图 10-17 所示，其中图 10-17(a)所示为实际测试平台图，图 10-17(b)所示为测试平台结构框图。图中，直流稳压电源提供 5 V 电源，信号发生器产生 2 路频率分别为 1 Hz 与 1/13 Hz、2 Hz 与2/13 Hz、4 Hz 与 4/13 Hz、8 Hz 与 8/13 Hz，幅值为 5 V，占空比为 50%的方波电压信号，用于进行波形测试及幅值测试。

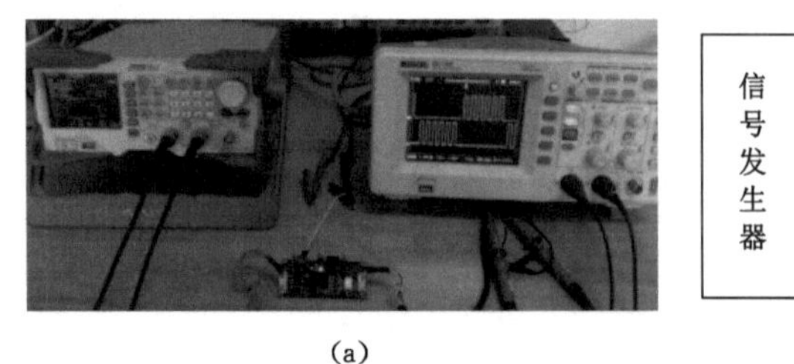

(a)

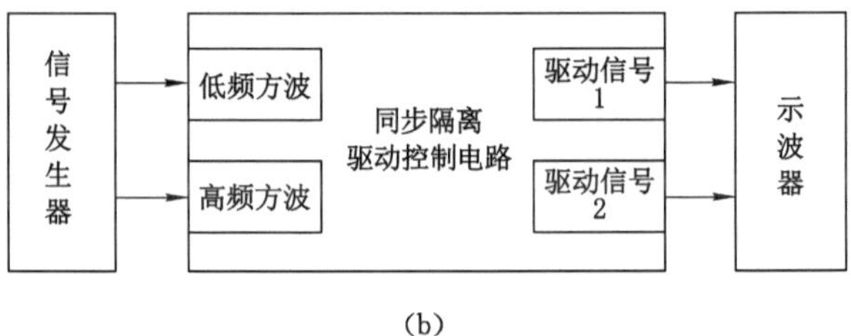

(b)

图 10-17　测试平台及其结构框图

(1) 波形测试

通过改变同步隔离驱动控制电路的选通通道，可分别产生相位差为 0 rad、π rad 的两种双频驱动控制信号，分别如图 10-18(a)和图 10-18(b)所示，试验结果与前文分析一致。

(2) 频率测试

驱动控制信号测试主要测试控制信号的波形、频率精度及幅值是否满足要求。通过普源精电的 DS1102E 数字示波器观测接收系统产生的驱动控制信号的频率和幅值情况。经过测试，驱动控制信号幅值约为 5.2 V，频率与理论频率存在一定误差，如图 10-19 所示，由该图可知，频率误差绝对值最小在 4/13 Hz 处，最大在 1 Hz 处，最大误差绝对值小于 0.14%。通过进一步与发射系统联调测试，证明该驱动控制信号满足设计要求。

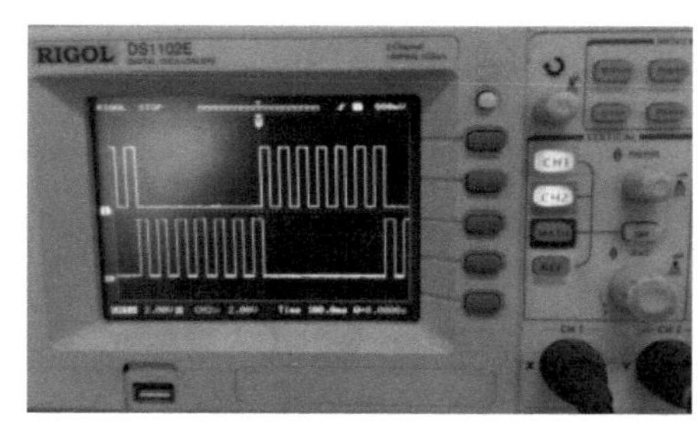
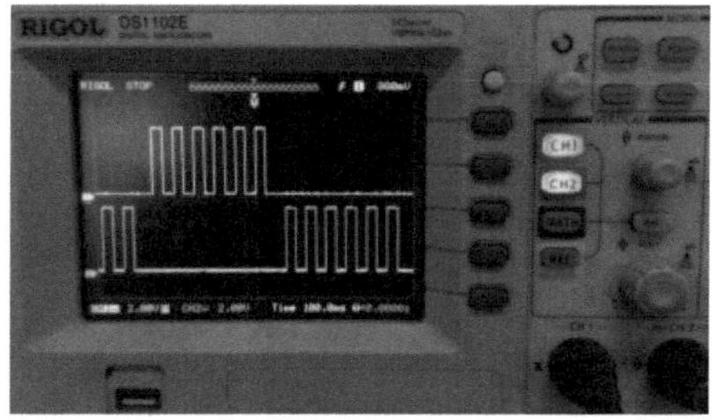

图 10-18　波形测试结果

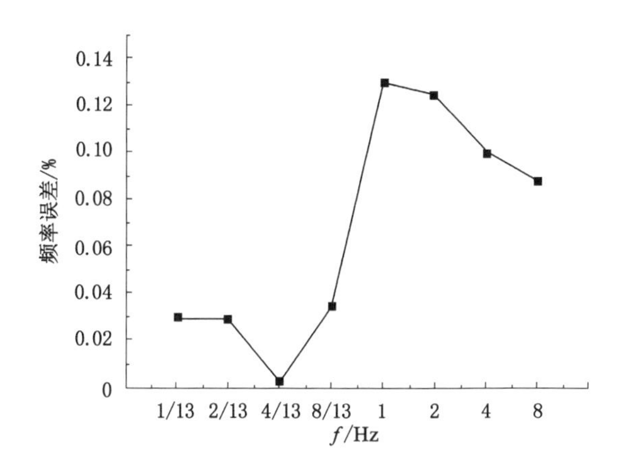

图 10-19　驱动控制信号频率误差

10.3.2　激电电压幅值测试

激电电压幅值是重要的激电参数，其精度决定了视电阻率及视幅频率的精度，最终决定了仪器的探测精度。接收机将两路驱动控制信号利用减法器叠加，可得到幅值约为 5 V 的双频调制方波信号，将该信号利用衰减器衰减后，可近似得到幅值分别为 5 V、0.5 V、50 mV、5 mV 的双频调制信号，该信号为未产生激发极化的激电信号，分别用接收机和东方所的高精度信号采集仪进行采集，以后者为真值，对接收机的激电电压幅值测量误差进行分析，见图 10-20。

根据图 10-20 可得到如下结论：激电电压幅值测量误差绝对值与激电电压信号幅值大小无关，而与频率有关；接收机可对幅值小于 5 V 的激电电压信号进行采集，最大测量误差绝对值小于 1.5%。

10.3.3　RS485 隔离中继器性能测试

在完成 RS485 隔离中继器的设计后，为深入研究其特性，搭建了性能测试平台，如图 10-21 所示，其中图 10-21(a)所示为实际测试平台图，图 10-21(b)所示为测试平台结构框图。图中，直流稳压电源提供 5 V 电源，信号发生器产生频率可变、幅值为±3 V、占空比为 50%的方波电压信号，用于进行波形测试、功率特性测试及延迟时间特性测试等性能测试。

图 10-22 所示为数据右传的测试波形，其中图 10-22(a)所示为频率为 10 kHz 波形，

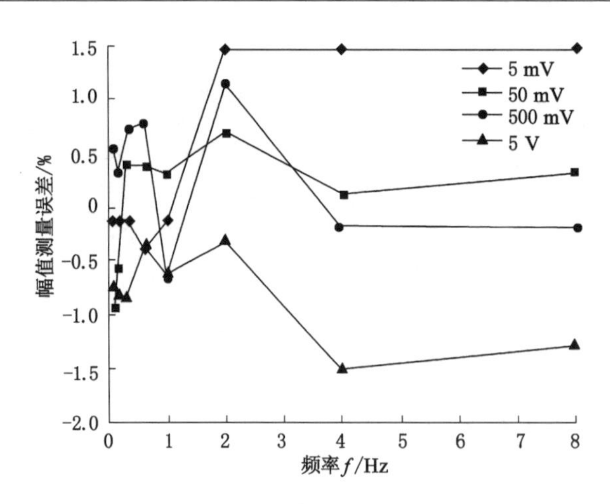

图 10-20 激电电压幅值测量误差

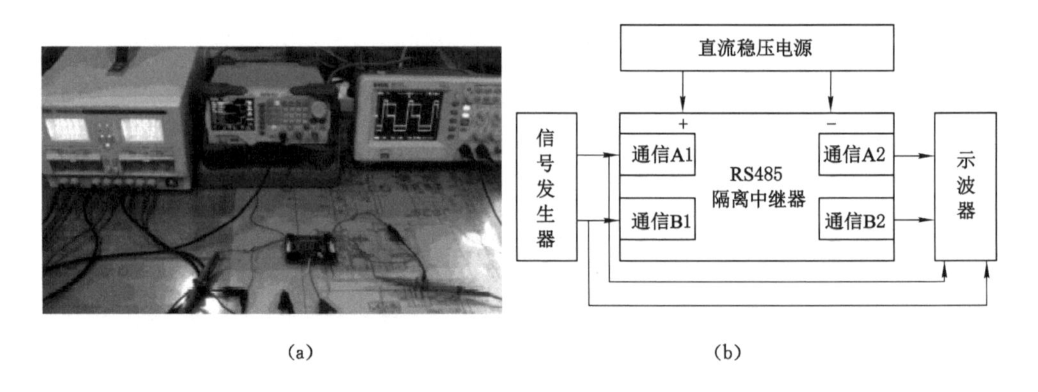

(a) (b)

图 10-21 RS-485 隔离中继器性能测试

图 10-22(b)所示为频率为 33 kHz 波形。按照理论模型分析,10 kHz 时属于低频传输,产生高阻状态,33 kHz 时属于高频传输,无高阻状态,通过对中继器进行波形测试,可验证上述理论模型的正确性。

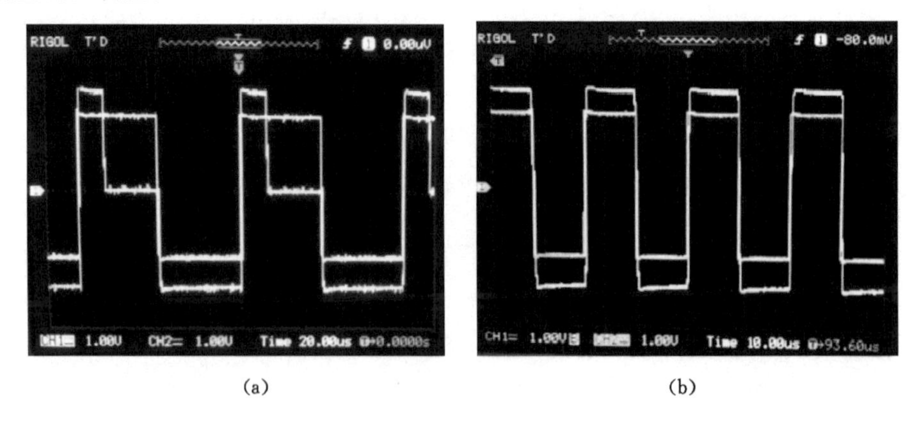

(a) (b)

图 10-22 波形测试结果示意图

第 11 章　井下工业性试验

井下工业性试验可以检验动态电场激励法超前探测仪工程样机在井下实际工况下的探测性能，是建立地质异常数据库的重要环节，可为后续机型研发以及地质异常数据库建立奠定基础。工业性试验地点选到冀中能源峰峰集团梧桐庄矿，梧桐庄矿水体结构复杂，对于检验激电仪探测效果及后期的推广使用具有代表性作用。

11.1　试验环境

试验地址所选位置位于三采区 182316 工作面，北侧和南侧均为三采区工作面采空区，西侧为 F_{25} 边界断层，东侧为 182107 采空区。本采区 182306 工作面正在回采，附近无其他采掘情况。

所选工作面名称为 182316，位于神岗向斜西翼，煤层产状变化较大，走向 S63°E～S27°W，倾角 0°～23°，平均 14°，倾向 NE 至 SE。

测试段及周围结构如图 11-1 所示，测试段先后穿过煤柱、封堵巷道及煤层，左前方为 182106 采空区，左后方为 182105 采空区，右前方为倾斜煤巷，右后方为半煤岩巷道。试验段所进行的 6 次测点位置及地质情况如表 11-1 所示，巷道剖面布置如图 11-2 所示，电极布置如图 11-3 所示。

表 11-1　测点位置及地质情况

	第 1 次	第 2 次	第 3 次	第 4 次	第 5 次	第 6 次
断面距离	V10+41.1 m	V10+46.6 m	V10+50.2 m	V10+54.7 m	V12+21.1 m	V12+22.4 m
地质情况	断面：煤。 前方：前方为厚度约 1.5 m 的煤层，然后是厚度约为 4 m 的封堵巷道。 左侧：煤柱。 右侧：水平半煤岩巷道	断面：注浆水泥。 前方：煤层。 左侧：封堵巷道。 右侧：倾斜煤巷	断面：煤。 前方：煤层。 左侧：距离约为 12 m 处是 182106 采空区。 右侧：倾斜煤巷	断面：煤。 前方：煤层。 左侧：距离约 12 m 为 182106 采空区。 右侧：倾斜煤巷	断面：煤。 前方：煤层。 左侧：距离约 12 m 为 182106 采空区。 右侧：倾斜煤巷	断面：煤。 前方：煤层。 左侧：距离约 12 m 为 182106 采空区。 右侧：倾斜煤巷

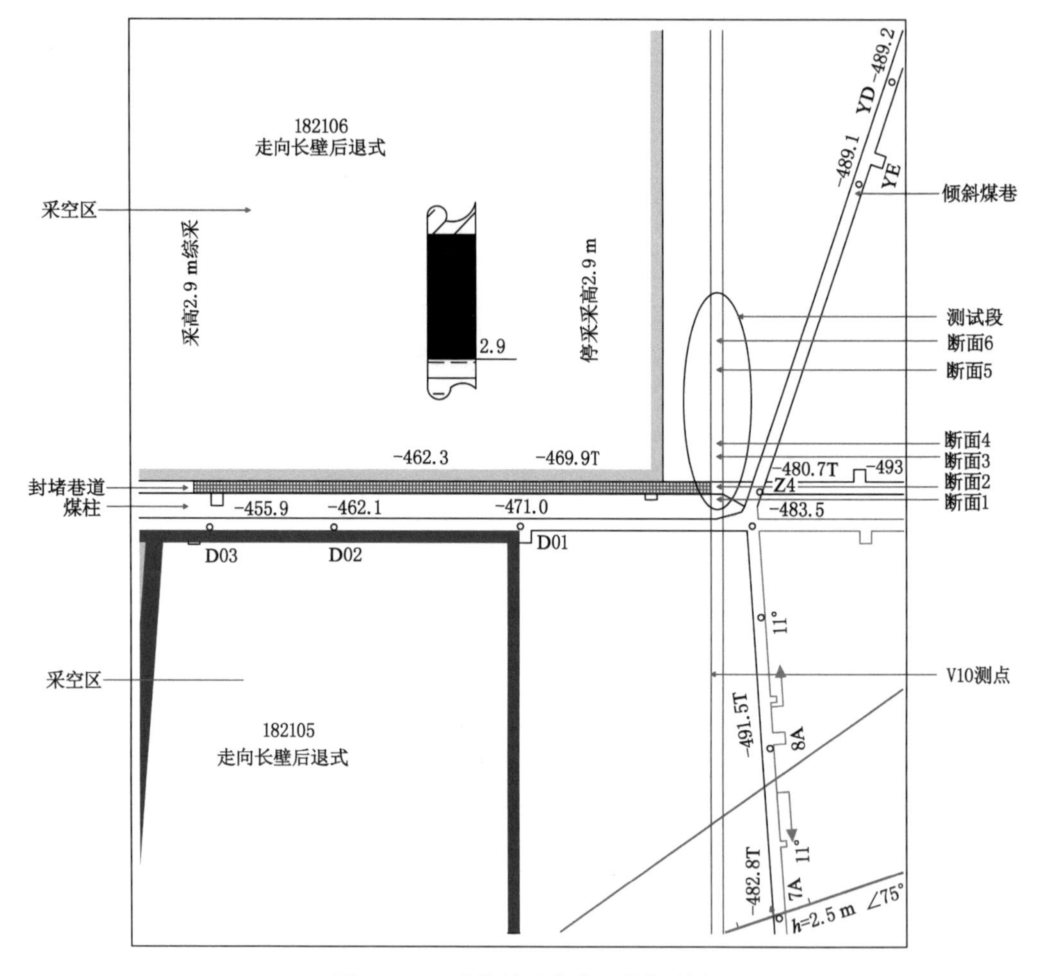

图 11-1　工业性试验巷道工程位置图

11.2　试验内容

在进行探测实验时，首先确定接地电阻及合适的发射电流，经发送机测得接地电阻约为 4 kΩ，因此确定发射电流为 2 挡，第 1 挡为 10 mA，第 2 挡为 18 mA，并进行聚焦和偏转试验。

(1) 聚焦试验

进行聚焦试验时，五路发射电极电流挡先设置为 10 mA，发射频率设置为 8 Hz 和 8/13 Hz，测量电极为 M_1、N_1。测试完成记录数据后，发射频率改为 1 Hz 和 1/13 Hz。测试完成记录数据后，将电流挡改为 18 mA，重复上述步骤测试。

(2) 偏转试验

进行偏转试验时，按照左偏→右偏的顺序进行，发射机需要改变其中 1 路的发射电流，接收机需要改变测量电极，按照之前土槽试验的结论，发射电流向哪偏转，测量电极改为哪个方向。

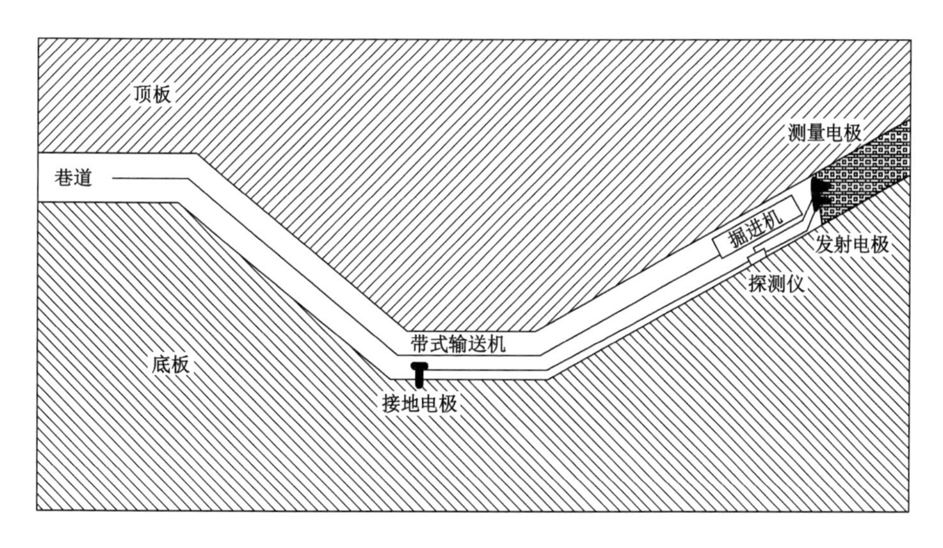

图 11-2　仪器布置图

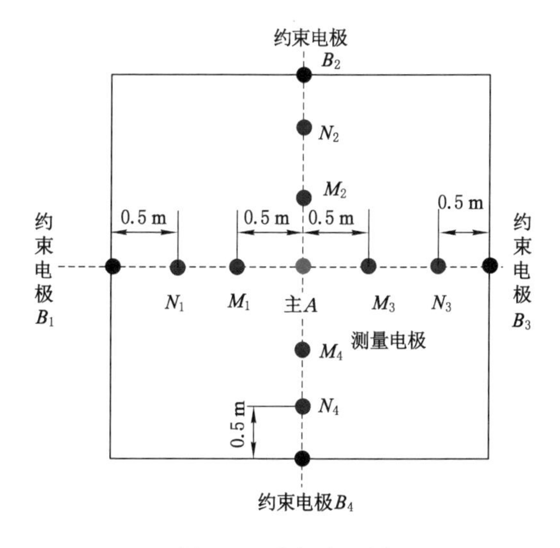

图 11-3　电极布置图

向左偏转时，右侧约束电极 B_3 设置为 18 mA，其余发射电极电流设置为 10 mA，测量电极为左侧测量电极 M_1、N_1，进行两个频率对测试，测试完成后记录数据。

向右偏转时，左侧约束电极 B_1 设置为 18 mA，其余发射电极电流设置为 10 mA，测量电极为右侧测量电极 M_3、N_3，进行两个频率对测试，测试完成后记录数据。

11.3　数据分析及结论

11.3.1　聚焦试验数据分析及结论

（1）聚焦试验 1

聚焦试验1是指五路发射电流均为10 mA。根据试验数据，完成聚焦试验1的数据处理，如图11-4所示。

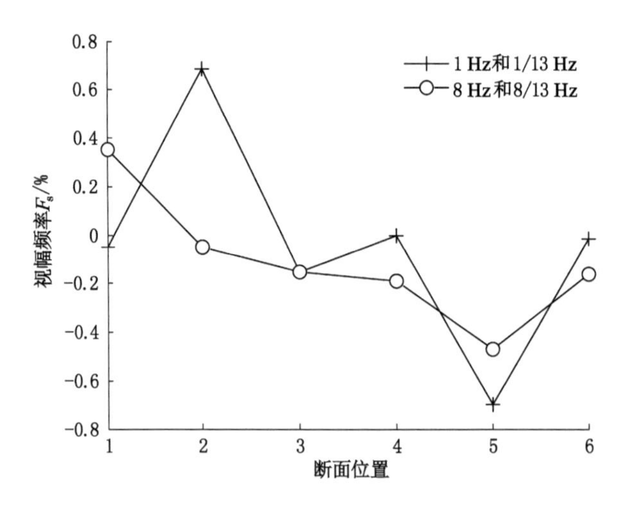

图11-4　聚焦试验1数据处理结果

图11-4中横轴为探测试验时的位置，1～6表示第1组～第6组试验数据；纵轴为视幅频率(PFE)。根据试验曲线，可得如下结论：

① 在第1、2断面位置，PFE值较大，按照聚焦偏转理论，表示掘进断面前方含水量较高，前方实际地质结构为封堵过的巷道，可推断含水量较高，因此与实际基本一致。

② 在第5断面位置，PFE值较小，按照聚焦偏转理论，表示掘进断面前方含水量较低，探测时发现前方煤质较干燥，可推断是水分含量低引起的。

(2) 聚焦试验2

根据试验数据，完成聚焦试验2的数据处理，如图11-5所示。

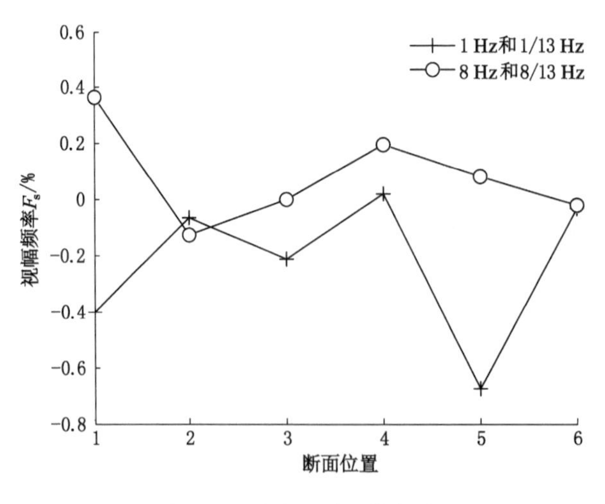

图11-5　聚焦试验2数据处理

聚焦试验2是指五路发射电流均为18 mA，根据试验曲线，可得如下结论：

① 在第4断面位置，PFE值较大，按照聚焦偏转理论，表示掘进断面前方含水量较高，

推断由于前方煤含水量高引起。

② 在第 5 断面位置，PFE 值较小，按照聚焦偏转理论，表示掘进断面前方含水量较低，探测时发现前方煤质较干燥，推断是水分含量低引起的。

11.3.2　偏转试验数据分析及结论

(1) 左偏试验

根据试验数据，完成聚焦试验 2 的数据处理，如图 11-6 所示。

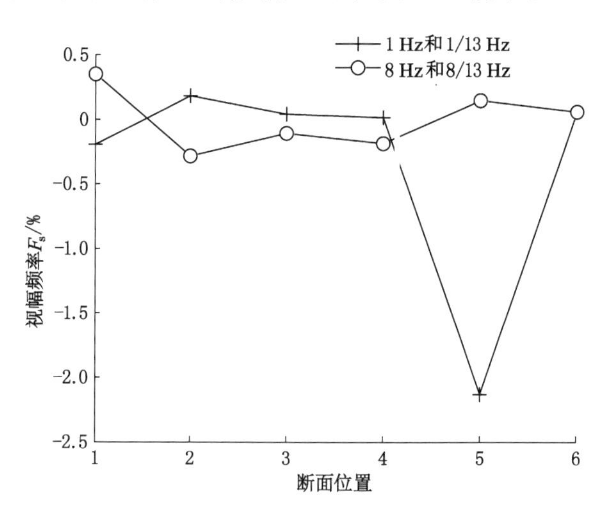

图 11-6　左偏试验数据处理

左偏试验结论如下：

① 在第 1～6 断面位置，PFE 值变化不大，按照聚焦偏转理论，表示掘进断面左侧没有明显的含水异常。

② 在第 5 断面位置，1 Hz 和 1/13 Hz 频率对测试，PFE 值明显减小，该数值不在正常范围内，推断属于测试误差。

(2) 右偏试验

根据试验数据，完成聚焦试验 2 的数据处理，如图 11-7 所示。

右偏试验结论如下：

① 对于 1 Hz 和 1/13 Hz 频率对，PFE 最大值位于第 3 断面位置，按照聚焦偏转理论，由于此时右侧为倾斜巷道，无含水异常体，推断此处属于测试误差。

② 对于 1 Hz 和 1/13 Hz 频率对，PFE 最大值位于第 1 断面位置，第 2～6 断面位置 PFE 基本稳定。

本次工业性试验地点位于冀中能源峰峰集团梧桐庄矿，物探掘进工作面位于三采集中回风巷，物探仪器为矿用聚焦双频激电仪，本次试验包括聚焦试验和偏转试验，通过物探试验，主要得到如下结论：

① 对于向前聚焦试验，试验表明：在 V10＋41.1 m 与 V10＋46.6 m 掘进断面前方存在高视幅频率异常，在 V12＋21.1 m 掘进断面前方存在低视幅频率异常。掘进地质构造显示：V10＋41.1 m 与 V10＋46.6 m 掘进断面前方为经过封堵过的突水巷道，V12＋21.1 m

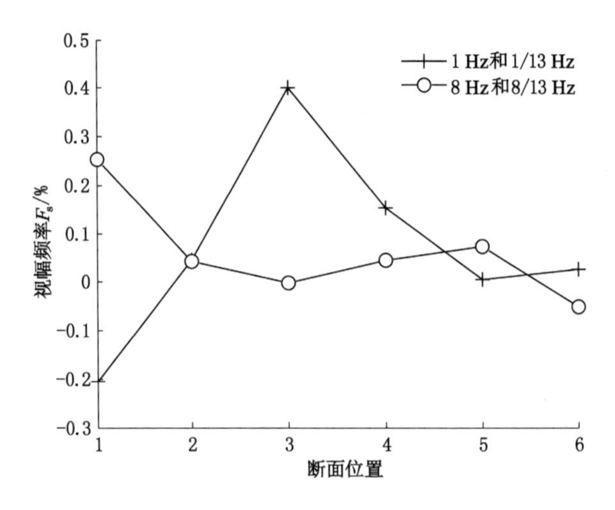

图 11-7　右偏试验数据处理

掘进断面前方煤较为干燥，结构松散，含水量较低。因此，向前聚焦试验可以反映前方地质构造激电异常。

② 对于向左偏转及向右偏转试验，试验表明：在 V10＋41.1 m 掘进断面左侧及右侧存在高视幅频率异常，在其他掘进断面两侧未发现视幅频率异常。掘进地质构造显示：V10＋41.1 m 掘进断面左侧与右侧均为经过封堵过的突水巷道。因此，向左偏转及向右偏转试验可以反映左右两侧含水地质构造激电异常。

参考文献

[1] 刘树才，岳建华，刘志新. 煤矿水文物探技术与应用[M]. 徐州：中国矿业大学出版社，2005.

[2] 靳福忠. 掘进工艺[M]. 徐州：中国矿业大学出版社，2011.

[3] 何继善，柳建新. 隧道超前探测方法技术与应用研究[J]. 工程地球物理学报，2004，1(4)：293-298.

[4] 刘树才，刘志新，姜志海. 瞬变电磁法在煤矿采区水文勘探中的应用[J]. 中国矿业大学学报，2005，34(4)：414-417.

[5] 王启军，林向东，胡延林，等. 矿井瞬变电磁法超前探测研究[J]. 吉林地质，2009，28(2)：99-101.

[6] 吴有信. 瞬变电磁法及其在煤矿水文物探中的应用[J]. 西部探矿工程，2006，18(4)：132-134.

[7] 李盼，黄仁东，杨光，等. 地质雷达在隧道施工超前地质预报中的应用[J]. 西部探矿工程，2011，23(4)：140-142.

[8] 于师建，王玉和，程久龙. 矿山岩体探测技术[M]. 北京：地震出版社，2004.

[9] 彭鉴. 采掘工作面井下超前探测技术[J]. 河北煤炭，2011(2)：36-37.

[10] 杨峰，彭苏萍. 地质雷达探测原理与方法研究[M]. 北京：科学出版社，2010.

[11] 何振起，李海，梁彦忠. 利用地震反射法进行隧道施工地质超前预报[J]. 铁道工程学报，2000(4)：81-85.

[12] 张平松，刘盛东，李培根. 井巷煤岩体内构造特征反射波探测技术与应用[J]. 矿业安全与环保，2006，33(6)：43-46.

[13] 张建斌. 晋城矿区水害因素及防治措施[J]. 煤炭技术，2007，26(3)：68-70.

[14] 白建平. 从成庄矿水患防治实践谈矿井防治水的方法[J]. 煤炭工程，2006(3)：48-50.

[15] 韩进. 矿井水害监控及决策支持技术研究[D]. 上海：上海大学，2008.

[16] 孙保敬. 矿山排水抢险应急救援系统的研究[D]. 北京：中国矿业大学(北京)，2011.

[17] 侯相云，李京生. 21181 综放工作面突水分析与治理[J]. 中国煤炭地质，2008，20(3)：49-50.

[18] 赵全福. 中国煤矿防治水技术经验汇编[M]. 北京：煤炭工业出版社，1998.

[19] 应急管理出版社. 煤矿安全规程随身笔记：2022[M]. 北京：应急管理出版社，2022.

[20] 张伟杰，郝明锐，杜毅博，等. 基于双频激电法的煤矿巷道超前探测新技术初探[J]. 煤炭科学技术，2010，38(3)：73-75.

[21] ZHANG W J，HAO M R，ZHANG W Z，et al. Study on Realtime Ahead Detection Technology for mining roadway based on double frequency induced method[C]//2011

Second International Conference on Mechanic Automation and Control Engineering. IEEE,2011.
[22] 何继善.双频激电法[M].北京:高等教育出版社,2006.
[23] 赵聚林,薛斌义,冯军,等.直流激发极化法中的视电阻率参数及二次场采样[J].物探与化探,2009,33(1):46-48.
[24] 何继善.广域电磁法和伪随机信号电法[M].北京:高等教育出版社,2010.
[25] 肖宏跃,雷宛.地电学教程[M].北京:地质出版社,2008.
[26] 高衍武,范宜仁,邓少贵,等.岩样频率域激发极化电位的实验研究[J].测井技术,2009,33(4):321-324.
[27] 李丹,韩德品,石亚丁,等.采煤工作面顺煤层透视的电法探测方法[J].煤炭学报,2010,35(8):1336-1339.
[28] 谭天元,张伟.隧洞超前地质预报中的新技术:BEAM法[J].贵州水力发电,2008,22(1):26-31.
[29] 杨尔滨,杨欢红,刘蓉晖.工程电磁场基础与应用[M].2版.北京:中国电力出版社,2009.
[30] 徐世浙.地球物理中的有限单元法[M].北京:科学出版社,1994.
[31] 廖志强,陈东春,刘水文.煤矿井下电磁干扰源及抗干扰技术研究[J].工矿自动化,2012(7):25-28.
[32] 中南矿冶学院物探教研室.金属矿电法勘探[M].北京:冶金工业出版社,1980.
[33] 张赛珍,李英贤,张树椿,等.我国几个金属矿区岩(矿)石的低频电相位频率特性及其影响因素[J].地球物理学报,1984,27(2):176-159.
[34] 阮百尧,罗润林.一种新的复电阻率频谱参数的递推反演方法[J].物探化探计算技术,2003,25(4):298-301.
[35] XIANG J,JONES N B,CHENG D,et al. Direct inversion of the apparent complex-resistivity spectrum[J]. Geophysics,2001,66(5):1399-1404.
[36] 章飞亮.基于激电数据的Cole-Cole模型频谱参数反演[J].工程地球物理学报,2011,8(5):525-529.
[37] 蓝常斌,罗润林,王兆龙,等.时域激电数据的Cole-Cole模型参数反演与应用[J].桂林理工大学学报,2012,32(2):184-188.
[38] 罗延钟张桂青.频率域激电法原理[M].北京:地质出版社,1988.
[39] 何继善.广域电磁法和伪随机信号电法[M].北京:高等教育出版社,2010.
[40] 吴孝国.柯尔-柯尔模型激电时间谱的正反演方法及应用[J].地质与勘探,1989(9):37-41.
[41] 李金铭.地电场与电法勘探[M].北京:地质出版社,2005.
[42] LIU Z M,LIU X G,ZHANG J T,et al. Observation frequency selection based on dynamic and electric field excitation method for advanced detection in coal mine roadway[J]. Applied mechanics and materials,2014,675/676/677:1301-1307.
[43] 孙建国.岩石物理学基础[M].北京:地质出版社,2006.
[44] 贺绍英.含水岩石的几种极化机制的介电弛豫时间[J].物探与化探,1981(5):

305-310.

[45] 贺绍英. 国外含水岩石激发极化效应的研究[J]. 物探与化探,1979(4):41-49.

[46] 高建平. 双频激电法探测煤矿采空区的试验研究[D]. 太原:太原理工大学,2007.

[47] 崔先文,何展翔,刘雪军,等. 频谱激电法在大港油田某油区探测中的应用[J]. 石油地球物理勘探,2004,39(11):101-105.

[48] 席振铢. 层状极化介质频率域激发极化效应研究[D]. 长沙:中南大学,2002.

[49] 李海春. 微分方程(组)边值问题的变分原理及 MATLAB 求解[M]. 北京:中国水利水电出版社,2014.

[50] DEY A, MORRISON H F. Resistivity modeling for arbitrarily shaped three-dimensional structures[J]. Geophysics,1979,44(4):753-780.

[51] HOLCOMBE H T, JIRACEK G R. Three-dimensional terrain corrections in resistivity surveys[J]. Geophysics,1984,49(4):439-452.

[52] 林家勇,汤井田,丁茂斌,等. 复杂地形条件下激发极化有限单元法三维数值模拟[J]. 吉林大学学报(地球科学版),2010,49:33-59.

[53] 杨晓弘,何继善. 频率域激发极化法有限元数值模拟[J]. 吉林大学学报(地球科学版),2008,38(4):681-684.

[54] 黄俊革,阮百尧,鲍光淑. 三维地电断面激发极化法有限元数值模拟[J]. 地球科学,2003,28(3):323-326.

[55] 薛琴访. 场论[M]. 北京:地质出版社,1978.

[56]《数学手册》编写组. 数学手册[M]. 北京:高等教育出版社,1979.

[57] 黄俊革. 三维电阻率/极化率有限元正演模拟与反演成像[J]. 中南大学,2003.

[58] TANG R, YU P, XIANG Y, et al. The sensitivity analysis of different induced polarization models used in magnetotelluric method[J]. Acta geodaetica et geophysica, 2014, 49(2):225-233.

[59] 童孝忠,柳建新. MATLAB 程序设计及在地球物理中的应用[M]. 长沙:中南大学出版社,2013.

[60] 黄俊革,阮百尧,王家林. 坑道直流电阻率法超前探测的快速反演[J]. 地球物理学报,2007,50(2):619-624.